DISCOVERY
Tropical Fish
Waterweed

ディスカバリー
生き物・再発見

熱帯魚・水草大図鑑

佐々木浩之 ●著・写真

奥津匡倫　小林圭介　泉山弘樹　越智隼人 ●著

定番種から新種まで

誠文堂新光社
SEIBUNDOSHINKOSHA

はじめに

魚好きの日本人にとって愛さずにはいられない熱帯魚

　ポピュラーな趣味となっている熱帯魚の飼育。これほど普及した背景には、日本人の魚好き気質が影響しているのではないか、と思うのです。金魚や錦鯉など、日本には愛でる対象としての魚を飼ってきた長い歴史があります。そんな文化的土壌は、外国産の"変わった"魚たちを広く受け入れるのにも大いに役立ったのでしょう。現在、輸入されてくる熱帯魚は数、種類数ともに膨大で、まさにその人気を裏付けています。その中から本書では、魚と並んで人気の高いエビや水草を含む1100点を掲載しています。過不足のない数だと自負していますが、輸入されてくるものを見渡せば、1100という数も一部にすぎないのが正直なところです。とはいえ、掲載した魚やエビ、水草を見てもらっても分かる通り、その多様さにはあらためて驚くばかりです。知れば知るほどに、この趣味の深みにはまっていくことになるはずです。本書がその一助になれば、これほど幸いなことはありません。

目　次

002	はじめに
003	熱帯魚とは……
005	熱帯魚たちの故郷
007	熱帯魚のもうひとつの故郷
009	熱帯魚趣味にまつわる法律、規制

011	**熱帯魚カタログ** CATALOG
011	カダヤシ・メダカの仲間
042	カラシンの仲間
071	コイ・ドジョウの仲間
094	シクリッドの仲間
115	アナバス・スネークヘッドの仲間
149	ナマズの仲間
194	その他の魚たち
209	古代魚
222	エビ・貝の仲間
235	水草

270	1．熱帯魚（一般種）の飼育
272	2．小型種の飼育
274	3．大型種の飼育
276	4．水草の育成

278	索引
286	著者一覧
287	おわりに　取材協力一覧

熱帯魚とは……

文／奥津匡倫

熱帯魚とは

　辞書で熱帯魚と引くと「熱帯や亜熱帯に生息する魚類の総称」とある。実際、その言葉を聞くと、サンゴ礁に群れる色とりどりの魚たちを思い浮かべる人も多いだろう。しかし、観賞魚飼育趣味の世界では、熱帯や亜熱帯地域に生息する淡水魚を指すことが一般的だ。もっと言えば、金魚やメダカなど日本在来のものを除いた、熱帯魚店などで販売されている淡水魚をそのように呼んでいる。例えば、ヨーロッパや北米など高緯度地域に生息するチョウザメ。間違いなく熱帯魚ではないが、熱帯魚店で販売されており、それを飼っている人が誰かに話す際「熱帯魚を飼っています」なんて言ったりすることもあるだろう。つまり、一般的には、観賞魚として流通する外国の魚、くらいの認識なのだろうと思う。余談だが、観賞魚飼育趣味の世界では、熱帯魚と言えばもっぱら淡水のものを指す。サンゴ礁のカラフルなものも、そうでないものも含め海の魚は「海水魚」と呼んで区別されている。

観賞魚趣味の世界における分類

　本書を見てもらえばわかるように、熱帯魚として流通するものは実に多くの種類、分類群を含んでいる。その中でも特に数が多くポピュラーなのは小型テトラに代表されるカラシン目、ラスボラやプンティウス（現在の分類では別の属になっているものが多いが、便宜上、そう呼ぶ）などのコイ目、グッピーやソードテールなどカダヤシ目、コリドラスやプレコなどのナマズ目、グーラミィやベタのアナバス亜目、エンゼルフィッシュやディスカスのカワスズメ（シクリッド）亜目などが主なところだろうか。それらの熱帯魚たちは、魚類学的にはそれぞれのグループごとに細かな分類群に分かれるのだが、観賞魚飼育趣味の世界では、まず、オリジナル種と改良品種に分けられる。改良品種は基本的に野生にはいない、飼うことを目的にその魚が持つ形質を部分的に高めたり、突然変異個体を固定したもの。オリジナル種にはない魅力を持つことが最大の魅力と言える。代表的なものではグッピーやソードテール、ベ

ザ・熱帯魚と言うべきグッピーはこの趣味を代表する存在だ。安価でいつでも買えるだけでなく、高品質を追求したものなど、幅広いものを選べ、それを殖やす楽しみも味わえる。

タ、エンゼルフィッシュなど。また、異なる魚同士を交配させたり、特殊な繁殖技術を用いたりしてオリジナル種さえ存在しない品種も作出されている。フラワーホーンやパロットファイヤーなどがそれに当たる。他にも、アルビノや白変個体を固定したものなど、様々な改良品種が存在するのは熱帯魚飼育趣味の世界ならではだ。

そうした改良品種が生み出されているのが、東南アジアなど温暖な地域に存在する観賞魚の養殖ファームだ。ごく普通に目にする熱帯魚の多くは、こうした施設で大量に養殖されたもの。養殖だからいつでも買えて、安価。さらに水質や餌などに苦労することもなく、性質も野生個体よりも穏やかだったりと、飼いやすいものにもなっている。だからこそポピュラー種、一般種になった、と言うこともできる。養殖ものというとネガティブなイメージを持つ人もいるかもしれないが、観賞魚飼育趣味にとってはなくてはならないものとも言える。一方、養殖ものと同じく繁殖個体ではありながら、値段や量ではなく、美しさなどの質にこだわったものをブリードものといって区別している。有名なところでは国産グッピーやショーベタなどがそれに当たる。グッピーもベタも安価で買える養殖ものがどこでも販売されているが、それでは満足できなくなった人や、もっと綺麗な魚が欲しいという人がこちらを選ぶ。当然、価格はより高価だが、それに見合った高いクオリティが備わっているのがブリードものの特徴だ。

養殖、ブリードなど繁殖個体に相対するのが現地採集個体だ。文字通り、生息地の川や湖で採集されたもので、ワイルドもの、などと呼ばれることもある。一般的に売られている養殖ものなどに比べると高価だが、色や体型、性質など、その種本来のもの

カラシンの仲間と言えば、○○テトラの名前の小さな魚を連想するが、クラウンテトラのように中には50cmを超えるようなものもいる。そうした多様さもこのグループの魅力だ。

を備えており、養殖ものが失ってしまった魅力が際立っていることもあって人気が高い。また、繁殖が成功していないものや困難なもの、珍しい種類などでは野生採集個体が流通の中心となっているものも多い。この現地採集個体、養殖もの、ブリードものという3つの分類も観賞魚飼育趣味における分類のひとつと言えるだろう。なお、熱帯魚の養殖事情、現地の生息地の話は後のページに詳しいのでそちらも参照されたい。

エビや水草も "熱帯魚"

本書でも紹介している通り、熱帯魚飼育趣味の中には、エビや水草も含まれる。かつては脇役だった時代もあったこれらも、今では独自のカテゴリーとして認識され、それだけの専門店もあるほどの人気を持つ。しかし、いずれも魚と一緒に飼われたりすることもあるものだし、それらが売られているのは熱帯魚店であることから、広い意味ではこれらも熱帯魚のひとつ、と言うことができそうだ。余談ながら、水草やエビにも魚と同様、現地採集もの、養殖もの、ブリードものに相当し、前述した3つの分類に当てはめることができる。

アロワナも熱帯魚飼育趣味の世界では古くからの人気種だ。家庭で飼うにはちょっと大きいが、頑張れば何とかなりそうなサイズ感も魅力だ。シルバーアロワナは大型魚の定番種だ。

3000種近い種数が知られるナマズの仲間は、観賞魚として流通するものも数多く、中には1mを超える超大型種も含まれる。種数に見合った幅の広い楽しみ方ができるグループだ。

熱帯魚たちの故郷

文/佐々木浩之

生息環境を知れば飼育はさらに深く、楽しく

　熱帯魚が生息している環境というと、どんな絵を想像するだろう。多くの人はアマゾンのジャングルの中をグネグネと流れる大きな川を思い浮かべることだろう。それは決して間違いではないのだが、熱帯魚の故郷はそれだけではない。ジャングルの中はもちろん、水田など人々が暮らしている身近な場所や、海のすぐ近くの汽水域など様々だ。基本的に熱帯魚の水槽内の飼育環境はどれもそれほど変わりはなく、飼育する上では現地の様子はあまり関係がないように思うかもしれない。しかし、ベストな状態にしたり繁殖まで狙うのであれば、飼育魚に合わせた水槽を用意することが大切になってくる。飼育する魚の生息する環境には、飼育、繁殖を考える上で様々なヒントがあるのだ。

原産地で知る水の管理の重要性

　たとえば、ベタの仲間は現地ではどのように暮らしているのだろうか。ベタの仲間は小さなケースで販売されていることから、水たまりのようなお世辞にも綺麗とは言えない環境で暮らしていると思っている人も多いようだ。実際に現地で採集をしてみると、ベタの仲間が数多くいる場所は水たまりのような場所でも常に水が動いていて、水質が良い状態に保たれている。日頃の飼育に言えることは、水流に弱く止水に生息している種でも、状態良く飼育したり繁殖まで狙うのであれば、常に良い水をキープしなくてはならないということだ。

　そして、ベタの仲間が暮らしている環境は、水草や水面にオーバーハングした陸生植物などの隠れ家が多いのも特徴のひとつ。魚の多くは水草の茂みの中や、水面を覆うように茂った陸上の植物やその根の中などに身を隠して暮らしているのだが、ただ隠れているだけではない。そこには餌となる虫やエビが豊富にいるのだ。そこで、現地での餌について考えてみることにする。現地を見て一番驚いたことは、エビの多さだ。現地で魚を探すとき、採集ポイントの善し悪しを見るバロメーターがエビの存在だ。川に到着して何投か網を入れてみて、エビがあまり取れない川は魚の少ない川と判断し、そこを見切って次へ移動した方がよいことが多かった。エビが数多く網に入る川では、必ず色々な種の魚を見ることができる。そのくらいエビは魚にとって重要な存在なのである。そして、この大量に網に入ってくるエビやエビの幼生が、魚やその幼魚の主食であることは容易に想像できる。熱帯魚の飼育においてブラインシュリンプや色々なエビの餌は、なくてはならないものだと実感した。現に人工飼料にも多くのエビの成分が含まれていて、それらを与えることが大切なのだと思う。

濁った水＝汚い水ではない

　熱帯魚が生息している川の水の色は様々だ。熱帯魚を飼育していない一般の人間から見ると、透明の水が綺麗な水、いわゆる「良い水」と思ってしまう

水草が生い茂り、岸辺に生えた草や木が影を作るような環境には様々な魚が潜んでいる。そこでは当然、水槽とは違った暮らしぶりがあり、見知った姿とは違う姿を見せてくれる。

飼いやすく品種化された養殖ものとは違い、原産地から輸入される現地採集個体をうまく飼うには、こうした現地の環境を知り、それに近づけていくことが求められる。

ものだが、決してそうではない。濁っているのは汚い水と刷り込まれてしまっているが、汚い濁った水と色のついた綺麗な水は全く違うものだ。化学物質などの汚染物質と、自然のミネラルなどの栄養素が豊富に含まれている水の違いがあるのだ。

前後のグラデーションはあるが、水の色は大きく3つに分けることができる。無色の透明な水と、泥などの土砂が含まれるマッディーウォーター、紅茶のようなタンニンを含んだブラックウォーターと呼ばれる水の3つ。南米では濁ったマッディーウォーターの川を「白い川」、ブラックウォーターの川を「黒い川」などと表現していて、そこに生息する魚たちは水の色に合わせた生態や種類になるのでとても面白い。

東南アジアのマッディーウォーターの大河では、大型のナマズの仲間や大型のコイ科の魚などが多く見られ、環境に合わせて乳白色や銀色の鱗を持つ魚たちが多く見られる。また、ブラックウォーターでは驚くほど真っ赤な魚たちも見られ、水槽内では派手な魚も、自然下では保護色となっているのだろう。ブラックウォーターの水質は基本的に弱酸性の軟水が多く、それを再現するだけでも十分に発色してくれる魚が多いが、やや水が色づくことによってさらに発色も良く落ち着いてくれることが多い。観賞面では観察しづらくなってしまうかもしれないが、水槽内で本来の姿に近づけて楽しむためにはチャレンジしてもらいたい飼育スタイルだ。

地域や川によって底床にも様々なものがある。例えば、南米のコリドラスの生息する川は、多くが白く細かい砂地だ。とくにネグロ川などは茶褐色のブラックウォーターの底に、一面真っ白な砂が広がる環境だ。そこをコリドラスの群れやカラシンの仲間が泳ぐ様子は何とも幻想的だ。その環境を水槽内で再現するのも楽しく、そんなレイアウト方法はワイルドアクアリウムと呼ばれるカテゴリーとなる。ただし、白い砂でコリドラスを飼育するのが本来の姿なのだろうが、水槽内では体色が飛んでしまうことが多いのであまり採用されていない実態もある。どちらかというと、飼育環境での発色が、本来の姿より濃くなってしまっているのだろう。

また、水底の砂などの中に隠れていると話に聞いていたクーリーローチなどは、自分が採集した限り、その多くが水中に張り出している陸生植物の根に絡まるように隠れていた。そんな環境を水槽内で作るのも面白い。

渓流性のハゼ科の仲間やプレコの仲間は、想像通りの石の多い環境に暮らしている。石に付着しているコケや微生物を食べたり、石の上で待ち構えて、流れてきた餌などを狙ったりしているが、敵が近づくと石の隙間に素早く隠れてしまう。それらを再現した石組みのレイアウトは、飼育魚を自然体で飼育できる楽しい水槽だ。

現地の水景は、外国の魚に興味、関心を持つ者にとって憧れというだけではなく、水質や水温、どんな草が生え、餌生物がいるのかなど、飼育に有益な多くの情報をもたらしてくれる。

熱帯魚のもうひとつの故郷

文/佐々木浩之

流通する熱帯魚の多くは養殖されたもの

ショップで見られる様々な熱帯魚は、世界各地で採集されて輸入された魚たちだ。大きく、南米、東南アジア、アフリカ、オセアニアなどから輸入されているが、それ以外にも大きなジャンルがある。それが生息地で採集された魚ではない養殖個体だ。南米などでも採集した魚をストックし、増やして輸出していると思われる魚もいるのだが、もっとも大きな養殖地は東南アジア。それらは古くから「東南アジアブリード」と呼ばれてアクアリウムの世界で知られていて、ポピュラー種が安価で安定して輸入されることから、ショップで販売されている熱帯魚のメインとなっている。そのため、熱帯魚飼育をスタートするビギナーが、最初に購入して飼育する魚たちと言える。

また、古くからアクアリウムが盛んなヨーロッパからも養殖個体が輸入され、ドイツ、チェコなどが有名で、比較的珍しい種などが系統維持され、日本にも輸入されている。以前は質の高いヨーロッパの養殖個体と、ポピュラー種を大量に生産している東南アジアという構図であったが、現在では東南アジアの養殖技術が進歩し、かなりクオリティの高い魚が生産されている。

東南アジアは熱帯魚の一大生産地

タイやインドネシア、マレーシアやシンガポールなどの東南アジア諸国では様々な熱帯魚が養殖されている。グッピーやプラティなどのポピュラーな卵胎生メダカをはじめ、ネオンテトラなどの小型カラシン、エンゼルフィッシュなどのシクリッドやコリドラスなどの小型ナマズも養殖され、広大な敷地で大量に生産されている。そのおかげで季節に左右されずに、アクアリウムショップでは比較的安価な熱帯魚たちを購入することができる。また、大型魚の養殖も盛んで、エイや大型ナマズ、大型のコイ科魚類もコンスタントに生産されている。中でもアロワナの養殖は一大産業で、インドネシアやマレーシアでは国をあげての取り組みで、貴重な輸出産業として知られる。アジアアロワナはワシントン条約で規制されている魚なので、このように養殖された個体のみ輸出が許可され、輸出の際はマイクロチップを埋め込まれて厳重に管理されている。

以前取材したシンガポールの巨大フィッシュファームでは、世界各国の熱帯魚はもちろん、日本や中国に輸出される金魚や、食用魚の輸出までされていた。近代化されたファームでは、輸出国や航空機内の温度に合わせてパッキングルームが温度管理されていて、急激な温度変化がないようにされている素晴らしい施設だった。

東南アジアの大型のファームからは、大きく3つの魚たちが輸入されている。ひとつはその国や隣国で採集された魚がストックされ、世界各国に輸出されているワイルド個体と呼ばれる魚。もうひとつはファーム敷地内で養殖された様々な熱帯魚だ。

一面に広がった三和土池。このすべてによく知る熱帯魚が多数収容され、生産されていく。こうしたファームがあるからこそ、いつでもどこでも、格安で熱帯魚を買うことができるのだ。

無数に並ぶペットボトル。驚くほどの数だが、これらすべてにベタが1匹ずつ入っている。生産されたベタたちはこうして出荷の時を待っている。

食用魚よろしく、生け簀で養殖されることもある。ただ、観賞魚として生かして出荷されるものなので、死んでしまっては意味がない。食用のものよりも丁寧な扱いを受ける。

ファームごとに得意分野もあり、オリジナルの改良品種なども見られ、有名なファームとなるとファームの名が記されて流通している熱帯魚も多い。現在でも毎年のように新しい品種が作出されて紹介されているのが嬉しい。さらにもうひとつが、近隣の小さな養殖場（民家の庭程度の池もある）で繁殖された魚たちを収集してストックされているものだ。タイなどには熱帯魚の養殖が盛んな地域があり、ある村はプラティに力を入れていたり、最新のエンゼルフィッシュを作出している地域などもある。日本で言えば改良メダカのような感じと言えるだろう。それらをファームが買い取り、ある程度の数が揃った状態で各国に輸出していることも多いのだ。

そして、ヨーロッパは古くからアクアリウムが成熟していたので、商業ルートにあまり乗らないマニアックな魚も輸入されることがある。飼育者のカテゴリーも確立していたため、得意分野の魚種を維持できていて、ハイクオリティな改良品種なども人気が高かった。また、水草についても東南アジアやヨーロッパのファームは古くから知られていて、「トロピカ」などの社名が品種の名前となっている水草を購入したことがある人もいるのではないだろうか。水草に関しては、熱帯魚よりも温度管理の幅があるため日本国内のファームも多々あり、手にした水草が国内で培養されたものもあることだろう。

これからは「増やして維持」の時代か!?

近年でに国内の養殖個体も多くなっているのが嬉しく、ショップでも「国内ブリード」と書かれて販売されている魚を頻繁に見かけるようになっている。これはとても素晴らしいことで、以前のヨーロッパのような状況になってきているのではないだろうか。ただし、東南アジアとの違いは、やはり光熱費などの問題だ。東南アジアでの養殖が圧倒的に盛んな理由のひとつは、日本やヨーロッパのように冬場の加温が必要ないことで、それだけでかなりの経費を削減できる。そのため大量に生産でき、送料を含めても格安で提供できるのだ。しかし、今後は航空運賃の値上げや円安によって熱帯魚の価格は高くなっていくことは間違いないので、これまでのような、悪い言い方だが使い捨てのような熱帯魚飼育の時代は終わりを迎えつつあるのだろう。国内でしっかりブリードされた個体がそれなりの価格で販売されるようになり、もっと1匹1匹を大切に飼育していくことが大切だと思う。

そして、望まれるのは個人ブリーダーがもっと多くなってほしいということだ。「この種を増やしたら小遣いになるかも」的な感覚がまだまだ多くみられるのだが、自分がもっとも好きで飼育の得意な魚を系統維持している飼育者も増えている。そんなブリーダーが多くなり、貴重な種類や人気の種類を国内でキープできるのが理想的だ。近年では、開発による生息地の減少や、保護のための採集や輸出が少なくなっている魚種が多いので、それらを考えながら、これからもアクアリウムを長く楽しめる環境を整えていきたい。

グッピーの養殖池。かつては東南アジアの養殖ものは価格なりのクオリティだった時代もあった。しかし、今では技術も高まり、高品質なものが生産されるようになっている。

熱帯魚趣味にまつわる法律、規制

文／奥津匡倫

もっとも有名なのはワシントン条約

　どんな趣味でも決まりやルール、法律による規制があるものだが、魚を飼う趣味の周りにもそうした法律による規制やルールがある。一般の飼育者には直接関係のない話も多いが、知識として知っておいても損はない。ここではそんな熱帯魚飼育趣味に関係する法律や規制の話をしたい。

　熱帯魚店で売られている魚や水草の多くは、海外から輸入されてくる輸入品である。そこには当然、輸入にまつわる法律に則ったやり取りが行われている。その中でもっとも有名なのがワシントン条約として知られるCITES（サイテス・絶滅のおそれのある野生動植物の種の国際取引に関する条約）だ。CITESとはConvention on International Trade in Endangered Species of Wild Fauna and Floraの頭文字を取った略称で、条約が採択された都市名からワシントン条約とも呼ばれている。絶滅が危ぶまれる動植物の国際商取引の規制を目的とした条約であることから、輸入されてくる熱帯魚や水草はこの国際条約の影響を受ける。CITESは希少性に応じてランク分けされ、Ⅰ～Ⅲまでの附属書に掲載されている。もっともランクが上の附属書Ⅰの掲載種は一切の商取引が制限されるため、観賞魚として輸入されてくることはあり得ないのだが、附属書Ⅰ掲載種であるアジアアロワナに関しては、許可を受けたファームによる繁殖個体に関しては附属書Ⅱにランクダウンされ、特別に輸出が許可されている。関連する法律に種の保存法があるが、輸入されるアジアアロワナには個体番号が付与されており、種の保存法に則って、飼育に当たっては登録が義務付けられている。

　観賞魚として流通するものにも関係するのが附属書Ⅱの掲載種だ。ブラジル産の淡水エイやインペリアルゼブラプレコ、オーストラリア肺魚などがその対象となっており、残念ながらその数は年々増加している。附属書Ⅱ掲載種の輸出には、それが違法に捕獲されたものではないことを証明する輸出国の輸出許可証が必要となるが、それが用意されるものなら、前述のアジアアロワナのように輸出が可能になっているものも多い。その一方で、附属書Ⅱ掲載種でも、その国の国内法（例：日本における天然記念物のような法律）の規制を受け、輸出許可が下りないものも多い。ブラジル産の淡水エイやインペリアルゼブラプレコはまさにそのブラジル国内法の影響を受け、原産地からの輸出は途絶えてしまった。同様に自国の動植物の輸出入に厳しい制限を設けている国は多く、そうした国から魚や水草が輸入されてくることはきわめて珍しい。また、以前は輸入が

アジアアロワナはCITES（ワシントン条約）附属書Ⅰの該当種なので、本来は商業的な輸出入は制限される種類だが、ブリードものに限って輸出が許可されている。

原産国の法律の変更などによって輸入が途絶える種類も年々増加しており、手に入らなくなった種類は増えている。世界的な経済成長は生物の減少とリンクしやすい問題がある。

日本の自然環境下で見つかった例はないのに特定外来生物に指定されてしまったナイルパーチ。法律ではあるものの、こうした例もあり、少なくない問題点も指摘されている。

見られた種類も、原産国の法律の変更などをきっかけに輸入が途絶え、スリランカの魚など、手に入らなくなってしまったものもある。そうした規制や対象種は今後ますます増えることが予測され、手に入らなくなる魚も今後ますます増えていくものと思われる。

遺伝子操作された生き物に関する法律

また、近年、注目を集めた熱帯魚にまつわる法律にカルタヘナ法がある。「遺伝子組換え生物等の使用等の規制による生物の多様性の確保に関する法律」というのがその中身。そうした規制のない国では、遺伝子操作で本来持たない色や形質を与えられた魚が作られ、観賞魚として流通していることがあるが、それらが法の網を潜り抜けて日本に入ってきてしまう事例が何度かあった。光るメダカやベタなどが摘発され、ニュースになったことを覚えている人もいるだろう。基本的に流通するはずのないものではあるが、無許可での所持や移動は制限されており、一般飼育者による所有は承認された事例もないため　もし見掛けたとしても入手や飼育はしてはならない。

他人事ではない!?　特定外来生物法

ここまでは主に買う前の法律。飼っている魚に対して影響を及ぼすのが特定外来生物法である。日本の生態系などへの影響を及ぼす指定外来種の飼育、栽培、移動や所持、輸入を規制することで被害を予防することを目的とした法律だ。残念ながらこちらの指定種も年々増加傾向で、飼育できる熱帯魚や水草として知られる種類でも指定を受け、飼えなくなってしまったものもある。最近では条件付きながら、アメリカザリガニやミシシッピアカミミガメが指定され、店頭でミドリガメを見掛けることがなくなったことが話題となったが、熱帯魚飼育趣味の世界では、2018年にガーの仲間が指定された時に大きな話題となった。実際に飼育者も多く、人気もあったガーだけに、それがこの先飼えなくなるということは残念なことであり、また、指定以前より飼育されていた個体についてはそのまま飼育が続けられたものの、登録が必要となり、移動や譲渡ができなくなったことから、飼育者が飼育を続けることができなくなったとしても、誰かに託すことなどは許されなくなってしまった。もちろん、2018年以前より飼っていた人からすれば、登録の手間が増えただけで、飼い続けることは可能だが、3年ごとの更新が必要な登録が面倒なことや、引っ越しなどの移動にも環境省の許可が必要になるなど、少なからず手間を強いられる。新たな個体との出会いや導入の機会はなくなったものの、ガーの寿命は長い。登録さえしておけば、まだまだ長期にわたって楽しむことができるはず。現在飼育中の人は、1日でも長くその楽しみが続くよう、大切に飼って欲しいと思う。

ガーの仲間が特定外来生物に指定されたのは、野外で見つかる例が何度かあったからだ。ガーのように大きく、誰が見ても日本の魚ではなく、場合によっては恐ろしげにも見えるその姿は、悪い意味で話題となりやすく、それが後押しとなり指定に至った部分もあると思う。現時点で指定はされていないが、すでに日本の自然環境下へ侵入、定着してしまったグッピーなどの熱帯魚、水草などの例もいくつかある。今後、それらが新たな指定種とならないとも限らない。飼えない魚を増やさないためにも、1度飼い始めた魚はしっかり責任を持って飼うこと。飼育を止める時でも、その辺の川や池などに捨てたり、逃がしたりするようなことは絶対にしないこと。それだけはすべての飼育者にしっかり心掛けてもらいたい。

特定外来生物の指定によって飼えなくなってしまった魚はいくつかあるが、中でもガー類の特定外来指定は大きな話題となった。新たな個体との出会いがないのは残念なことだ。

カダヤシ・メダカの仲間
(カダヤシ目・ダツ目)

　グッピーやプラティ、ソードテールなど熱帯魚界の超メジャー種が属するカダヤシ目。かつてはメダカと同じ仲間とされていたので、観賞魚趣味の世界では今でも変わらず"メダカ"として扱われている。本書でもその通例に倣い、両グループを合わせて紹介するが、メダカの仲間（ダツ目）は本項末に掲載した13種類がそれに当たる。日本にも生息するメダカは、近年、改良が進み、観賞魚としても一大ブームを巻き起こし人気を集めている。

国産グッピー
Poecilia reticulata var.

分布：改良品種
体長：5cm
水温：25℃
水質：中性〜弱アルカリ性
水槽：30cm以上
エサ：人工飼料、生き餌
飼育難易度：ふつう

　ハイグレードな美しさを楽しみたければ、日本の愛好家を中心に作出されている国産グッピーがお勧めだ。東南アジアで養殖された外国産グッピーと違い、日本の水で生まれ育っているので、外国産より丈夫で飼いやすい。グッピーの面白さは、品種改良にあるとも言えるが、新品種の作出に挑戦、なんていう楽しみ方もできる。

レッドモザイク

　尾ビレのモザイク柄が特徴的な大器晩成型のグッピーで、飼育していてどんどん美しく変化していく。昨今グラス系の人気に押され気味だが、カラフルなグッピーが好みな人にお勧めだ。

モザイクタキシード

モザイクとタキシードの交配品種で、オスの体の後半がタキシードを着ているように黒くなる。あまり見かけなくなってきたバリエーションだが、古くからの飼育者には人気がある。

サンタマリアモザイク

オスの上半身背側に黒とも紺とも表せるような特徴的なパターンが入るモザイクのバリエーション。比較的珍しい品種で、市場に出回ることは多くはない。

アンモライトモザイク

ブルーの発色が美しいモザイクグッピー。オールドファッションのようなカラーパターンで、赤の発色が強くなったイメージだ。

レッドグラス

赤い尾ビレに細かいスポットが入るのが特徴。人気もあり比較的流通量も確保されている。ライトグリーンの水草水槽にもよく合う魚なのでもっと人気が出てもよい魚だ。

ブルーグラス

　ドイツイエロー、ブルーグラス、フルレッドの現代の御三家のひとつ。レッドグラスの兄弟に当たり、繁殖させるとレッドグラスも出現する。実は日本発祥の品種で、日本だけではなく世界中で人気だ。

リアルレッドアイアルビノブルーグラス

　アルビノには2タイプが知られていて、こちらはRRE.Aとも表記されるピンクアイのアルビノ。爽やかなライトブルーのヒレが特徴的で非常に人気が高い。

サンタマリアブルーグラス

　サンタマリアの特徴であるブルーの発色が体側全体に入ったブルーグラス品種。淡い色彩が美しく、尾ビレの模様も素晴らしい。

ドイツレオパード

　見るからにノスタルジックな雰囲気そのままの古い品種のグッピー。市場に出回ることはごく稀で、この何とも言えないレオパード柄を綺麗に表現させている魚に出会うことは少ない。

キングコブラ

　ボディのスネークスキン模様と、尾ビレの黄色と黒のはっきりとした模様が特徴的な品種で、オールドファンは懐かしささえ憶えるのではないだろうか？　黄色い尾ビレは水草水槽にも大変よく合う。

オールドファッションファンテール

　タイ経由で日本に導入された魚で、カラフルで人気が高い。紺色と白とオレンジの尾ビレも素敵だが、ボディの特徴的なパターンも人気が高く、この魚を親に使ったバリエーションも多く流通している。

ドイツイエロータキシード

　ドイツイエロー、ブルーグラス、フルレッドの現代の御三家のひとつ。イエローというよりは、象牙色に近い白い尾ビレと黒い下半身のカラーバランスが大人気の品種。どこの熱帯魚店でも見られるほどの人気を誇る。

リアルレッドアイ
アルビノドイツイエロー

　ドイツイエローのリアルレッドアイアルビノ品種。アルビノ品種でもドイツイエローの美しさを損なっていないのが魅力的。

ドイツイエローリボン

　ドイツイエローのリボン品種。リボンと呼ばれる、腹ビレと尻ビレ、品種によっては背ビレの軟条が著しく伸長するタイプ。生殖器が伸長して生殖能力がないので、メスによって系統維持を行う。

ネオンタキシード

　夜空のような濃いブルーが印象的なタキシードグッピーで、一時代を築いたと言っても過言ではないだろう。ドイツイエロー人気に少し隠れがちではあるが、それでもなお高い人気を誇っている。

14

モスコーブルー

モスクワ発祥のグッピーで、ブルー、グリーン、パープルの3タイプがいる。通常販売されているものはブルー系の発色が目立つことが多い。餌が足りないとヒレを齧る傾向が強いので注意する。

フルブラック

全身が漆黒に染まる大変人気の高いグッピー。黒い魚こその魅力があり、特に水草水槽に泳がせた時の彼らの存在感と美しさは格別だ。

レッドテールタキシード

下半身の黒と尾ビレの赤がシックで、古くから親しまれてきた人気のグッピー。タキシード系特有の尾ビレの整ったグッピーで、シルエットも美しい。

ゴールデンフルレッド

フルレッドと呼ばれる、全身真っ赤な体色が特徴的な品種のゴールデンタイプ。とても派手で、ビギナーにも好まれる体色だ。

リアルレッドアイアルビノフルレッド

アルビノには2タイプが知られていて、こちらはRRE.Aとも表記されるピンクアイのアルビノ。全身が真っ赤に染まることから非常に高い人気を誇る。ドイツイエロー、ブルーグラスとともに人気のある品種のひとつ。

トパーズ

RRE.Aアクアマリンネオンタキシードの通称名。成長すると全身が透き通った淡いブルーになる。通常体色個体よりも視力が弱いことが多く、給餌時は要注意。繁殖させると出てくる赤い兄弟はパンジーと呼ばれている。

タキシードメラー

各ヒレが櫛状に育ち、ベタのコームテールのようになる風変わりなグッピー。タキシード以外にもメラーは作られているが、見掛ける機会は多くはない。見た目に反して遊泳力は強く、飛び跳ねるので飛び出しに注意。

ギャラクシーラウンドテール

Yプラチナレース（コブラ）をギャラクシーと呼んでいる。ショートテール系特有の活発で情熱的な求愛を楽しめる。水草水槽での飼育にも適しており、デルタテールに比べて長寿なことも含めてビギナーにもお勧めできる。

ウィーンエメラルド

オーストリアのウィーンで作出されたと言われているダブルソードの銘品。上葉と下葉の先端が尖った尾ビレは、長く伸長する背ビレとあいまって非常に美しいシルエットを描く。寿命も長くカラフルで、お勧めしたい品種だ。

メドゥーサ

ギャラクシーに似た表現のグッピーで、独特のボディの表現が面白い。近年、昔のようなゴテゴテ感が少し薄れてすっきりした印象となっている。あまり目にしなくなってしまったが、存在感抜群で水草水槽にも良く合う。

リアルレッドアイアルビノマゼンタ

色の3原色のマゼンタから名前がつけられている。流通時にはフルピンクと呼ばれることもあるグッピーで、女性を中心に非常に人気が高い。昨今ではエンドラーズとの交配品種もよく出回っている。

メタルレースコブララウンドテール

日本ではあまり注目されないラウンドテールグッピーだが、上半身のメラニンパターンと下半身のスネークスキン模様、尾ビレのレースからなる調和の取れた魚で、水草水槽でじっくり楽しむのに適している。

外国産グッピー

Poecilia reticulata var.

分布	：改良品種
体長	：5cm
水温	：25℃
水質	：中性～弱アルカリ性
水槽	：30cm以上
エサ	：人工飼料、生き餌
飼育難易度	：ふつう

初めて飼う熱帯魚はグッピー、という人も多いほど、世界的にもっともポピュラーな熱帯魚。輸入直後は環境や水質の変化に弱い面もあるが、馴染んでしまえばきわめて丈夫で、繁殖も容易。環境に順応すると、どんどん増える。だが、増えるにまかせて増やし続けると、体が小さくなり、美しさも薄れていってしまうので注意したい。

レッドモザイク

もっとも目にする機会が多い外国産グッピーのひとつ。国産のモザイクとは尾ビレの形状やボディのカラーパターンに違いが見られる。赤い柄系グッピーとしてはコンスタントな輸入が見られる。

ラズリーモザイク

きれいなモザイク模様の尾ビレと、上半身がブルーに輝く品種。尾ビレと体側の発色が特徴的で美しい。それほど多く輸入される品種ではないが、卵胎生メダカを多く取り扱うショップで見ることができる。

グリーンネオン

非タキシードの単色尾ビレの品種として、最も流通している外国産グッピーのひとつ。よく観察するとブルー系とグリーン系の個体が混ざっていることもある。写真の個体はグリーン系のタイプ。

ネオンタキシード

この魚も古くから安定的に輸入されている。ネオンブルーの尾ビレにタキシードのボディで、輸入グッピーのブルー系と言えば本種のことを指す。

レッドテールタキシード

ネオンタキシードとは兄弟のような関係の魚で、こちらも古くから輸入されているのを見る機会が多い。ノスタルジックな雰囲気で、ベテラン愛好家にも人気がある。

マルチタキシード

タキシードのボディにモザイクの尾ビレの人気種。輸入されたばかりの若い魚も活発で可愛いが、ある程度飼育して育った個体は尾ビレが大きく非常に見応えがある。

フラミンゴ

輸入グッピーで赤い魚といえば、長いことフラミンゴグッピーのことだった。現在でも非常に人気が高く、コンスタントな輸入がされている。尾ビレの大きくなるものと、ラウンドテールのものがあり、どちらも人気だ。

レッドコブラ

コブラのボディにレッドテールをつけたポピュラーなバリエーション。20年ほど前と比べて完成度の高い真っ赤な尾ビレのものも輸入されており、注目されている。こちらも尾ビレの形状に数タイプ見られるので、選ぶ楽しみがある。

コブラ

輸入グッピーの基本品種のひとつ。コンスタントな輸入がされており、人気も非常に高い。尾ビレにはいくつかのパターンがあり、その中からお気に入りの1匹を選ぶ面白さもある。

ゴールデンコブラ

ゴールデンのレースコブラで、こちらも長いことコンスタントに輸入されている。形質も品質も安定しているように思える。黄色いグッピーは水草水槽でもよく映えて人気が高い。

エンドラーズ ライブベアラー
Poecilia sp.

分布：ベネズエラ
水温：25℃
水槽：30cm以上
飼育難易度：ふつう
体長：4cm
水質：中性〜弱アルカリ性
エサ：人工飼料、生き餌

　グッピーに非常に近縁な卵胎生メダカの仲間で、金属感のある魅力的な発色が特徴的だ。グッピーと容易に交配できてしまうため同種として扱われることもあるが、本来の美しさを維持するためにも、しっかり分けて飼育繁殖を楽しみたい。

ミクロポエキリア・ ブランネリー
Micropoecilia branneri

分布：ブラジル
水温：25℃
水槽：30cm以上
飼育難易度：やや難しい
体長：4cm
水質：弱酸性〜弱アルカリ性
エサ：人工飼料、生き餌

　小型原種卵胎生メダカの人気種。流れを好み、酸欠にも弱い面がある。飼育繁殖そのものは難しくないが、長期累代は容易ではない。原種卵胎生メダカ愛好家には憧れの魚だ。

セイルフィンモーリー
Poecilia velifera

分布：メキシコ
水温：25℃
水槽：45cm以上
飼育難易度：ふつう
体長：12cm
水質：中性〜弱アルカリ性
エサ：人工飼料、生き餌

　かつてはどこの熱帯魚ショップにもいた、オスの大きな背ビレが特徴のポピュラー種だった。やや大きくなり、昨今人気の小型水槽では持て余すサイズであることから見かける機会が減った。出産した稚魚を積極的に食べないので、繁殖の楽しさを十分に味わえる。サイズに反して性格は穏やかで攻撃性も低い。

プラチナ セイルフィンモーリー
Poecilia velifera var.

分布：改良品種
水温：25℃
水槽：45cm以上
飼育難易度：ふつう
体長：12cm
水質：中性〜弱アルカリ性
エサ：人工飼料、生き餌

　セイルフィンモーリーのカラーバリエーションのひとつ。大きな体にプラチナの体色で、非常に見応えのあるモーリーだ。飼育自体は基本種と同じで、おとなしく繁殖も容易で楽しめる。

ゴールデンセイルフィンモーリー
Poecilia velifera var.

分布：改良品種	体長：12cm
水温：25℃	水質：中性〜弱アルカリ性
水槽：45cm以上	エサ：人工飼料、生き餌
飼育難易度：ふつう	

　セイルフィンモーリーのカラーバリエーションのひとつ。オレンジ色の体色が見事なアルビノのセイルフィンモーリー。流通量は比較的多く、入手のチャンスも多い。60cm程度の水槽で本種だけで飼育しても十分に楽しめる。

バルーンプラチナセイルフィンモーリー
Poecilia velifera var.

分布：改良品種	体長：4cm
水温：25℃	水質：中性〜弱アルカリ性
水槽：30cm以上	エサ：人工飼料、生き餌
飼育難易度：ふつう	

　脊椎の異常で丸く短くなったプラチナセイルフィンモーリーの改良品種。オリジナル種ほど大型化せず、コロコロと泳ぐ様はフグのようで可愛いと人気を得ている。卵胎生メダカの仲間なので稚魚を直接生み、繁殖も楽しめる。餌喰いが遅いので、給餌の際にはしっかり観察したい。

バルーンゴールデンセイルフィンモーリー
Poecilia velifera var.

分布：改良品種	体長：6cm
水温：25℃	水質：中性〜弱アルカリ性
水槽：30cm以上	エサ：人工飼料、生き餌
飼育難易度：ふつう	

　バルーンプラチナセイルフィンモーリーと同様に、ゴールデンセイルフィンモーリーのバルーンタイプ。可愛らしい体型と明るいオレンジの体色が人気だ。バルーンプラチナセイルフィンモーリーと混泳させると、水槽内のカラーバランスが良く、水草水槽内でも鮮やかだ。

ブラックモーリー
Poecilia sphenops

分布：改良品種	体長：6cm
水温：25℃	水質：中性〜弱アルカリ性
水槽：30cm以上	エサ：人工飼料、生き餌
飼育難易度：ふつう	

　真っ黒な体が印象的で古くから知られる有名な熱帯魚のひとつ。卵胎生メダカの仲間で繁殖も容易だ。コケや油膜を食べてくれるため、水草水槽に導入されることも多いが、酸性の水はあまり得意ではないので、水草水槽で飼育する際はpHにも注意が必要だ。

ライヤテールブラックモーリー

Poecilia sphenops var.

分布：改良品種　　体長：6cm
水温：25°C　　水質：中性〜弱アルカリ性
水槽：30cm以上　　エサ：人工飼料、生き餌
飼育難易度：ふつう

　ブラックモーリーの改良品種で、尾ビレが竪琴状に分かれている。流通量は多いので、目にする機会も多いだろう。飼育繁殖はブラックモーリーに準ずる。

バルーンブラックモーリー

Poecilia sphenops var.

分布：改良品種　　体長：3cm
水温：25°C　　水質：中性〜弱アルカリ性
水槽：30cm以上　　エサ：人工飼料、生き餌
飼育難易度：ふつう

　バルーンモーリーにはいくつかのカラーバリエーションが存在するが、その中でも人気が高い。飼育繁殖に関しては他のバルーンモーリーと変わらない。

バリアタス

Xiphophorus variatus

分布：メキシコ　　体長：5cm
水温：25°C　　水質：中性〜弱アルカリ性
水槽：30cm以上　　エサ：人工飼料、生き餌
飼育難易度：ふつう

　名前の由来はバリエーションであり、同じバリアタスでも様々なカラーパターンが存在する。極端に言えば入荷のたびに少しずつ違うカラーの個体がいるほどだ。繁殖個体もバラツキが出ることがあるので、是非繁殖させて色の違いを楽しんでみてほしい。

ハイフィンバリアタス

Xiphophorus variatus var.

分布：改良品種　　体長：5cm
水温：25°C　　水質：中性〜弱アルカリ性
水槽：30cm以上　　エサ：人工飼料、生き餌
飼育難易度：ふつう

　バリアタスのハイフィン（背ビレが大きい）タイプだ。こちらの方が流通量は多いかもしれない。飼育繁殖は普通種と同じでビギナーでも十分に本種の魅力を楽しめるはずだ。

プラティ

Xiphophorus maculatus var.

分布：改良品種
体長：5cm
水温：25℃
水質：中性〜弱アルカリ性
水槽：30cm以上
エサ：人工飼料、生き餌
飼育難易度：ふつう

もともとはメキシコ原産の魚だが、様々な改良品種が広く普及している人気定番種だ。カラーバリエーションやヒレの変異も多く、ビギナーからマニアまでを魅了している。意外やコケ取り能力も非常に高く、その面からももっと見直されてよい卵胎生メダカの仲間だ。繁殖も容易で、初心者から十分に楽しめる。

レッドプラティ

もっとも流通しているプラティのカラーバリエーション。赤にもオレンジっぽいものから血の滲んだような真紅のものまで様々なタイプが流通している。飼育繁殖は容易で、人気も非常に高い。

レッドミッキープラティ

尾筒（腰）にネズミのキャラクター模様の入る人気種。赤にはオレンジから真っ赤までいくつかのタイプがあるので、気に入った赤を探すのも楽しい。飼育繁殖は他のプラティと同じで容易だ。

レッドワグプラティ

各ヒレと鼻先が黒くなるプラティのことをワグと呼ぶ。この個体は地色が赤でワグなのでレッドワグとなる。黒が入り一見地味に見えるが、水草水槽などに映えるので人気が高い。飼育繁殖に関しては他のプラティと同じで容易だ。

レッドタキシードプラティ

　エラ蓋から下半身にかけて黒いプラティのことをタキシードと呼ぶ。この個体は地色が赤いのでレッドタキシードプラティと呼ばれる。メラニンの乗り方には個体差があり、よく観察すると個体識別もできるはずだ。

レッドコーラルプラティ

　コーラルと呼ばれる明るい赤の発色が美しい品種。最近では色々な品種が混ざってしまっているので、品種の判別が難しい。

サンセットミッキープラティ

　尾筒（腰）辺りから尾ビレにかけてオレンジから赤に染まる黄色いプラティをサンセットプラティと呼んでいる。この形質はもともとバリアタスとの交配からできたと言われている。これはさらにネズミのキャラクター模様の入った個体だ。

サンセットワグプラティ

　上記のサンセットに、各ヒレと口先の黒いワグを交配して作られたプラティ。入荷は意外と多いので、探せばすぐに見つかるだろう。ワグの中でも人気が高く、水草水槽や混泳水槽でもよく映える。

カダヤシ・メダカの仲間

サンセットタキシードプラティ

　サンセットとタキシードの交配から作出されたプラティの一タイプ。入荷も多く見つけるのも難しくないだろう。よりバリアタスに近い印象の魚で、ヨーロッパの愛好家の間では古くから非常に人気が高い。

ピーチプラティ

　サンセットプラティによく似た体色を見せるプラティ。少々サラサの表現が見られるのが特徴で、グラデーションが美しい品種。

ピーチタキシードプラティ

　ピーチプラティのタキシードタイプ。とても色彩バランスの良い品種なのでコンスタントに普及してほしいプラティだ。

レッドバックミッキープラティ

　近年見かける機会が増えた人気のタイプ。白地に背中が赤いものと、クリーム地に背中の赤いものが見られる。ハイフィンタイプやピンテールタイプなど、色々なバリエーションが流通している。

紅白ミッキープラティ

　レッドバックプラティの中には透き通るように白い個体が見られる。それらを紅白プラティと呼んで区別している。

ブルーミッキープラティ

　比較的原種に近いとされているタイプ。プラティの原種には様々なタイプが存在するので、どの地域の個体を指しているかはわかりにくい。渋く地味な印象を受けるが、自然感の高い水草レイアウト水槽によくマッチする。

ブルータイガープラティ

　メタリックなブルーの発色の下に、うっすらとタイガー模様が見られる品種。プラティミックスとして販売されていることもある。

パイナップルミッキープラティ

　黄色味の強いオレンジ色の体色に、ややヒレに黒を発色する個体をパイナップルと呼んでいる。

ゴールデンブルーヘルメットプラティ

　ブループラティのゴールデン個体は意外と流通量が多いものの、単体での流通が多いわけではない。

レインボープラティ

　メタリックな体色のワグタイプの品種。かなり派手な印象で、赤の発色も濃い。

昭和プラティ

　錦鯉の昭和三色をイメージして改良されたプラティで、非常に人気があるバリエーション。定期的に入荷しており、探せば見つけることも難しくないだろう。

タイガープラティ

　主に東南アジアとヨーロッパから輸入されてくるプラティの人気バリエーション。安価なことの多いプラティとしては少し高めだ。白地に赤の縞々と、クリーム地に赤の縞々の2タイプが輸入されている。

ソードテール

Xiphophorus hellerii var.

分布	改良品種
体長	8cm
水温	25℃
水質	中性〜弱アルカリ性
水槽	45cm以上
エサ	人工飼料、生き餌
飼育難易度	ふつう

　その名の通り、尾ビレが剣状に伸びる卵胎生メダカのポピュラー種だ。剣状に伸びる尾ビレはオスの特徴であり、メスは尾ビレが伸びない。性転換する魚として有名になったが、実際のところ性転換した個体に生殖能力があるかは疑わしい。メキシコなどに生息するオリジナル種もごく少数輸入されてくる。

レッドソードテール

　昔から輸入されている全身赤のソードテールの人気バリエーション。昨今の小型水槽ブームの中、飼育者の数は多くないかもしれないが、45cm以上の水槽で飼い込まれた本種は何物にも代え難いほどの魅力がある。

レッドソードテール メス

　ソードテールのメス個体。尾ビレがラウンドテールなのですぐにわかるだろう。

ライヤレッドソードテール

　ライヤは竪琴のことで、その名の通り尾ビレの上下がともに伸びる改良品種だ。オスの生殖器（ゴノポジウム）が伸張してしまうことが多く繁殖には不向きで、交配はノーマルのオスとライヤのメスで行うことになる。

レッドミッキーソードテール

　プラティとの交配から作出されたバリエーションで、日本国内では見る機会は多くない。非常に可愛らしい品種なので、是非定期的な輸入をしていきたい。

レッドワグソードテール

各ヒレと鼻先が黒くなるバリエーションのことをワグと呼ぶ。この個体は地色が赤いワグなのでレッドワグとなる。黒が入るので一見地味に見えるが、人気は高い。飼育繁殖に関しては他のソードテールと同じで容易だ。

レッドタキシードソードテール

エラ蓋から下半身にかけて黒いバリエーションのことをタキシードと呼ぶ。この個体は地色が赤いのでレッドタキシードソードと呼ばれる。メラニンの乗り方には個体差があり、選ぶ楽しみもある。

サンセットミッキーソードテール

サンセットタイプのソードテールで、尾筒にネズミのキャラクターの模様が入る。明るい体色なのでレイアウト水槽内でもよく目立つ。

レッドバックソードテール

淡い色彩の体色に、真っ赤な背ビレが引き立つ品種。誰が見ても美しい体色なので人気が高いソードテールだ。

ヘルメットソードテール

頭部以外に黒色やメタリックブルーを発色するためにこの名で呼ばれるが、この個体は頭部にも発色が多くなっている。

紅白ソードテール

近年人気の高い、メリハリのある紅白体色が美しい品種。アルビノ個体なので明るい発色が魅力的で、水草レイアウト水槽などの中でも存在感がある。

ネオンソードテール

背中のオレンジがアクセントの、人気のバリエーション。大きくなるとオレンジの部分が濃くなり赤く見えるような個体もいる。オレンジの下にブルーのラインが入る個体が多く、ネオンテトラを逆にしたような配色だ。

グリーンソードテール

原種に近いとされているバリエーション。ネイチャー系のレイアウトに泳がすならワイルド系の体色が楽しめるネオンソードはお勧めだ。光の加減によりグリーンともブルーとも取れるような色に輝く。

シフォフォルス・ヘレリー
Xiphophorus hellerii

分布：メキシコ、ホンジュラス　体長：12cm
水温：25℃　水質：中性〜弱アルカリ性
水槽：45cm以上　エサ：人工飼料、生き餌
飼育難易度：ふつう

　様々なソードテールの改良品種のオリジナルとなる原種で、改良品種とはずいぶん雰囲気の異なる魅力を備えている。生息河川などによるバリエーションが多いとされるが、ヨーロッパなどでブリードされたものが少量輸入される程度と輸入量は少なく、入手は難しい。

シフォフォルス・シフィディウム
Xiphophorus xiphidium

分布：メキシコ　体長：5cm
水温：25℃　水質：中性〜弱アルカリ性
水槽：30cm以上　エサ：人工飼料、生き餌
飼育難易度：ふつう

　英名スパイクテールプラティ。非常におとなしく臆病で、落ち着くまでは物陰に潜んでいることが多い。飼育繁殖自体は難しくないが、生まれた稚魚が隠れる傾向が強いので、モスや流木などで隠れ家を作るのがよい。尾ビレのスポットの入り方にはいくつかのバリエーションがある。

シフォフォルス・モンテズマエ
Xiphophorus montezumae

分布：メキシコ　体長：8cm
水温：25℃　水質：中性〜弱アルカリ性
水槽：60cm以上　エサ：人工飼料、生き餌
飼育難易度：ふつう

　尾ビレがもっとも長く伸張するソードテールの原種で、長く伸びる個体では体長と同じか、それ以上に伸びることもある。大変人気の高い魚で、輸入量も安定しているが、輸入されたての個体は雌雄判別が少し難しい場合が多い。

シフォフォルス・クレメンシアエ
Xiphophorus clemenciae

分布：メキシコ　体長：6cm
水温：25℃　水質：中性〜弱アルカリ性
水槽：45cm以上　エサ：人工飼料、生き餌
飼育難易度：ふつう

　原種ソードテールの最高峰と呼ばれている珍種。英名ではイエローソードテールと呼ばれ、その名の通り黄色いソードを持っている。ソードテールとしては小型から中型の部類で、5cm程度の大きさ。輸入はきわめて少なく入手は難しいだろう。

メリーウィドー
Phallichthys amates

分布：グァテマラ
水温：25℃
水槽：30cm以上
飼育難易度：ふつう
体長：4cm
水質：中性～弱アルカリ性
エサ：人工飼料、生き餌

　オスがいなくなった後も、蓄えた精子を使って数回出産できることからメリーウィドーと呼ばれている。とはいえ、その特徴自体は他の卵胎生メダカにも当てはまることは今ではよく知られている。おとなしい魚なので、混泳相手も性質のおとなしい魚との組み合わせが良い。

ジラルディヌス・メタリクス
Girardinus metallicus

分布：キューバ
水温：25℃
水槽：30cm以上
飼育難易度：ふつう
体長：4cm
水質：中性～弱アルカリ性
エサ：人工飼料、生き餌

　オスの吻部から生殖器にかけて黒く色づく卵胎生メダカで、昔からよく輸入されている。最近は黒ではなく、黄色い個体群の輸入が多く見られる。飼育繁殖も難しくなく、稚魚から幼魚時にはランプアイのように光る目が美しい。

ベロネソックス
Belonesox belizanus

分布：ベリーズ、メキシコ等
水温：25℃
水槽：45cm以上
飼育難易度：ふつう
体長：20cm
水質：中性～弱アルカリ性
エサ：人工飼料、生き餌

　楽園のギャングと称されることのある肉食性の卵胎生メダカ。出産したメスはしばらくの間は稚魚を捕食したり攻撃したりすることは少ない。アメリカの一部に帰化しており、それらの個体が輸入されることがある。餌は生き餌の他、生の魚の切り身や人工飼料にも餌付く。

ハイランドカープ
Xenotoca eiseni

分布：メキシコ
水温：25℃
水槽：45cm以上
飼育難易度：ふつう
体長：6cm
水質：中性～弱アルカリ性
エサ：人工飼料、生き餌

　メキシコ原産の真胎生メダカの仲間で、哺乳類に似た臍帯（へその緒）で稚魚と母親がつながっている珍しい淡水魚。性質はあまりおとなしいわけではないが、相手を選べば混泳も楽しめる。生まれた稚魚はいきなりイトミミズを食べられるほどの大きさがある。

ハイランドカープ サンマルコス
Xenotoca doadrioi

分布：メキシコ
水温：25℃
水槽：30cm以上
飼育難易度：ふつう
体長：5cm
水質：中性〜弱アルカリ性
エサ：人工飼料、生き餌

　ハイランドカープに比べて小型で、腰の辺りに金色の帯がある派手な真胎生メダカ。輸入はあまり多くはないが、それでもこの仲間としては頻繁に輸入されている方だろう。ハイランドカープと同じで、植物質の餌も好む。

アメカ・スプレンデンス
Ameca splendens

分布：メキシコ
水温：25℃
水槽：60cm以上
飼育難易度：ふつう
体長：10cm
水質：中性〜弱アルカリ性
エサ：人工飼料、生き餌

　生息地では絶滅の危機にある真胎生メダカの仲間。ただし養殖が盛んに行われているため、アクアリウム趣味の世界の需要分くらいは養殖されたもので十分まかなわれている。よく観察すると、同じ名前で輸入されていてもメラニンパターンに違いがある個体群が来ることがある。

アロトカ・ドゥゲシィ
Allotoca dugesii

分布：メキシコ
水温：20℃
水槽：30cm以上
飼育難易度：やや難しい
体長：5cm
水質：中性〜弱アルカリ性
エサ：人工飼料、生き餌

　冷水系の真胎生メダカで、夏場の高温は苦手。珍しくメスの方が美しいと言われる魚で、サイズもメスの方が大きい。餌は選り好みもなく人工飼料も食べるので、是非チャレンジしていただきたい。

スキフィア・ビリネアータ
Skiffia bilineata

分布：メキシコ
水温：25℃
水槽：30cm以上
飼育難易度：やや難しい
体長：5cm
水質：中性〜弱アルカリ性
エサ：人工飼料、生き餌

　他のスキフィアに比べて小型の種で、色味も地味な真胎生メダカの仲間。イトミミズやブラインシュリンプなどの動く餌への反応が良い。人工飼料にも餌付くが、痩せやすい魚なので体型の変化には十分に注意しながら飼育するようにしたい。

フンデュロパンチャックス・ガードネリィ
Fundulopanchax gardneri

分布：ナイジェリア、カメルーン　体長：6cm
水温：23℃　水質：弱酸性
水槽：30cm以上　エサ：人工飼料、生き餌
飼育難易度：ふつう

　フンデュロパンチャックスの代表とも呼べる種で、国産のものから東南アジアやヨーロッパでのブリードものまでコンスタントな入荷が見られる。正面から見た時、笑顔のように見える赤いカラーリングも人気がある。水草をたっぷりと入れた水槽でペアが揃った状態で飼うとよく増える。

フンデュロパンチャックス・ショステッディ
Fundulopanchax sjoestedti

分布：ナイジェリア、カメルーン、ガーナ
体長：12cm　水温：25℃
水質：弱酸性　水槽：60cm以上
エサ：人工飼料、生き餌　飼育難易度：ふつう

　ブルーグラリスと呼ばれる大型のフンデュロパンチャックスの1種。成長も速くジャンプ力もあるため、小さい水槽で飼育していると吻部を傷めることがあるので注意する。主にヨーロッパからの輸入で入荷するが、いつでも見られるわけではない。

フンデュロパンチャックス・シーリ
Fundulopanchax scheeli

分布：ナイジェリア　体長：6cm
水温：25℃　水質：弱酸性
水槽：30cm以上　エサ：人工飼料、生き餌
飼育難易度：ふつう

　泳ぐ宝石、アフリカの生きた宝石等と呼ばれる種。性格も温和で、本種だけで飼育していると自然繁殖することもある。主にヨーロッパでの養殖個体が流通しているが、国内繁殖されたものが出回ることもある。

アフィオセミオン・ビタエニアータム
Aphyosemion bitaeniatum

分布：ナイジェリア、トーゴ　体長：5cm
水温：25℃　水質：弱酸性
水槽：30cm以上　エサ：人工飼料、生き餌
飼育難易度：ふつう

　ナイジェリアやトーゴ原産の種類で、地域変異も多い。特にLagosと呼ばれるタイプの輸入が多い。主な流通はワイルド個体ではなく、ドイツやチェコ等のヨーロッパからのブリード個体なので飼育もしやすいだろう。

アフィオセミオン・オゴエンセ
Aphyosemion ogoense

- 分布：コンゴ、ガボン
- 水温：23〜26℃
- 水槽：30cm以上
- 飼育難易度：ふつう
- 体長：5cm
- 水質：弱酸性
- エサ：人工飼料、生き餌

　赤と青、そしてオレンジのバランスが美しい卵生メダカ。飼育は弱酸性の軟水が適していて、ピートやマジックリーフを使用してブラックウォーターの水を用意したい。エサは慣れてしまえば人工飼料も食べてくれる。輸入量はあまり多くないので、卵生メダカを多く扱っている専門店での購入が必要。

アルゼンチンパールフィッシュ
Austrolebias nigripinnis

- 分布：アルゼンチン、ウルグアイ
- 水温：22〜24℃
- 水槽：30cm以上
- 飼育難易度：ふつう
- 体長：4cm
- 水質：弱酸性
- エサ：人工飼料、生き餌

　古くから知られている南米に生息する卵生メダカの仲間。状態が良いと真っ黒の体色にブルーのスポットが特徴的で、人気の高い熱帯魚。飼育自体はそれほど難しくないが、一年生の魚なので繁殖には卵を休眠させることが必要。繊維の太いピートを使用するとよいだろう。輸入量は多いので入手は容易。

シンプソニクティス・マグニフィカス
Simpsonichthys magnificus

- 分布：ブラジル
- 水温：25℃
- 水槽：30cm以上
- 飼育難易度：やや難しい
- 体長：4cm
- 水質：弱酸性
- エサ：人工飼料、生き餌

　ブラジル原産の美麗種で以前は入手が難しかったが、最近では国内ブリード個体やヨーロッパからのブリード個体の流通が見られる。以前の学名のキノレビアス・マグニフィカスの名前で販売されていることもある。

ノソブランキウス・ラコビィ
Nothobranchius rachovii

- 分布：モザンビーク
- 水温：25℃
- 水槽：30cm以上
- 飼育難易度：やや難しい
- 体長：5cm
- 水質：中性〜弱アルカリ性
- エサ：人工飼料、生き餌

　もっともポピュラーなノソブランキウスの仲間で、地域変異以外にもアルビノ等の入荷も頻繁にある。卵生メダカの専門店ではなくても、見つけることは難しくはない。よく見かける割には飼育自体は少し難しいので、飼育設備や環境を整えてから飼育するとよいだろう。

ノソブランキウス・フォーシィ
Nothobranchius foerschi

- 分布：タンザニア
- 水温：25℃
- 水槽：30cm以上
- 飼育難易度：ふつう
- 体長：5cm
- 水質：中性～弱アルカリ性
- エサ：人工飼料、生き餌

　ノソブランキウス属の中では国内ブリード個体の流通も多く、ラコビィ同様入手は難しくない。飼育も難しくなく、赤虫などにも容易に餌付くので、この仲間の入門種としても向いている。

ノソブランキウス・コルサウサエ
Nothobranchius korthausae

- 分布：タンザニア
- 水温：25℃
- 水槽：30cm以上
- 飼育難易度：やや難しい
- 体長：5cm
- 水質：中性～弱アルカリ性
- エサ：人工飼料、生き餌

　通常はイエロータイプと言われているものが流通することが多いが、レッドタイプもいる。イエロータイプでは尾ビレの縞模様が特徴的で美しい。他のノソブランキウスよりスレンダーな体型をしている。

ノソブランキウス・ギュンテリィ
Nothobranchius guentheri

- 分布：タンザニア
- 水温：25℃
- 水槽：30cm以上
- 飼育難易度：やや難しい
- 体長：5cm
- 水質：中性～弱アルカリ性
- エサ：人工飼料、生き餌

　古くから飼育されているノソブランキウス属の1種。ノーマルタイプの他にブルータイプなども比較的目にする機会が多い。飼育自体は難しいものではないが、コショウ病になりやすいので注意が必要だ。

ノソブランキウス・ルブリピニス
Nothobranchius rubripinnis

- 分布：タンザニア
- 水温：25℃
- 水槽：30cm以上
- 飼育難易度：ふつう
- 体長：5cm
- 水質：中性～弱アルカリ性
- エサ：人工飼料、生き餌

　タンザニア産のノソブランキウスの仲間で、ルブリピニスの種小名の通り赤いヒレをしている。以前はポツポツとアルビノ品種も見かけたが、それほど流通は多くない。飼育、繁殖自体は難しくない。

プテロレビアス・ロンギピンニス
Pterolebias longipinnis

分布：ブラジル、ボリビア
水温：23℃
水槽：45cm以上
飼育難易度：難しい
体長：10cm
水質：弱酸性
エサ：人工飼料、生き餌

　ブラジル、ボリビアに生息する種で、オスは10cmを超える。適正水温は少し低めの方が安定する。真夏の高温には注意が必要だ。大型なので冷凍赤虫などもよく食べる。同種間の混泳は雌雄問わず注意が必要だ。

アフリカンランプアイ
Poropanchax normani

分布：コンゴ共和国
水温：25℃
水槽：30cm以上
飼育難易度：ふつう
体長：4cm
水質：中性〜弱アルカリ性
エサ：人工飼料、生き餌

　アフリカを代表する小型美魚。一般的な熱帯魚ショップなら大抵どこでも見つけられるだろう。少し暗めの環境で群れで飼うと見応えがある。餌は人工飼料でも問題なく食べ、気付くと繁殖していることもある。

アルビノ アフリカンランプアイ
Poropanchax normani var.

分布：改良品種
水温：25℃
水槽：30cm以上
飼育難易度：ふつう
体長：4cm
水質：中性〜弱アルカリ性
エサ：人工飼料、生き餌

　アフリカンランプアイのアルビノ品種で、全身が白い。特徴である目もノーマル体色同様に光り見応えがある。こちらも群れで飼育を楽しみたい魚だ。

ポロパンチャックス・ルクソフタルムス
Poropanchax luxophthalmus

分布：ナイジェリア
水温：25℃
水槽：30cm以上
飼育難易度：ふつう
体長：4cm
水質：中性〜弱アルカリ性
エサ：人工飼料、生き餌

　対側に特徴的な青いラインの入るランプアイの仲間。アフリカからのワイルド個体に加え、東南アジアの養殖個体も入荷する。体側のメタリックブルーのラインを楽しむなら横から光の入る環境がお勧めだ。

タンガニイカランプアイ
Lacustricola pumilus

分布：タンガニイカ湖　体長：5cm
水温：25℃　水質：中性～弱アルカリ性
水槽：30cm以上　エサ：人工飼料、生き餌
飼育難易度：ふつう

　アフリカのタンガニイカ湖原産のランプアイの仲間。目の輝きは強くないが、成魚の独特な体型と入荷の少なさからマニアには人気が高い。現在は国内で維持繁殖された個体が出回る程度と入手はやや難しい。入手の機会に恵まれたら累代繁殖を目指したいところだ。

ランプリクティス・タンガニカヌス
Lamprichthys tanganicanus

分布：タンガニイカ湖　体長：15cm
水温：25℃　水質：中性～弱アルカリ性
水槽：45cm以上　エサ：人工飼料、生き餌
飼育難易度：ふつう

　比較的大型に成長する、タンガニイカ湖に生息する卵生メダカの仲間。状態よく飼育すると、ブルーの発色が美しくなる。メダカの仲間では珍しく、岩や流木の隙間に産卵する性質があるので、産卵にはスリットを作ったコルクなどが使用されることが多い。

プロカトープス・シミリス
Procatopus similis

分布：カメルーン　体長：6cm
水温：25℃　水質：弱酸性～中性
水槽：45cm以上　エサ：人工飼料、生き餌
飼育難易度：ふつう

　カメルーンからワイルド個体やヨーロッパからのブリード個体がタイプ別にコンスタントに輸入されている。金属光沢のあるブルーの体色は万人受けする美しさで人気も高い。繁殖は岩や流木の割れ目に生み付けるクラックスポウナーだ。

エピプラティス・アニュレイタス
Epiplatys annulatus

分布：タンザニア　体長：4cm
水温：25℃　水質：弱酸性
水槽：30cm以上　エサ：人工飼料、生き餌
飼育難易度：ふつう

　クラウンキリーの名称で流通している小型種。白黒のメリハリがはっきりした体色から人気が高いが、非常に小型なので混泳相手には気をつける必要がある。人工飼料にも容易に餌付くので飼育自体は難しいものではないが、活発な一面があり、飛び出すことがあるので注意したい。

エピプラティス・ダゲッティ
Epiplatys dageti

分布：リベリア	体長：6cm
水温：20～25℃	水質：弱アルカリ性
水槽：30cm以上	エサ：人工飼料、生き餌
飼育難易度：ふつう	

　輸入された直後は地味な魚に見えるかもしれないが、飼い込んだオスはコントラストがはっきりとして非常に美しくなる。飼育、繁殖も難しくなく、餌も選り好みせずに食べる個体が多いので、その面でも飼いやすいと言える。チェコやドイツからブリード個体の入荷が見られる。

アプロケイルス・リネアトゥス
Aplocheilus lineatus

分布：インド	体長：10cm
水温：25℃	水質：中性
水槽：45cm以上	エサ：人工飼料、生き餌
飼育難易度：ふつう	

　宝石をちりばめたような美しさと、大きな体が魅力的なインド原産の卵生メダカ。サイズがこの仲間の中でも大きいので混泳には注意が必要。口に入るサイズの魚は餌になってしまうこともある。飼育繁殖は難しくないので、本種だけで飼育しても十分楽しめるだろう。

パラファニウス・メント
Paraphanius mento

分布：イスラエル、シリア	体長：5cm
水温：25℃	水質：弱酸性～中性
水槽：30cm以上	エサ：人工飼料、生き餌
飼育難易度：ふつう	

　全身にブルースポットをちりばめた、イスラエルなどに生息するアファニウスの仲間。現在はパラファニウス属の魚となっている。以前は比較的入手しやすかったが、現在の輸入は多くない。飼育は難しくなく、繁殖も行える。

パキパンチャックス・プライファイリィ
Pachypanchax playfairii

分布：セイシェル	体長：8cm
水温：24～28℃	水質：中性～弱アルカリ性
水槽：45cm以上	エサ：人工飼料、生き餌
飼育難易度：ふつう	

　マダガスカルの北に位置する、セイシェルに生息するパキパンチャックスの仲間。黄色味の強い体色だが、状態が良くなると体側のオレンジのスポットが濃くなって、赤味が出て美しくなる。飼育は容易。

リブルス・マグダレナ
Rivulus magdalenae

分布：コロンビア　体長：9cm
水温：25℃　水質：弱酸性
水槽：45cm以上　エサ：人工飼料、生き餌
飼育難易度：ふつう

　コロンビア産のカダヤシの仲間で卵生種。やや大きくなる。リブルスの仲間はよく知られているが、入荷が少ないので、累代繁殖を心掛けたい。本種に限らず、リブルスの仲間は飛び出すことが多いので、しっかり隙間なく蓋をする必要がある。ブルーグリーンの体色が非常に美しい。

アメリカンフラッグフィッシュ
Jordanella floridae

分布：アメリカ　体長：6cm
水温：25℃　水質：中性～弱アルカリ性
水槽：30cm以上　エサ：人工飼料、生き餌
飼育難易度：ふつう

　成熟したオスのカラーパターンと、その産地からアメリカンフラッグフィッシュと呼ばれている。個体差もあるが植物食傾向が強く、水草の若芽を齧ることもあるので水草水槽では注意が必要。高水温もあまり得意ではない。だが、本種の魅力や美しさはそれらを補って余りある。

キプリノドン・マクラリウス
Cyprinodon macularius

分布：アメリカ、メキシコ　体長：6cm
水温：22～26℃　水質：中性～弱アルカリ性
水槽：30cm以上　エサ：人工飼料、生き餌
飼育難易度：ふつう

　アメリカやメキシコに生息するキプリノドンの仲間。ずんぐりとした可愛らしい体型と、美しいブルーの発色が魅力的。日本の水道水で問題なく飼育でき、餌も人工飼料を食べてくれる。本種に限らず、北米の魚の輸入量は多くないため、入手が簡単でないのが難点だ。

ルカニア・グッデイ
Lucania goodei

分布：アメリカ　体長：6cm
水温：22～26℃　水質：中性～弱アルカリ性
水槽：30cm以上　エサ：人工飼料、生き餌
飼育難易度：ふつう

　フロリダなどの北米に生息するカダヤシの仲間。スレンダーな体型で、独特の背ビレと尻ビレが特徴的。ヒレにブルーや赤の発色する美魚だ。本種のような北米の魚は輸入量が多くないので知名度も高くないが、美しい種が多いので注目したいところだ。

メダカの仲間

この項で紹介する13種はダツ目メダカ科メダカ属に分類されるメダカの仲間。日本のメダカとも同属の近縁種で、よく似た姿形をしているものが多い。観賞魚趣味の世界ではカダヤシ目の仲間と区別されないため、同じグループとして掲載しているが、現在の分類では両者は目(もく)から違う別のグループとなっている。

オリジアス・ウォウォラエ
Oryzias woworae

分布：インドネシア　体長：4cm
水温：25℃　水質：弱アルカリ性
水槽：30cm以上　エサ：人工飼料、生き餌
飼育難易度：ふつう

海外産のメダカとしてはもっとも高い人気を誇ると言ってもいいオリジアスの人気種で、独特のブルーに輝くボディとオレンジに色付く尾ビレが非常に魅力的だ。入荷当初は高額だったが、ブリードも盛んに行われて今ではポピュラー種になっている。飼育は日本のメダカと同様で構わない。

ネオンブルーオリジアス
Oryzias wolasi

分布：インドネシア　体長：4cm
水温：25℃　水質：弱アルカリ性
水槽：30cm以上　エサ：人工飼料、生き餌
飼育難易度：ふつう

インドネシアのスラウェシ島原産のオリジアス。以前はウォウォラエと同種であるとも言われていたが、こちらはウォラシという別種となる。ネオンブルーオリジアスという名が指すのはこちらの種類。入荷はウォウォラエよりも少なく、見掛ける機会の少ない種となっている。

ジャワメダカ
Oryzias javanicus

分布：インドネシア、マレー半島　体長：4cm
水温：25℃　水質：中性～弱アルカリ性
水槽：30cm以上　エサ：人工飼料、生き餌
飼育難易度：ふつう

海外産のオリジアスとしては見る機会が多い種のひとつ。飼育、繁殖は基本的に日本のメダカと変わらない。飼い込むと飴色の体にブルーの目が映え非常に美しい姿を見せてくれる。水草水槽で楽しみたい魚だ。

インドメダカ
Oryzias melastigma

分布：インド、バングラデシュ、ミャンマー
体長：4cm
水温：25℃
水質：中性〜弱アルカリ性
水槽：30cm以上
エサ：人工飼料、生き餌
飼育難易度：ふつう

　海外産のオリジアスとしては見る機会の多い種のひとつで、飼育、繁殖自体は日本のメダカと変わらない。成熟したオスは体高が出て、尻ビレがバサバサと伸びて非常に見応えがある。状態が落ち着いた本種は非常に美しくなるので、もっと多くの人に楽しんでもらいたい魚だ。

インドスレンダーランプアイ
Oryzias sp.

分布：インド
体長：3cm
水温：25℃
水質：中性〜弱アルカリ性
水槽：30cm以上
エサ：人工飼料、生き餌
飼育難易度：やや難しい

　本家ランプアイはアフリカの魚だが、こちらはインド便で時折入荷しているスレンダーな体型のオリジアスの仲間。比較的新しい観賞魚で、小型でおとなしいので混泳には注意する必要がある。入荷時は痩せていることが多いが、細かくすり潰した人工飼料を与えればすぐに戻る。

メコンメダカ
Oryzias mekongensis

分布：タイ、ラオス
体長：2cm
水温：25℃
水質：弱酸性〜中性
水槽：30cm以上
エサ：人工飼料、生き餌
飼育難易度：ふつう

　比較的入荷の安定しているオリジアス属の1種。産地による差異が確認されていて、色々とコレクションしても面白いだろう。卵はよく産むが、活着性が低いことがあるのでモスなどを活用して採卵すると良いだろう。

オリジアス・ソンクラメンシス
Oryzias songkhramensis

分布：タイ北東部、ラオス
体長：2cm
水温：24〜28℃
水質：弱酸性〜弱アルカリ性
水槽：30cm以上
エサ：人工飼料、生き餌
飼育難易度：ふつう

　タイ北東部、メコン川水系のソンクラム川で発見された小型のオリジアス。メコンメダカやタイメダカに近縁で、この仲間の中では新しい種類。小型種だが、環境を整えてあげれば飼育は難しくない。繁殖も容易で、体に似合わない大きな卵を産む。

ベトナムメダカ
Oryzias pectoralis

分布：ベトナム、ラオス
水温：25℃
水槽：30cm以上
飼育難易度：ふつう
体長：4cm
水質：弱酸性〜弱アルカリ性
エサ：人工飼料、生き餌

オリジアス・ペクトラリスの名前で販売されていることが多い。メコンメダカに似ているが、本種の方が大きい。入荷は非常に少ないが、飼育繁殖は他のオリジアスと変わらない。餌も選り好みせずに何でもよく食べる。

ハイナンメダカ
Oryzias curvinotus

分布：中国南部、ベトナム
水温：25℃
水槽：30cm以上
飼育難易度：ふつう
体長：4cm
水質：弱酸性〜弱アルカリ性
エサ：人工飼料、生き餌

中国の海南島やその近辺に生息する、日本のメダカに近縁な種。生息地周辺の沿岸部は開発が進んでいるため、生息地は減少しているようだ。そのため、数を減らしているらしい。観賞魚としての輸入は少なく、入手は難しい。

フィリピンメダカ
Oryzias luzonensis

分布：ルソン島
水温：25℃
水槽：30cm以上
飼育難易度：ふつう
体長：3cm
水質：中性〜弱アルカリ性
エサ：人工飼料、生き餌

ルソンメダカとも呼ばれ日本のメダカに非常に似ているオリジアスで、尾ビレの縁にオレンジ色を発色する。観賞魚としての流通はほぼ無いので、ショップで見つけることは非常に難しいだろう。日本のメダカと同じような環境に生息しているので、飼育繁殖も準ずるものと思われる。

セレベスメダカ
Oryzias celebensis

分布：インドネシア
水温：25℃
水槽：30cm以上
飼育難易度：ふつう
体長：5cm
水質：中性〜弱アルカリ性
エサ：人工飼料、生き餌

スラウェシ（セレベス）からの便で比較的入荷量の多いオリジアスの仲間。姿形は日本のメダカともよく似ているが、意外なほど大きく育つので、飼育していて非常に面白い。体側のブルーが鮮明で美しい。中性からアルカリ性に調整した水で飼育したい。

オリジアス・マタネンシス
Oryzias matanensis

分布：インドネシア
水温：25℃
水槽：45cm以上
飼育難易度：ふつう
体長：6cm
水質：弱酸性〜弱アルカリ性
エサ：人工飼料、生き餌

大型になるオリジアスの1種で、入荷はそれほど多くはない。見掛ける機会も少ないが、アフリカンランプアイの瞳のブルーよりも濃いブルーで神秘的な色合いを見せる特徴的な深い青い目は、是非とも実物を見てもらいたいものだ。

オリジアス・ニグリマス
Oryzias nigrimas

分布：インドネシア
水温：25℃
水槽：45cm以上
飼育難易度：ふつう
体長：5cm
水質：弱アルカリ性
エサ：人工飼料、生き餌

強いオス個体の漆黒の体色は派手さはないものの、非常に魅力的だ。入荷は多くなく、ブリード個体の入荷も非常に少ない。水質は中性からややアルカリに傾けた方がうまく行く。飼育繁殖自体は日本メダカと同じで良いが、下層にも産卵するのでモスやモップの使用もお勧めだ。

カラシンの仲間
（カラシン目）

　中南米、アフリカに生息するカラシンの仲間（カラシン目）は、1600種を超える種数が知られる淡水魚の一大グループだ。脂ビレを持つ（ない種類もいる）、よく発達した歯を持つなどの身体的特徴を備えるが、多様性に富み、形や色、生態はもちろん、2cm程度から1.5mに迫るような巨大なものもいる。熱帯魚趣味の世界でも人気が高く、ネオンテトラやピラニアなど、熱帯魚としてよく知られるものも多く含まれる馴染み深いグループだ。

ネオンテトラ
Paracheirodon innesi

　熱帯魚と言えば「ネオンテトラ」の名が出るほどの、観賞魚の世界の代表種。アジア諸国で大量に養殖されて、常時ショップで見ることができる。価格も安価で、熱帯魚飼育の入門種として人気。安価なポピュラー種だが、最も美しい熱帯魚のひとつとして色褪せない。

分布：アマゾン川
体長：3cm
水温：24～28℃
水質：弱酸性～中性
水槽：30cm以上
エサ：人工飼料、生き餌
飼育難易度：やさしい

ダイヤモンドネオン
Paracheirodon innesi var.

分布：改良品種	体長：3cm
水温：24〜28℃	水質：弱酸性〜中性
水槽：30cm以上	エサ：人工飼料、生き餌
飼育難易度：やさしい	

　ネオンテトラの改良品種のひとつ。頭部から体側にかけての金属光沢が美しく、ダイヤモンドの名にふさわしい品種だ。価格も比較的安価なので、水草レイアウト水槽などで群泳をさせて楽しみたい。飼育はネオンテトラと同様に容易で、熱帯魚の入門種としても最適だ。

ゴールデンダイヤモンドネオン
Paracheirodon innesi var.

分布：改良品種	体長：3cm
水温：24〜28℃	水質：弱酸性〜中性
水槽：30cm以上	エサ：人工飼料、生き餌
飼育難易度：やさしい	

　頭部先端が青く輝くネオンテトラの改良品種。ダイヤモンドネオン同様に非常に美しく、水草レイアウト水槽で群泳させると見応えがある。飼育はその他のネオンテトラの改良品種と変わらずとても容易で、餌も何でもよく食べてくれる。

ニューゴールデンネオン
Paracheirodon innesi var.

分布：改良品種	体長：3cm
水温：24〜28℃	水質：弱酸性〜中性
水槽：30cm以上	エサ：人工飼料、生き餌
飼育難易度：やさしい	

　香港で作出された、爽やかな印象の改良ネオンテトラの1品種。透明感のある乳白色の体色に、ブルーのラインが入る美しいカラーパターン。現在ではアジア諸国で養殖された個体が広く普及しており、安価で購入することができる。飼育も容易で、初心者からベテランまで楽しめる魚だ。

ニューレッドゴールデンネオン
Paracheirodon innesi var.

分布：改良品種	体長：3cm
水温：24〜28℃	水質：弱酸性〜中性
水槽：30cm以上	エサ：人工飼料、生き餌
飼育難易度：やさしい	

　前に登場したニューゴールデンネオンとよく似た体色だが、オリジナルの持つ赤味を失っておらず、ニューゴールデンネオンよりも派手な印象。白と赤のコントラストがとても美しい改良品種だ。ノーマル体色個体同様に飼育は容易で、水槽内で存在感を出してくれる。

グリーンネオン
Paracheirodon simulans

分布：ネグロ川	体長：2.5cm
水温：24〜28℃	水質：弱酸性〜中性
水槽：30cm以上	エサ：人工飼料、生き餌
飼育難易度：ふつう	

　ロングラインネオンの別名がある、この仲間の中ではもっとも小型の種。ネオンテトラに似た体色を持つが、赤い部分が薄く、体側に入るブルーの印象が強いことからこの名前がある。水草水槽で群泳させると美しいが、草食性がやや強く水草の新芽などを食べてしまうので注意が必要。

プラチナグリーンネオン
Paracheirodon simulans var.

分布：ネグロ川	体長：2.5cm
水温：24〜28℃	水質：弱酸性〜中性
水槽：30cm以上	エサ：人工飼料、生き餌
飼育難易度：ふつう	

　プラチナカーディナルと同様に、グリーンネオンに混じって輸入される稀少なプラチナタイプ。発色具合は個体によって様々で、ワンポイント程度のものから、全身がプラチナに輝くものまで様々なものが見られる。最近ではそれほど高価ではないが、見る機会はあまり多くない。

分布：ネグロ川
体長：4cm
水温：24〜28℃
水質：弱酸性〜中性
水槽：30cm以上
エサ：人工飼料、生き餌
飼育難易度：ふつう

カーディナルテトラ
Paracheirodon axelrodi

ネオンテトラに似るが腹部の赤い部分が広くより鮮やかで、その美しさは多くの小型美魚の中でも群を抜く。最近になりブリード個体も見られるようになっているが、南米から採集個体がコンスタントに輸入されている。飼育自体は難しくないが、水槽の移動などには弱い面がある。

プラチナカーディナルテトラ
Paracheirodon axelrodi var.

分布：ネグロ川　体長：4cm
水温：24〜28℃　水質：弱酸性〜中性
水槽：30cm以上　エサ：人工飼料、生き餌
飼育難易度：ふつう

　古くから知られる珍カラの代表種。全身がプラチナ色に輝く稀少なカーディナルテトラのプラチナ個体で、これまで発光バクテリアによるものとされていた輝きは、寄生虫による光沢色素の付着が理由とも言われているが、詳細はまだはっきりしていない。

アルビノカーディナルテトラ
Paracheirodon axelrodi var.

分布：改良品種　体長：4cm
水温：24〜28℃　水質：弱酸性〜中性
水槽：30cm以上　エサ：人工飼料、生き餌
飼育難易度：ふつう

　カーディナルテトラのアルビノ品種で、ヨーロッパで作出されたもの。ブルーはやや薄いものの、赤の発色は強く美しい。輸入量は少なく、ノーマル体色個体と比べるとやや高価。飼育はノーマルのカーディナルテトラと同様で問題ない。

グローライトテトラ
Hemigrammus erythrozonus

- 分布：ギアナ
- 水温：24〜28℃
- 水槽：30cm以上
- 飼育難易度：やさしい
- 体長：3cm
- 水質：弱酸性〜中性
- エサ：人工飼料、生き餌

　初心者にも人気の入門種的存在だが、その美しさはテトラの仲間でもトップクラスの美種。各ヒレの先端が白く発色するが、齧られてしまうことが多い。東南アジアで盛んに養殖されており、コンスタントな輸入がある。価格も安く、性質もおとなしいため混泳水槽でも飼いやすい。

アルビノグローライトテトラ
Hemigrammus erythrozonus var.

- 分布：改良品種
- 水温：24〜28℃
- 水槽：30cm以上
- 飼育難易度：やさしい
- 体長：3cm
- 水質：弱酸性〜中性
- エサ：人工飼料、生き餌

　グローライトテトラのアルビノ品種で、ノーマル体色個体同様、飼いやすく、価格も手頃。普段は淡いオレンジ色だが、状態よく飼い込むと黄色を強く発色して非常に美しい姿に変貌する。水草水槽などで飼育すると、驚くほどの発色を見せてくれるため、値段以上の満足感が得られる。

ゴールデンテトラ
Hemigrammus rodwayi

- 分布：ギアナ
- 水温：24〜28℃
- 水槽：30cm以上
- 飼育難易度：やさしい
- 体長：3.5cm
- 水質：弱酸性〜中性
- エサ：人工飼料、生き餌

　その名の通り、全身金色に輝くテトラ。古くから輸入量の多いポピュラーなテトラとして知られている。飼育自体は難しくないのだが、水質などの環境が悪くなってくると金色が薄れてしまうことがあるので注意が必要。水質管理などをしっかり行うことで、綺麗な体色をキープしたい。

ゴールデンテトラ
Hemigrammus armstrongi

- 分布：ギアナ
- 水温：24〜28℃
- 水槽：30cm以上
- 飼育難易度：やさしい
- 体長：3.5cm
- 水質：弱酸性〜中性
- エサ：人工飼料、生き餌

　本種もゴールデンテトラと呼ばれるが体色は銀色で、体側にブルーのラインが入ることからブルーラインなどと呼ばれることもある。丈夫で餌も何でもよく食べるので飼育は容易だが、環境が悪化すると、やはりメタリックな体色が落ちてしまう。水草水槽で群泳させるのがお勧めだ。

カラシンの仲間

ヘッドアンドテールライトテトラ
Hemigrammus ocellifer

分布：アマゾン川	体長：5cm
水温：21〜28℃	水質：弱酸性〜中性
水槽：35cm以上	エサ：人工飼料、生き餌
飼育難易度：やさしい	

　丸みのある体型が特徴のポピュラー種。名前通り、目と尾の付け根の光り輝くスポットが印象的で水槽内でも存在感がある。飼育は容易だが、草食性が強く、水草を食べてしまうことがあるため注意が必要。

ラミーノーズテトラ
Hemigrammus bleheri

分布　アマゾン川	体長：5cm
水温：24〜28℃	水質：弱酸性〜中性
水槽：40cm以上	エサ：人工飼料、生き餌
飼育難易度：ふつう	

　数多いテトラの中でも特に高い人気を誇る美種。頭部が真っ赤に染まるのが特徴的で、水草レイアウト水槽で群泳させるとよく映える。そのため10匹単位での購入がお勧めだ。飼育は難しくなく、弱酸性の軟水でじっくり飼育したいが、それほど状態に左右されずに発色してくれる。

プルッカー
Hemigrammus pulcher

分布：アマゾン川	体長：5cm
水温：24〜28℃	水質：弱酸性〜中性
水槽：36cm以上	エサ：人工飼料、生き餌
飼育難易度：やさしい	

　ヘッドアンドテールライトテトラによく似た色や形をしているポピュラーなテトラ。尾の付け根部分の黒いスポットがこちらの方が大きい点などで区別できる。似ているのは見た目だけでなく性質や食性までよく似ている。丈夫で飼いやすい点も同じだ。

ゴールデンラミーノーズ
Hemigrammus bleheri var.

分布：改良品種	体長：5cm
水温：24〜28℃	水質：弱酸性〜中性
水槽：40cm以上	エサ：人工飼料、生き餌
飼育難易度：ふつう	

　オリジナル種は真っ赤に染まる頭部と、白黒の尾ビレが特徴だが、こちらのゴールデンタイプではそれらの特徴に代わって、透明感のある白い体を手に入れている。同じ魚とは思えないほどの変化が面白い。

ブラックネオンテトラ
Hyphessobrycon herbertaxelrodi

- 分布：ブラジル
- 水温：24～28℃
- 水槽：30cm以上
- 飼育難易度：やさしい
- 体長：3.5cm
- 水質：弱酸性～中性
- エサ：人工飼料、生き餌

　古くからテトラの定番種として知られる、黒い体色が魅力の美魚。養殖個体がコンスタントに輸入されて安価だが、じっくり飼育すると各ヒレも伸長してとても美しく育つ。飼育はとても容易で初心者にもお勧めだ。黒い色彩が水草の美しさも引き立ててくれる。

アルビノブラックネオンテトラ
Hyphessobrycon herbertaxelrodi var.

- 分布：改良品種
- 水温：24～28℃
- 水槽：30cm以上
- 飼育難易度：やさしい
- 体長：3.5cm
- 水質：弱酸性～中性
- エサ：人工飼料、生き餌

　ノーマル体色個体とは真逆の色彩となって、まるで別の魚のような改良品種。ブラックネオンテトラの特徴である黒い色彩や模様は薄くなっているが、ヒレに淡いブルーを発色し、爽やかな美しさが魅力。飼育はブラックネオン同様で、餌の好き嫌いもしない。

ロレットテトラ
Hyphessobrycon loretoensis

- 分布：ペルー
- 水温：24～28℃
- 水槽：30cm以上
- 飼育難易度：やさしい
- 体長：3.5cm
- 水質：弱酸性～中性
- エサ：人工飼料、生き餌

　オレンジ色に染まるヒレを持つシックな印象のカラシン。体の中央にゴールドのラインが入り、見る角度によって金色に見えたりと、その時々で見える美しさが異なるのも楽しい。水槽導入直後はやや神経質な面があるので注意したい。

コーヒービーンテトラ
Hyphessobrycon takasei

- 分布：ブラジル
- 水温：24～28℃
- 水槽：40cm以上
- 飼育難易度：ふつう
- 体長：4cm
- 水質：弱酸性～中性
- エサ：人工飼料、生き餌

　その独特な体色で人気の高い小型テトラ。珍カラとしてマニアを中心に飼育されてきたが、近年では養殖個体も見られるようになった。餌は何でもよく食べ、飼育は難しいことはない。一般的な水草レイアウト水槽での飼育が適しているだろう。

カラシンの仲間

ロバーティテトラ
Hyphessobrycon bentosi

分布：アマゾン川
水温：24〜28℃
水槽：40cm以上
飼育難易度：ふつう
体長：5cm
水質：弱酸性〜中性
エサ：人工飼料、生き餌

　古くから鮮やかな赤い色彩が人気で、もっとも美しいテトラとも言われる美魚。特に尾ビレの赤の発色や、背ビレの白が素晴らしい。ヒレも大きくなって美しいので、複数飼育でヒレを広げる姿を楽しみたい。輸入状態によるが、馴染めば飼育も難しくない。ブラジルやペルーから輸入される。

ロージィテトラ
Hyphessobrycon rosaceus

分布：ブラジル、スリナム
水温：24〜28℃
水槽：40cm以上
飼育難易度：ふつう
体長：5cm
水質：弱酸性〜中性
エサ：人工飼料、生き餌

　古くから親しまれているハイフェソブリコン属を代表する美種。ロバーティテトラに似るが、本種は腹ビレと尻ビレの先端が白く発色する。ボリュームがあるテトラなので、比較的大きめの水槽で飼育すると良い。飼育自体は容易だが、美しい発色を楽しむために、水質維持に努めたい。

ハイフェソブリコン・エピカリス
Hyphessobrycon epicharis

分布：ブラジル、オリノコ川
水温：24〜28℃
水槽：40cm以上
飼育難易度：やや難しい
体長：6cm
水質：弱酸性〜中性
エサ：人工飼料、生き餌

　体側のスポット模様が独特で特徴的なテトラ。水質に敏感で、しっかりとした水質管理が必要。餌は人工飼料など何でも食べるが、痩せやすいので注意。入荷量は少なく、入手も簡単ではない。飼育する機会に恵まれたら、じっくり飼い込んで、本種ならではの美しさを堪能してほしい。

ハイフェソブリコン・プロキオン
Hyphessobrycon procyon

分布：ブラジル
水温：24〜28℃
水槽：36cm以上
飼育難易度：ふつう
体長：4cm
水質：弱酸性〜中性
エサ：人工飼料、生き餌

　最近になって輸入された新しい小型テトラ。尾ビレ付け根の黒色スポットが特徴的。状態が良くなると赤みが強くなって美しくなる。成長とともに体高が高くなり、背ビレも伸長するのでじっくり飼育したい。飼育は難しくなく、フレークフードなどもよく食べてくれる。

ペレズテトラ
Hyphessobrycon erythrostigma

分布：アマゾン川　体長：8cm
水温：24〜28℃　水質：弱酸性〜中性
水槽：45cm以上　エサ：人工飼料、生き餌
飼育難易度：ふつう

　体側の赤いスポットや、ピンクがかった体色など、可愛らしいイメージのあるテトラだが、小型テトラとしては大型に成長する。体高が高く見応えがするので、大きめのレイアウト水槽で群泳させると魅力を十分に楽しめる。状態よく飼うと、ヒレも伸長し、大変美しい。

レッドペレズテトラ
Hyphessobrycon pyrrhonotus

分布：アマゾン川　体長：6cm
水温：24〜28℃　水質：弱酸性〜中性
水槽：40cm以上　エサ：人工飼料、生き餌
飼育難易度：ふつう

　古くはペレズテトラの改良品種と考えられていたが、別種であることがわかっている。赤の発色が強い美種で、状態よく飼い込むとどんどん赤味が増し、金属光沢が強くなる。ペレズテトラほど大きくならない。飼育は難しくなく、一般的なレイアウト水槽でも魅力を発揮してくれる。

ロゼウステトラ
Hyphessobrycon roseus

分布：ギアナ　体長：3cm
水温：24〜28℃　水質：弱酸性〜中性
水槽：30cm以上　エサ：人工飼料、生き餌
飼育難易度：ふつう

　体側の大きなスポット模様と、透明感のある赤の発色が素晴らしい美種。イエローファントムテトラの名で販売されていることも多い。状態の良い個体は素晴らしい体色を見せてくれることに加え、水草を囓ったりしないため、水草水槽に群泳させる魚として圧倒的な人気を誇る。

ハイフェソブリコン・コペランディ
Hyphessobrycon copelandi

分布：アマゾン川　体長：5cm
水温：24〜28℃　水質：弱酸性〜中性
水槽：40cm以上　エサ：人工飼料、生き餌
飼育難易度：ふつう

　かつては他種に混じって入荷する程度で、なかなか入手できない種類として珍カラの代表種のように言われていたが、最近ではまとまった輸入が見られる。以前の名残りか、今でもややマニア好みのテトラだ。ヒレが長く大きく伸長するのが特徴のテトラで、飼育自体は難しくはない。

カラシンの仲間

レモンテトラ
Hyphessobrycon pulchripinnis

分布：アマゾン川	体長：4cm
水温：24〜28℃	水質：弱酸性〜中性
水槽：30cm以上	エサ：人工飼料、生き餌
飼育難易度：やさしい	

　もっともポピュラーなテトラのひとつで、レモンを思わせる黄色の体色からこの名がついた。東南アジアで養殖が盛んに行われ、輸入量はとても多い。ブリード個体でもしっかり飼育すればとても美しい魚に育ってくれる。飼育は容易だが、水草の新芽を食べることがあるので要注意。

アルビノレモンテトラ
Hyphessobrycon pulchripinnis var.

分布：改良品種	体長：4cm
水温：24〜28℃	水質：弱酸性〜中性
水槽：30cm以上	エサ：人工飼料、生き餌
飼育難易度：やさしい	

　レモンテトラのアルビノ個体で、透き通るような真っ白の体色が特徴だ。飼育はノーマル体色個体同様容易で、餌も何でもよく食べてくれる。手頃な価格で販売されており、入手も容易。若い内はただの乳白色の魚なのだが、じっくり飼い込むと黄色味が強まり美しくなる。

ピーチレモンテトラ
Hyphessobrycon pinnistriatus

分布：ブラジル	体長：4cm
水温：24〜28℃	水質：弱酸性〜中性
水槽：30cm以上	エサ：人工飼料、生き餌
飼育難易度：ふつう	

　レモンテトラに近縁な種類で、黄色の発色はなく淡いピンク色に染まるためにこの名で呼ばれている。状態よく飼育するとピンク色はより強くなり、とても可愛らしい魚になってくれる。飼育は難しくなく、一般的な小型テトラの飼育方法で問題ない。小型種の混泳水槽で楽しみたい。

ボリビアンレモンテトラ
Hyphessobrycon sp.

分布：ボリビア	体長：4cm
水温：24〜28℃	水質：弱酸性〜中性
水槽：30cm以上	エサ：人工飼料、生き餌
飼育難易度：ふつう	

　ボリビアから輸入されたレモンテトラの仲間。環境が落ち着いていないとあまり違いが現れないが、落ち着いてくると体色が揚がって褐色になってくる違いがある。餌も何でもよく食べ、協調性もあるので飼育も容易。とても可愛らしいので、これからポピュラーになってほしい種だ。

ブラックファントム
Hyphessobrycon megalopterus

分布：ブラジル　　体長：4cm
水温：24〜28℃　　水質：弱酸性〜中性
水槽：30cm以上　　エサ：人工飼料、生き餌
飼育難易度：ふつう

　黒の発色が特徴的なポピュラーなテトラで、体に対して大きな背ビレと尻ビレが黒く染まり、独特な美しさを見せる。養殖された個体が大量に輸入されてくるため、手頃な値段で入手することができる。とても丈夫なので飼育も容易。水草水槽で飼うとよりいっそう美しく見える。

テトラオーロ
Hyphessobrycon elachys

分布：ブラジル　　体長：3cm
水温：25〜27℃　　水質：弱酸性〜中性
水槽：30cm以上　　エサ：人工飼料、生き餌
飼育難易度：やさしい

　尾筒のスポットが特徴的な小型テトラ。成長すると背ビレと尻ビレが伸長して美しいフォルムに成長してくれる。そのため、ヒレを齧る魚との混泳はできるだけ避けたい。また、小型種なので混泳する魚には注意し、小型の水草レイアウト水槽での飼育が適している。飼育自体は難しくない。

レッドファントム
Hyphessobrycon sweglesi

分布：ペルー、コロンビア　体長：4cm
水温：24〜28℃　　水質：弱酸性〜中性
水槽：30cm以上　　エサ：人工飼料、生き餌
飼育難易度：ふつう

　オスは背ビレが伸長し、透明感のある赤を発色する。体色は産地によって差があり、中でもルブラと呼ばれるものはとりわけ赤が鮮やかで、非常に美しいため人気が高い。人工飼料をよく食べるので、赤の発色が良くなるものを中心に与えると良い。輸入状態が良ければ飼育は難しくない。

レッドテトラ
Hyphessobrycon amandae

分布：ペルー、アマゾン川　体長：2.5cm
水温：24〜28℃　　水質：弱酸性〜中性
水槽：30cm以上　　エサ：人工飼料、生き餌
飼育難易度：ふつう

　全身オレンジ色の美しい小型テトラ。状態が良くなるとオレンジ色は濃さを増し赤色に近づく。小型テトラの中でも特に小さく、小さな水槽でも群泳を楽しむことができるが、とても小さな口なので餌には気を使いたい。飼育自体は難しくない。コンスタントな輸入があり、入手は容易。

カラシンの仲間

コロンビアレッドフィン
Hyphessobrycon columbianus

分布：コロンビア　体長：7cm
水温：24～28℃　水質：弱酸性～中性
水槽：40cm以上　エサ：人工飼料、生き餌
飼育難易度：やさしい

　ブルーと赤の体色が美しく、丈夫で飼いやすい人気種。ヨーロッパや東南アジアで養殖されたものがコンスタントに輸入されていて入手も容易。体高が高くなってやや大きくなるので、大きめの水槽で飼育したい。餌も何でもよく食べてくれるが、与えすぎると体型が崩れるので要注意。

ラピステトラ
Hyphessobrycon cyanotaenia

分布：ブラジル　体長：5cm
水温：24～28℃　水質：弱酸性～中性
水槽：36cm以上　エサ：人工飼料、生き餌
飼育難易度：ふつう

　体側中央の濃紺のラインを境に鮮やかなブルーのラインが入り、ラピスの名にふさわしい青さを見せてくれる美種。本種ならではの魅力である青を強く発色させるには、弱酸性の軟水の良好な水質をキープすることが大切。餌は人工飼料も食べる。輸入量は多くなく、やや高価だ。

インペリアルラピステトラ
Hyphessobrycon melanostichos

分布：ブラジル　体長：5cm
水温：24～28℃　水質：弱酸性～中性
水槽：36cm以上　エサ：人工飼料、生き餌
飼育難易度：ふつう

　比較的最近になって流通するようになった美しいテトラ。これらの仲間の中でも特に派手な色彩で、その美しさから人気種となっている。飼育自体は難しくないが、体色を最大限に引き出すには、弱酸性の軟水を用意したい。基本的には水草レイアウト水槽での飼育が適している。

ファルガテトラ
Hyphessobrycon sp.

分布：ペルー　体長：5cm
水温：24～28℃　水質：弱酸性
水槽：36cm以上　エサ：人工飼料、生き餌
飼育難易度：ふつう

　光の当たる角度によってパープルにもグリーンにも見える美しいテトラ。輸入量はあまり多くなく、専門店でのこまめな入荷チェックが必要だ。成長するとやや気の荒い部分も見せるが、他種との混泳も可能。美しい体色は弱酸性の軟水でじっくりと飼い込むことで引き出すことができる。

ソルソルテトラ
Hyphessobrycon robustulus

分布：ペルー	体長：5cm
水温：24〜28℃	水質：弱酸性〜中性
水槽：36cm以上	エサ：人工飼料、生き餌
飼育難易度：ふつう	

　2タイプが知られている小型テトラで、本種以外に黄色いタイプも知られている。派手な色彩がレイアウト水槽内でよく目立つ美種だ。輸入量は多くはないが、比較的入手も容易になっている。飼うのは難しくないが、体色を最大限に引き出すには弱酸性の軟水での飼育を心掛けたい。

ハセマニア
Hasemania nana

分布：ブラジル	体長：5cm
水温：24〜28℃	水質：弱酸性〜中性
水槽：30cm以上	エサ：人工飼料、生き餌
飼育難易度：やさしい	

　シルバーチップの名でも知られる、各ヒレの先端が白く目立つ可愛らしいテトラ。古くからのポピュラー種で、飼育の容易な入門種として初心者にもお勧めできる。東南アジアから養殖個体がコンスタントに輸入され、雑な扱いを受けることも多々あるが、発色した個体の体色は素晴らしい。

トゥッカーノテトラ
Tucanoichthys tucano

分布：ネグロ川上流域(ブラジル)	体長：3cm
水温：24〜28℃	水質：弱酸性
水槽：36cm以上	エサ：人工飼料、生き餌
飼育難易度：やや難しい	

　ネグロ川上流域などの限られた河川にのみ生息し、そのため価格も高価な部類。状態が上がると、体はオレンジ色に染まり、頭部と尾ビレが赤を発色する大変美しい姿を見せてくれる。水質にはやや敏感で、水槽導入直後は特に気を使う必要がある。弱酸性の落ち着いた軟水で飼育したい。

プラチナトゥッカーノテトラ
Tucanoichthys tucano var.

分布：ネグロ川上流域(ブラジル)	体長：3cm
水温：24〜28℃	水質：弱酸性
水槽：36cm以上	エサ：人工飼料、生き餌
飼育難易度：難しい	

　マニアックなテトラとして有名なトゥッカーノテトラの中で、さらにマニアックなプラチナ個体。輸入されたトゥッカーノテトラにごく稀に混じっていることがある程度なので、入手はきわめて難しい。

カラシンの仲間

プリステラ
Pristella maxillaris

分布：ブラジル南部　体長：4cm
水温：24〜28℃　水質：弱酸性〜中性
水槽：30cm以上　エサ：人工飼料、生き餌
飼育難易度：やさしい

　その可愛らしい色彩で、古くから親しまれているポピュラーなテトラのひとつ。透明感のある爽やかな魚なので、涼しげなレイアウトに合うだろう。養殖個体が大量に輸入され、入手、飼育ともに容易。餌も何でもよく食べてくれるので、初心者でも安心して飼育が楽しめる種類だ。

アルビノプリステラ
Pristella maxillaries var.

分布：改良品種　体長：4cm
水温：24〜28℃　水質：弱酸性〜中性
水槽：30cm以上　エサ：人工飼料、生き餌
飼育難易度：やさしい

　プリステラのアルビノ品種。アルビノなどの改良品種では、オリジナル種の魅力が失われてしまうものもあるが、このプリステラの場合はヒレの色や模様などノーマル体色の魅力となっている部分がしっかりと受け継がれている。飼育はオリジナル種と変わらずに容易だ。

パンダプリステラ
Pristella maxillaries var.

分布：改良品種　体長：4cm
水温：24〜28℃　水質：弱酸性〜中性
水槽：30cm以上　エサ：人工飼料、生き餌
飼育難易度：やさしい

　本品種もプリステラの改良品種。透明鱗の個体を固定したものなので体内が透けて見え、特に真っ赤なエラが透けて見えるのが特徴的。写真の個体はメスなので、卵まで透けて見えてしまっている。

アルビノバルーンプリステラ
Pristella maxillaries var.

分布：改良品種　体長：4cm
水温：24〜28℃　水質：弱酸性〜中性
水槽：30cm以上　エサ：人工飼料、生き餌
飼育難易度：やさしい

　東南アジアで養殖されているアルビノプリステラのバルーンタイプ。可愛らしい体型で人気があり、小型のレイアウト水槽でよく見かけるようになっている。飼育もオリジナル種と同様で容易だが、この体型なので遊泳力が弱く、他種との餌の奪い合いなどには気をつけてやりたい。

モンクホーシャ
Moenkhausia sanctaefilomenae

分布：アマゾン川　　体長：5cm
水温：24～28℃　　水質：弱酸性～中性
水槽：40cm以上　　エサ：人工飼料、生き餌
飼育難易度：やさしい

　丸みを帯びた特徴的な体型とシックな色彩で人気のある、古くから知られるポピュラー種。養殖個体が大量に輸入されており、価格も安価、丈夫で飼育も容易と初心者にもお勧めの種類だ。草食性がやや強く、水草の新芽を食害するので水草水槽で飼育する場合は要注意だ。

アルビノモンクホーシャ
Moenkhausia sanctaefilomenae var.

分布：改良品種　　体長：5cm
水温：24～28℃　　水質：中性
水槽：40cm以上　　エサ：人工飼料、生き餌
飼育難易度：やさしい

　モンクホーシャのアルビノ個体を固定した品種。乳白色の明るい体色が特徴だが、目の上の赤さはしっかり受け継いでいるのでアルビノ個体でも存在感がある。飼育は容易で何でもよく食べるのだが、ノーマル体色個体同様、草食性がやや強いので、水草水槽で飼育する場合は要注意だ。

ダイヤモンドテトラ
Moenkhausia pittieri

分布：ベネズエラ　　体長：7cm
水温：24～28℃　　水質：弱酸性～中性
水槽：45cm以上　　エサ：人工飼料、生き餌
飼育難易度：ふつう

　古くから人気の高い美しいテトラ。ヒレの伸びていない幼魚が定期的に輸入されているが、じっくり飼うと驚くほどにヒレが伸長、体側の鱗もその名にふさわしい輝きが出てきて、とても美しくなる。草食傾向がやや強いので、柔らかい水草を使用したレイアウト水槽では少々注意が必要。

ジャックナイフテトラ
Moenkhausia costae

分布：ブラジル　　体長：7cm
水温：24～28℃　　水質：弱酸性～中性
水槽：45cm以上　　エサ：人工飼料、生き餌
飼育難易度：ふつう

　尻ビレから尾ビレ上部にかけて入るブラックラインが特徴的。やや大型になり、成長とともに体高が高くなって迫力ある姿になる。そのため、中、大型の水草レイアウトで飼う魚として向いている。飼育は難しくないが、やや性質が荒い面があるので、広い水槽での飼育が適している。

カラシンの仲間

エンペラーテトラ
Nematobrycon palmeri

- 分布：コロンビア
- 水温：24〜28℃
- 水槽：40cm以上
- 飼育難易度：ふつう
- 体長：6cm
- 水質：弱酸性〜中性
- エサ：人工飼料、生き餌

　フォークのように伸長する尾ビレが特徴の美種で、バランスの良いフォルムと青みを帯びた体色が印象的。昔は高価な魚だったが、養殖個体が多くなり入手が容易になった。飼育は難しくなく、水草水槽などで群泳させると素晴らしい魚に育ってくれる。太りやすく、餌の与えすぎに注意。

レインボーテトラ
Nematobrycon lacortei

- 分布：ブラジル
- 水温：24〜28℃
- 水槽：36cm以上
- 飼育難易度：ふつう
- 体長：5cm
- 水質：弱酸性〜中性
- エサ：人工飼料、生き餌

　エンペラーテトラと同じネマトブリコン属のテトラで、体型やフォルムなどはよく似ている。体側に名前の由来を伴ったキラキラと輝く鱗を持つことと、赤味が強くなることで見分けることができる。少々気が荒い面があり、同種同士でよく争うが、他種を攻撃するなどはあまりない。

インパイクティス・ケリー
Inpaichthys kerri

- 分布：アマゾン川
- 水温：24〜28℃
- 水槽：36cm以上
- 飼育難易度：ふつう
- 体長：5cm
- 水質：弱酸性〜中性
- エサ：人工飼料、生き餌

　光の当たる角度によってブルーに輝くとても美しいテトラ。飼育は容易だがやや気が荒く、特に同種間では頻繁に小競り合いをする。ある程度まとまった数で飼育するか、水草を多く植えて飼育すると良い。近年では本種の改良品種も多く見るようになっている。

ゴールドピンク インパイクティスケリー
Inpaichthys kerri var.

- 分布：改良品種
- 水温：24〜28℃
- 水槽：36cm以上
- 飼育難易度：ふつう
- 体長：5cm
- 水質：弱酸性〜中性
- エサ：人工飼料、生き餌

　インパイクティス・ケリーの白変種を固定した改良品種。全体的にピンク色の体色だが、飼い込むとヒレに淡いブルーを発色する。同種間での小競り合いは多いのだが、飼育は容易なので一般的な混泳水槽で飼育が楽しめる。

グラスブラッドフィン
Prionobrama filigera

分布：アマゾン川
水温：24〜28℃
水槽：36cm以上
飼育難易度：ふつう
体長：5cm
水質：弱酸性〜中性
エサ：人工飼料、生き餌

　古くから透明魚のひとつとして知られ、体全体が透けて見えるのが特徴。飼育も難しくなく初心者にもお勧めだが、状態が悪くなると体が白濁してしまうので、水質などを改善しないといけないバロメーターにもなる。東南アジアで養殖された個体が大量に輸入されているので入手も容易。

グリーンファイヤーテトラ
Aphyocharax rathbuni

分布：アルゼンチン、パラグアイ
水温：24〜28℃
水槽：30cm以上
飼育難易度：ふつう
体長：5cm
水質：弱酸性〜中性
エサ：人工飼料、生き餌

　腹部から尾ビレ付け根にかけて、真っ赤に染まる美しいテトラ。グラスブラッドフィンに似ているが、本種は体全体がグリーンに発色する。餌もよく食べ飼育自体は容易だが、赤さやヒレの白さを綺麗に発色させるのはやや難しい。状態のいい弱酸性の軟水の水質をキープするのがコツ。

ペルーグラステトラ
Protocheirodon pi

分布：ペルー
水温：24〜28℃
水槽：36cm以上
飼育難易度：ふつう
体長：5cm
水質：弱酸性
エサ：人工飼料、生き餌

　全身が透明で、かつ独特の体型を持つテトラ。比較的最近になって新たな透明魚として紹介された魚で、近年はコンスタントに輸入されるようになった。輸入状態で飼育難易度は違ってくるが、一度落ち着けば難しくない。生き餌や動物性の餌を好むが、人工飼料でも十分飼育が可能。

クリスタルレインボーテトラ
Trochilocharax ornatus

分布：アマゾン川
水温：24〜28℃
水槽：30cm以上
飼育難易度：やや難しい
体長：2cm
水質：弱酸性〜中性
エサ：人工飼料、生き餌

　他に類を見ない独特の超小型テトラ。透明感のある体に、光の当たる角度で様々な色彩に見えるのが特徴。状態よく飼育できれば美しくヒレが伸長する。かなりの小型種なので飼育はやや難しい部類に入るが、輸入状態が悪くなければ一般的な飼育が可能。水草レイアウト水槽で飼いたい。

オブリクア
Thayeria obliqua

分布：アマゾン川	体長：7cm
水温：24～28℃	水質：弱酸性～中性
水槽：45cm以上	エサ：人工飼料、生き餌
飼育難易度：ふつう	

　ペンギンテトラの近縁種で、形や泳ぎ方もよく似ているが、こちらの方が大きくなることと、体側のブラックラインが短いことで区別できる。輸入量はあまり多くなく、見掛ける機会は少ないが、飼育は難しくなく、群泳してくれるので中型以上のレイアウト水槽で楽しみたい。

ペンギンテトラ
Thayeria boehlkei

分布：アマゾン川	体長：5cm
水温：24～28℃	水質：弱酸性～中性
水槽：30cm以上	エサ：人工飼料、生き餌
飼育難易度：やさしい	

　古くから親しまれている人気種で、東南アジアで養殖された個体が大量に輸入されている。黒と白の体色や、頭を上向きにした独特の泳ぎ方がペンギンを連想させることからこの名がある。飼育はとても容易だが、やや気が強い面がある。稀に南米から採集個体が輸入されることがある。

バルーンペンギンテトラ
Thayeria boehlkei var.

分布：改良品種	体長：4cm
水温：24～28℃	水質：弱酸性～中性
水槽：30cm以上	エサ：人工飼料、生き餌
飼育難易度：やさしい	

　ペンギンテトラの改良品種。丸っこいバルーン体型と、ペンギンテトラならではの泳ぎ方が可愛らしい。飼育はオリジナル種と同様に容易だが、バルーン個体なので遊泳力はあまり強くない。餌は何でもよく食べるので、人工飼料を中心に与えるとよいだろう。

ブルーテトラ
Boehlkea fredcochui

分布：ペルー	体長：5cm
水温：24～28℃	水質：弱酸性～中性
水槽：36cm以上	エサ：人工飼料、生き餌
飼育難易度：やさしい	

　古くから知られる人気の高いテトラで、透明感のあるブルーの体色が美しい。活発で水槽内をビュンビュン元気に泳ぎ回る姿は見ていて楽しいが、性質の荒い面があり、同種同士はもちろん、他の魚を追いかけ回すこともよくある。餌は何でもよく食べるので、飼育自体は難しくない。

レモングラステトラ
Characidae sp.

分布：ペルー　　　体長：3.5cm
水温：24～28℃　　水質：弱酸性～中性
水槽：30cm以上　　エサ：人工飼料、生き餌
飼育難易度：ふつう

　透き通った体を持った小型のテトラだが、状態が上がるにつれて黄色みを帯びてくる。各ヒレを中心に発色するので、本種ならではの魅力でもある透明感は失われない。ただし、状態が悪くなると濁ってしまう。飼育は難しくないが、小型種なので混泳させる魚と、与える餌のサイズに注意。

イエローブリタニクティス
Characidae sp.

分布：アマゾン川　　体長：3cm
水温：24～28℃　　　水質：弱酸性～中性
水槽：36cm以上　　　エサ：人工飼料、生き餌
飼育難易度：ふつう

　イエローブリタニクティスの名で流通しているが、ブリタニクティス属とはまったく別の魚。体は透けているが、面白い発色の仕方をするテトラで、黄色みを帯びてくる。飼育はそれほど難しくないが、小型種なので餌が不足するとすぐに痩せてしまうので注意が必要。

ブリタニクティス・アクセルロディ
Brittanichthys axelrodi

分布：ネグロ川　　体長：3.5cm
水温：24～28℃　　水質：弱酸性
水槽：36cm以上　　エサ：生き餌、人工飼料
飼育難易度：やや難しい

　以前は「入手困難」「独特の体形と色彩」「飼育が難しい」など、珍カラの条件をすべて兼ね備えている代表的な稀少種だった。現在では比較的輸入され、手頃な価格で購入できるようになっている。尾ビレに独特なフック状の突起があり、それがあるのがオス。デリケートな面がある。

アロワナテトラ
Gnathocharax steindachneri

分布：アマゾン川　　体長：7cm
水温：24～28℃　　　水質：弱酸性～中性
水槽：40cm以上　　　エサ：生き餌、人工飼料
飼育難易度：やや難しい

　アロワナを彷彿とさせる独特の風貌が魅力の種類で、マニアに人気が高い。顔つきに反して性質はおとなしく、他種との混泳も可能。水質に少々敏感で、しっかりろ過された弱酸性の水を好み、飼育はやや難しい部類に入る。餌も生き餌を好む。輸入は不定期なので、見つけた時に入手したい。

ホタルテトラ
Axelrodia stigmatias

分布：ブラジル、ペルー　体長：3cm
水温：24〜28℃　水質：弱酸性〜中性
水槽：30cm以上　エサ：人工飼料、生き餌
飼育難易度：ふつう

　かつてはカーディナルテトラなどの混じりでしか輸入されない稀少な種類で、マニアックなテトラの代表種として知られていたが、最近では輸入量も増え、比較的容易に入手できるようになった。尾ビレ付け根部分の目立つネオン模様がホタルのように見えることが特徴。

ディープレッドホタル
Axelrodia riesei

分布：コロンビア　体長：2.5cm
水温：24〜28℃　水質：弱酸性〜中性
水槽：30cm以上　エサ：人工飼料、生き餌
飼育難易度：ふつう

　小型テトラの仲間を代表する美種で、小型水草レイアウト水槽で飼育する魚としてなくてはならない存在になっている。飼育自体は難しくないが、かなりの小型種なので混泳する魚種や環境には注意したい。水草などに隠れてしまうことが多いが、複数飼育することで泳いでくれる。

ブラックテトラ
Gymnocorymbus ternetzi

分布：ブラジル、アルゼンチン　体長：6cm
水温：24〜28℃　水質：中性
水槽：30cm以上　エサ：人工飼料、生き餌
飼育難易度：やさしい

　東南アジアで養殖された個体が盛んに輸入されている古くからのポピュラー種。飼育は容易で、成長に伴い体高が増し見応えある姿になるが、大きくなると名前の由来でもある黒色がぼやけてしまうことが多い。餌も何でもよく食べ、飼育は容易。数多くの改良品種も知られている。

カラーブラックテトラ
Gymnocorymbus ternetzi var.

分布：改良品種　体長：6cm
水温：24〜28℃　水質：中性
水槽：30cm以上　エサ：人工飼料、生き餌
飼育難易度：やさしい

　ブラックテトラは数多くの改良品種が作出されているが、白変個体に人工的に着色を施したものがカラーブラックテトラ。ピンク、ブルー、パープルなどが作られているが、着色されたものなので、時間の経過とともにこれらの色は落ちてしまい、白いブラックテトラに戻ってしまう。

カーディナルダーター
Odontocharacidium aphanes

分布：ネグロ川（ブラジル）　体長：2.5cm
水温：24〜28℃　水質：弱酸性
水槽：30cm以上　エサ：人工飼料、生き餌
飼育難易度：やや難しい

カーディナルテトラの混じりで入荷する小型のダーターテトラで、以前から混じりものとして人気が高かった。今でもまとまった輸入はあまりなく、入手は比較的難しい。じっくり飼い込むと、透明感のあるオレンジ色を発色し美しい。餌はブラインシュリンプの幼生などが適している。

グリーンジェットダーター
Characidae sp.

分布：ブラジル　体長：5cm
水温：24〜26℃　水質：弱酸性〜中性
水槽：36cm以上　エサ：人工飼料、生き餌
飼育難易度：ふつう

ジェットダーターテトラと呼ばれる、底棲性カラシンの仲間。テトラと呼ばれるのが不思議なほど個性的な魚だ。素速く泳ぎ回り、流れを好む性質がある。飼育自体は難しくないが、高光量下だと体全体が美しいグリーンを発色する。

ペンシルフィッシュ
Nannostomus eques

分布：アマゾン川　体長：4.5cm
水温：24〜28℃　水質：弱酸性〜中性
水槽：30cm以上　エサ：人工飼料、生き餌
飼育難易度：ふつう

ペンシルフィッシュの代表種で、頭を上にした斜めに泳ぐ姿が可愛らしい。一見黒に見える体色も、状態が良くなってくると赤みが出てきて褐色に色付いてくる。口が小さいので、餌は小さなものを与えたい。非常におとなしい魚なので、混泳する魚種の選定には気を使いたい。

ワンラインペンシル
Nannostomus unifasciatus

分布：アマゾン川　体長：5cm
水温：24〜28℃　水質：弱酸性〜中性
水槽：30cm以上　エサ：人工飼料、生き餌
飼育難易度：ふつう

かなり細長い体型が面白いペンシルフィッシュ。飼育は容易だが、痩せている個体が多いので、しっかりトリートメントされた個体を購入したい。比較的痩せやすいので、飼育の際は餌切れに注意し、混泳水槽などでは餌がしっかりと行き渡っているかに気を使うようにしたい。

ナノストムス・ディグラムス
Nannostomus digrammus

分布：アマゾン川　体長：3.5cm
水温：24〜28℃　水質：弱酸性〜中性
水槽：30cm以上　エサ：人工飼料、生き餌
飼育難易度：ふつう

超小型のペンシルフィッシュで、成長しても4cm程度にしかならない。本来の体色を引き出すことは容易ではないが、状態よく飼育すると淡い赤色を発色する。水草がよく茂った水槽で静かに飼育したい。また、複数飼育することで水槽内を泳いでくれるようになる。

ナノストムス・ミニムス
Nannostomus minimus

分布：ギアナ　体長：3cm
水温：24〜28℃　水質：弱酸性〜中性
水槽：30cm以上　エサ：人工飼料、生き餌
飼育難易度：ふつう

本種も小型のペンシルフィッシュで、水草を多く植えた水槽でじっくりと飼い込むと赤味が強くなり美しくなる。かつては混じりでしか入荷しない希少種だったが、最近ではまとまって輸入されることがある。できればブラインシュリンプの幼生を与えたい。

カラシンの仲間

ドワーフペンシル
Nannostomus marginatus

- **分布**：アマゾン川
- **体長**：3.5cm
- **水温**：21～28℃
- **水質**：弱酸性～中性
- **水槽**：30cm以上
- **エサ**：人工飼料、生き餌
- **飼育難易度**：ふつう

　成長しても3cm程度にしかならない、やや寸詰まりな体形が可愛らしい小型のペンシルフィッシュ。この仲間ではポピュラーな種類だが、はっきりした体色は水槽内でもよく目立ち、とても魅力的な美種。発生したばかりのコケなら食べてくれるが、食べる量はごく少量。

ナノストムス・エスペイ
Nannostomus espei

- **分布**：ギアナ
- **体長**：4cm
- **水温**：24～28℃
- **水質**：弱酸性～中性
- **水槽**：30cm以上
- **エサ**：人工飼料、生き餌
- **飼育難易度**：ふつう

　独特の模様と希少性から人気のペンシルフィッシュ。群れて泳ぐ姿は可愛らしい。以前は4年に1度程度の輸入しかなかったためにオリンピックフィッシュなどと呼ばれていたが、近年も輸入はかなり少なく不定期。輸入があった年は必ず手に入れたい。比較的丈夫で、飼育は難しくない。

ナノストムス・エリスルルス
Nannostomus erythrurus

- **分布**：ブラジル
- **体長**：5cm
- **水温**：24～28℃
- **水質**：弱酸性～中性
- **水槽**：36cm以上
- **エサ**：人工飼料、生き餌
- **飼育難易度**：ふつう

　スリーラインペンシルの近縁種だが、体側の3本のラインのうち、中央が太くなるので見分けられる。スリーラインペンシルほどではないが、同種間での小競り合いは見られる。飼育は難しくないが、口が小さいので餌は小さめのものを与えたい。

スリーラインペンシル
Nannostomus trifasciatus

- **分布**：アマゾン川
- **体長**：5cm
- **水温**：24～28℃
- **水質**：弱酸性～中性
- **水槽**：36cm以上
- **エサ**：人工飼料、生き餌
- **飼育難易度**：ふつう

　3本のブラックラインが特徴のペンシルフィッシュ。この仲間の中では輸入量も多く、見掛ける機会が多い。採集地による違いが見られる奥の深いペンシルフィッシュでもある。飼育は難しくないが、同種間での小競り合いは絶え間ないので、水草が多く植えてある環境で飼育したい。

レッドブルペンシル
Nannostomus sp.

- **分布**：ブラジル
- **体長**：4.5cm
- **水温**：24～28℃
- **水質**：弱酸性～中性
- **水槽**：36cm以上
- **エサ**：人工飼料、生き餌
- **飼育難易度**：ふつう

　2000年初頭はサンタレンで採集されたディスカスが輸入される際、年に一度輸入されていた魅力的なペンシルフィッシュ。その後長らく輸入されていなかったが、近年になって輸入があった。体側の赤いラインが特徴的で美しい。飼育は難しくないが、本種も同種間での闘争が激しい。

ナノストムス・ベックフォルディ
Nannostomus beckfordi

- **分布**：ギアナ、アマゾン川
- **体長**：4.5cm
- **水温**：24～28℃
- **水質**：弱酸性～中性
- **水槽**：30cm以上
- **エサ**：人工飼料、生き餌
- **飼育難易度**：やさしい

　ショップで常に見ることができる、もっとも輸入量の多いペンシルフィッシュ。多くは東南アジアで養殖された個体が輸入される。丈夫で飼育が容易なのでペンシルフィッシュの入門種的存在。雌雄の判別も容易で、オス同士の争いは絶えないが、複数ペアを飼育すると繁殖も望める。

アークレッドペンシル
Nannostomus mortenthaleri

分布：ペルー	体長：5cm
水温：24〜28℃	水質：弱酸性〜中性
水槽：36cm以上	エサ：人工飼料、生き餌
飼育難易度：ふつう	

ペルーに生息する全身が真っ赤に発色するペンシルフィッシュで、小型美魚の代表種。その美しさに初輸入の際は誰もが驚いた。輸入量も増え、飼育自体も容易だがかなり気性が荒い。同種間では常に争うためシェルターが必要。複数飼育すると、もっとも強いオスが発色する。

ブラッドレッドペンシル
Nannostomus rubrocaudatus

分布：ペルー	体長：4cm
水温：24〜28℃	水質：弱酸性〜中性
水槽：36cm以上	エサ：人工飼料、生き餌
飼育難易度：ふつう	

アークレッドペンシルに続き、ペルー産の美しいペンシルフィッシュが紹介された。アークレッドペンシルに比べるとやや小型で温和なために飼育がしやすい。状態よく飼育すると驚くほどの赤を発色してくれるので、飼育していて楽しい魚だ。

クリムゾンレッドペンシル
Nannostomus sp.

分布：ペルー	体長：4cm
水温：24〜28℃	水質：弱酸性〜中性
水槽：36cm以上	エサ：人工飼料、生き餌
飼育難易度：ふつう	

ペンシルフィッシュのニューフェイス。この仲間の中でもっとも赤い面積が多く、体側のラインがほぼ見えなくなるほどのベタ赤。まだまだ高価なペンシルフィッシュだが、この美しさから、今後ポピュラーになっていくだろう。飼育は他のペンシルフィッシュと同様でよい。

コペラ・メタエ
Copella metae

分布：メタ川（コロンビア）	体長：6m
水温：24〜28℃	水質：弱酸性
水槽：40cm以上	エサ：人工飼料、生き餌
飼育難易度：ふつう	

コペラの仲間は、それら自体がマニアックな魚なので、これまでは他の魚に混じって輸入されるだけだったが、最近では少量ながら、それだけでの輸入もなされている。本種は体側のラインが金色に輝く美種だが、コペラの仲間の中でもとりわけマニアが好む。

レッドスポットコペラ
Copella sp.

分布：ブラジル	体長：6cm
水温：24〜28℃	水質：弱酸性
水槽：40cm以上	エサ：人工飼料、生き餌
飼育難易度：ふつう	

コペラの仲間には渋めの色合いのものが多いが、その中では派手な色彩を持っているのが本種の特徴。本種のみでの輸入もあるがコンスタントではなく、入手は少々難しい。飼育自体は難しくなく、比較的簡単に赤いスポットを発色してくれ、美しい姿を見せてくれる。

ワイツマニーテトラ
Poecilocharax weitzmani

分布：ネグロ川、オリノコ川	体長：3.5cm
水温：24〜28℃	水質：弱酸性
水槽：36cm以上	エサ：生き餌、人工飼料
飼育難易度：難しい	

小型美魚としてよく知られているが、美しく育った姿を見た飼育者はごく僅かだろう。かなり臆病で飼育が難しく、しっかり管理しないと気付かないうちに水槽内から消えてしまっていることが多い。餌はブラインシュリンプの幼生が適しているが、慣れれば人工飼料も食べるようになる。

グラスハチェット
Carnegiella myersi

分布：アマゾン川　体長：3cm
水温：24～28℃　水質：弱酸性～中性
水槽：36cm以上　エサ：人工飼料、生き餌
飼育難易度：やや難しい

　ピグミーハチェットの名もある、もっとも小型のハチェットの仲間。透明感のある体色が美しいが、移動などのストレスに弱い面があり、飼育はやや難しい。以前はとても珍しい種だったが、比較的コンスタントに輸入されるようになっている。餌は沈まないものを用意してやると良い。

マーブルハチェット
Carnegiella strigata

分布：ギアナ、ペルー　体長：4cm
水温：24～28℃　水質：弱酸性～中性
水槽：36cm以上　エサ：人工飼料、生き餌
飼育難易度：ふつう

　マーブル模様が美しいハチェットで、コンスタントかつ大量の輸入があるので入手は容易。常に水面近くを泳ぐので浮く餌を与えてやるとよい。飼育自体は容易だが、驚くと飛び跳ねる習性があるので、水槽には必ず蓋をしておくことが鉄則だ。

マーサハチェット
Carnegiella marthae

分布：アマゾン川　体長：6cm
水温：24～28℃　水質：弱酸性～中性
水槽：40cm以上　エサ：人工飼料、生き餌
飼育難易度：ふつう

　ハチェットの仲間の中では大きく成長するので、大きめの水槽で飼育したい。本種も常に水面近くで生活しており、何かに驚くと飛び跳ねる。そのため、水槽から飛び出して死んでしまう事故が多いので注意が必要。水槽の蓋はちょっとした隙間もないようにしっかり閉めることが大切。

シルバーハチェット
Gasteropelecus sternicla

分布：ギアナ、ペルー　体長：6cm
水温：24～28℃　水質：弱酸性～中性
水槽：36cm以上　エサ：人工飼料、生き餌
飼育難易度：ふつう

　マーブルハチェットと同様に古くからのポピュラー種で、ハチェットとしてもっともよく知られた種。この仲間の中では中型で、6cm程度に成長する。餌は何でもよく食べ飼育も容易だが、沈んだ餌は食べないので、浮上性の餌を与える。また、大きい分飛び跳ねる高さもあるので注意したい。

レッドテールヘミオダス
Hemiodus gracilis

分布：ブラジル
水温：24～28℃
水槽：60cm以上
飼育難易度：ふつう
体長：15cm
水質：弱酸性～中性
エサ：人工飼料、生き餌

　ブラジルに生息する魅力的な中型カラシン。15cm程度と、中型カラシンの中では小型の部類だが、小型テトラなどとは比べられない存在感があり、また温和な性質なので大型の水草レイアウト水槽に向いている。状態や個体差もあるが、尾ビレに赤色を発色して美しい魚だ。

ピンクテールカラシン
Chalceus macrolepidotus

分布：ギアナ、アマゾン川
水温：24～28℃
水槽：90cm以上
飼育難易度：ふつう
体長：30cm
水質：弱酸性～中性
エサ：人工飼料、生き餌

　観賞魚としての歴史は古く、鮮やかな赤い発色から人気が高い。臆病で驚きやすく、水槽の蓋に頭をぶつけたり、水槽から飛び出してしまうこともよくある。驚かさなければ飼育は難しくないが、30cm以上になるので大型水槽が必要。比較的大きくなるが、おとなしい魚とになら混泳も楽しめる。

カラープロキロダス
Semaprochilodus taeniurus

分布：アマゾン川
水温：26～29℃
水槽：90cm以上
飼育難易度：ふつう
体長：40cm
水質：中性
エサ：人工飼料、生き餌

　かなり大きくなることから見応えのある中型カラシンで、大型魚の混泳水槽で圧倒的な人気を誇る。背ビレが伸長し、腹ビレや尾ビレが鮮やかに発色する。付着藻類を食べるために特化した特徴的な口を持ち、コケ掃除役としても活躍してくれるが、動きの遅い魚などを舐め殺してしまうことも多い。

ドラド
Salminus brasiliensis

分布：アマゾン川
水温：24～28℃
水槽：180cm以上
飼育難易度：ふつう
体長：100cm
水質：中性
エサ：生き餌

　アマゾン川を代表する大型魚。黄金に輝く魚としてあまりにも有名な大型カラシンで、現地では100cmを超える。水槽内での成長速度は速くないが、遊泳力が非常に強く活発によく泳ぐ。性質は概ね凶暴で、混泳には注意が必要。特に狭い水槽で難しい。広い水槽で飼育したい魚だ。

ペーシュカショーロ
Hydrolycus scomberoides

分布：アマゾン川、パラグアイ川　体長：50cm
水温：24～28℃　水質：弱酸性～中性
水槽：90cm以上　エサ：生き餌
飼育難易度：やや難しい

　下顎から突き出た2本の長い牙が、サーベルタイガーを連想させる牙魚として有名。凶悪顔だが性質はおとなしく、むしろ神経質で、牙も折れやすいので網ですくう時などは注意が必要。気の荒い魚との混泳は避けた方がよい。静かな環境で単独飼育したい魚だ。餌は小魚を好む。

アルマートゥスペーシュカショーロ
Hydrolycus armatus

分布：アマゾン川　体長：80cm
水温：24～28℃　水質：弱酸性～中性
水槽：180cm以上　エサ：生き餌
飼育難易度：やや難しい

　カショーロの仲間の中で最大の種で、水槽内でも1mに迫る魚に成長する。以前は混じりとしてごく稀に入荷する程度だったが、最近では入荷が増えている。性質は比較的おとなしいので、攻撃的な魚でなければ混泳も可能。大きく成長させるのは大型水槽が必要。餌は小魚などを与える。

レッドフックメティニス
Myloplus rubripinnis

分布：アマゾン川　体長：40cm
水温：24～28℃　水質：弱酸性～中性
水槽：120cm以上　エサ：人工飼料、生き餌
飼育難易度：やさしい

　多くの近縁種がおり、ひとまとめに現地名の「パクー」と呼ばれる仲間の1種で、本種は古くから知られているその代表的な種類。丈夫で餌も何でもよく食べ、混泳も問題なく行えることが多いが、大きくなることに加え、性質は臆病で驚きやすいため、なるべく広い水槽で飼いたい魚だ。

ブラックベリーミレウス
Myleus sp.

分布：改良品種　体長：20cm以上
水温：24～28℃　水質：弱酸性～中性
水槽：120cm以上　エサ：人工飼料、生き餌
飼育難易度：やさしい

　体側の大きな黒斑が特徴的なとても美しいミレウスで、尻ビレの赤の発色も鮮やかだ。輸入当初は正体がよく分かっていなかったが、台湾や東南アジアから輸入されてくる改良品種であることが判明した。同じグループの種類と同様、丈夫で飼いやすい。性質も穏やかで混泳にも向く。

ピラニアナッテリー
pygocentrus nattereri

分布：アマゾン川	体長：20cm
水温：24〜28℃	水質：弱酸性〜中性
水槽：90cm以上	エサ：生き餌
飼育難易度：ふつう	

"アマゾンの人食い魚"として誰もが知っている魚。確かに鋭い歯は持っているが意外とおとなしく、むしろ臆病な面が強いほど。東南アジアで養殖された幼魚が大量に輸入されてくるが、美しい現地採集個体も見逃せない。餌は基本的に何でもよく食べてくれるのでバランスよく与えたい。

ピラヤ
pygocentrus piraya

分布：サンフランシスコ川	体長：50cm
水温：24〜28℃	水質：弱酸性〜中性
水槽：90cm以上	エサ：生き餌
飼育難易度：やや難しい	

大きな体に濃いオレンジ色を強く発色する、迫力と美しさを兼ね備えているピラニア。以前は大きな個体での輸入が多かったが、最近は幼魚などが流通している。性質は比較的おとなしく、同種同士やナッテリーなど攻撃的ではない種類のピラニアとは混泳もうまくいくことが多い。

ダイヤモンドイエローピラニア
Pristobrycon gibbus

分布：アマゾン川	体長：30cm
水温：24〜28℃	水質：弱酸性〜中性
水槽：60cm以上	エサ：生き餌
飼育難易度：ふつう	

鋭い歯のため輸送が難しいので、ピラニアの仲間は輸入量が少ない。このイエローピラニアもそのひとつで、入手はやや困難な部類。明るい黄色が美しいが、性質は比較的荒く、同種、他種との混泳はできない。神経質な面はあるものの、丈夫で飼育自体は容易。餌は金魚などの小魚を与える。

ラインノーズピラニア
Serrasalmus geryi

分布：アマゾン川	体長：30cm
水温：24〜28℃	水質：弱酸性〜中性
水槽：60cm以上	エサ：生き餌
飼育難易度：やや難しい	

下顎から背ビレにかけて入るラインが個性的なピラニア。シックな色合いが美しい。凶暴なセラサルムス属のピラニアの中ではおとなしいとされているが、それでも同種、他種との混泳はお勧めしない。やや神経質なので、環境に慣れるまでは静かな環境で飼ってやるとよい。

分布	アマゾン川
体長	50cm
水温	24〜28℃
水質	弱酸性〜中性
水槽	90cm以上
エサ	生き餌
飼育難易度	やや難しい

ブラックピラニア
Serrasalmus rhombeus

ピラヤ、ジャイアントイエローなどと並び、もっとも大きく成長するピラニアのひとつ。成長すると体は紫がかった黒が濃くなり、重厚感が増し、真っ赤な目がすごみを感じさせる。性質は神経質な上、凶暴なので、単独飼育が鉄則なのはもちろん、飼育者も十分に注意する必要がある。

ホーリー
Hoplias malabaricus

分布：南米	体長：50cm
水温：24〜28℃	水質：中性
水槽：90cm以上	エサ：生き餌
飼育難易度：ふつう	

南米に広く分布する、アマゾンを代表する肉食魚。近縁種、類似種も多いマニア好みな魚。この仲間を好んで飼育している人も少なくない。テリトリー意識が強く、生活圏が異なる魚となら混泳もうまくいくこともあるが、単独飼育が無難。生命力が強く、きわめて丈夫。飼育は容易。

タライロン
Hoplias macrophthalmus

分布：シングー川	体長：100cm以上
水温：24〜28℃	水質：中性
水槽：180cm以上	エサ：生き餌
飼育難易度：ふつう	

100cmを超す大型魚で、水槽内でもゆうに60cmを超える。輸入量は多くなく、好きな人にとっては憧れの存在となっている。輸入されてくる20cm程度の個体は、ホーリーとよく似ており、混同されていることもある。性質はかなりテリトリー意識が強く攻撃的。歯も鋭いので、混泳には向かない。

アフリカンパイクカラシン
Hepsetus odoe

分布：アフリカ　体長：40cm
水温：24～28℃　水質：中性
水槽：90cm以上　エサ：人工飼料、生き餌
飼育難易度：ふつう

　細長い体つきのアフリカ産魚食性カラシン。40cmほどと比較的大きくなり、小魚を捕食するが、慣らせば人工飼料も食べるようになる。見た目に反して性質はおとなしく、大きくなりすぎないので、様々な魚と混泳が楽しめる。成長すると各ヒレが伸長し、見応えのある姿となる。

ゴリアテタイガーフィッシュ
Hydrocynus goliath

分布：コンゴ川水系、タンガニーカ湖　体長：150cm以上
水温：24～28℃　水質：中性
水槽：150cm以上　エサ：生き餌
飼育難易度：やや難しい

　アフリカ産カラシンとしては最大になる種類。現地では150cmを超える巨大魚だが、水槽内で大きくするのは難しい。物騒な顔つきとは裏腹に神経質で驚きやすく、丁寧な取り扱いと静かな環境で飼うことが必要。近年はある程度まとまった輸入があり、入手は難しくない。

ショートノーズクラウンテトラ
Distichodus sexfasciatus

分布：コンゴ川、アンゴラ　体長：70cm以上
水温：24～28℃　水質：弱酸性～中性
水槽：90cm以上　エサ：人工飼料、生き餌
飼育難易度：ふつう

　アフリカ産の中大型カラシンの代表種。オレンジ色の体色に、規則正しい黒いバンドが入る美魚。販売されているのは5cmほどの稚魚であることが多いため、その可愛さから買ってしまいがちだが、50cmを超える大きさになる上、性質は荒いので要注意。丈夫で飼育は容易だ。

ロングノーズクラウンテトラ
Distichodus lusosso

分布：コンゴ川、アフリカ中央部　体長：40cm
水温：24～28℃　水質：弱酸性～中性
水槽：90cm以上　エサ：人工飼料、生き餌
飼育難易度：ふつう

　ショートノーズクラウンテトラと同属の大型カラシンの1種。幼魚時は2種を見分けやすいのだが、大型に成長すると、体色、体型ともにあまり違いがなくなってくる。どちらも丈夫で飼いやすく、長命でペット的感覚で付き合える。気性が荒いので混泳は難しい場合がある。

カラシンの仲間

ネオレビアス・ポウエリー
Neolebias powelli

- 分布：ナイジェリア
- 水温：24～28℃
- 水槽：30cm以上
- 飼育難易度：やや難しい
- 体長：3cm
- 水質：弱酸性
- エサ：生き餌

透明感のあるオレンジ色の体色に、特徴的なグリーンのスポットが入るアフリカ産超小型カラシン。スポットの数は個体差があり、1～3つのバリエーションが見られる。臆病で、水槽内でも物陰に隠れていることが多い。大変小さいので、餌はブラインシュリンプの幼生が向いている。

アドニステトラ
Lepidarchus adonis

- 分布：西アフリカ
- 水温：24～28℃
- 水槽：30cm以上
- 飼育難易度：やや難しい
- 体長：4cm
- 水質：弱酸性
- エサ：人工飼料、生き餌

南米産と比べるとマイナーな印象のあるアフリカ産小型カラシンの中ではポピュラーな種類。比較的コンスタントに輸入されている。透明感のある体色だが、状態がよくなってくると徐々に褐色を帯びる。性質もおとなしいので、おとなしい小型魚となら混泳も可能。人工飼料にも餌付く。

ジェリービーンテトラ
Ladigesia roloffi

- 分布：西アフリカ
- 水温：24～28℃
- 水槽：30cm以上
- 飼育難易度：ふつう
- 体長：4cm
- 水質：弱酸性
- エサ：人工飼料、生き餌

グリーンを発色する体と、尾ビレのオレンジが美しい小型テトラ。性質はとてもおとなしく、多くの魚と混泳も可能なため、小型の水草レイアウト水槽で使用する魚として人気が高い。細かい餌であれば何でもよく食べ、飼育はそれほど難しくない。水質は弱酸性の水を好む。

コンゴテトラ
Phenacogrammus interruptus

- 分布：中央アフリカ、コンゴ
- 水温：24～28℃
- 水槽：40cm以上
- 飼育難易度：やさしい
- 体長：10cm
- 水質：中性
- エサ：人工飼料、生き餌

古くから観賞魚として親しまれている、アフリカ産カラシンの代表種。やや大きくなるので、余裕のある水槽で飼育すると、ヒレが伸長し、体の輝きも増して大変見栄えのする魚となる。養殖個体がコンスタントに輸入されているので、安価で買える。性質はおとなしく、飼育も容易だ。

レッドアイカラシン
Arnoidichthys spilopterus

- 分布：ニジェール川
- 水温：24～28℃
- 水槽：40cm以上
- 飼育難易度：ふつう
- 体長：8cm
- 水質：弱酸性～中性
- エサ：人工飼料、生き餌

コンゴテトラと並び、アフリカ産カラシンの中では古くから知られている。その名の通り、赤く輝く美しい目が印象的だ。弱酸性の水質を好み、水質が悪化すると肌荒れを起こしやすい。やや大きくなるため、大型の水槽で群泳させると見応えがある。近年、輸入量が少なくなっている。

アフリカンドラゴンフィンテトラ
Bryconaethiops microstoma

- 分布：コンゴ川
- 水温：24～28℃
- 水槽：45cm以上
- 飼育難易度：ふつう
- 体長：15cm
- 水質：弱酸性～中性
- エサ：人工飼料、生き餌

背ビレの軟条がフィラメント状に伸長するアフリカンテトラ。尻ビレに白いラインを発色するのも特徴的。かなり厳つい顔つきだが、性質はそれほど荒くない。飼育は難しくないが、隠れ家となる流木や水草を多く植えた落ち着いた環境で飼育すると良いだろう。餌は何でもよく食べる。

コイ・ドジョウの仲間
（コイ目）

　コイや金魚をはじめ、日本の河川などにも多くの種類が生息し、日本人にとって非常に馴染み深いコイやドジョウの仲間。それらが属するコイ目は南米やオーストラリアを除く世界各地に分布し、その数は4000種類にも及ぶ淡水魚としてはとりわけ大きなグループだ。観賞魚としても熱帯アジアに生息する多くの種類が流通しており、種類が多く、飼いやすいものも多いことからアクアリウムホビーの世界でも馴染み深い存在となっている。

"ラスボラ" ヘテロモルファ
Trigonostigma heteromorpha

　数ある小型魚の中で、古くから親しまれているアクアリウム界を代表する種。丈夫で餌も何でもよく食べ、水質の適応能力も高く飼いやすいので人気が高い。水草レイアウト水槽で飼う魚としても抜群で、安価で購入できるのも魅力。近年、マレー半島の一部に生息する近縁種 *Trigonostigma truncata* が新種記載されている。

分布：マレー半島、スマトラ
体長：4cm
水温：24〜28℃
水質：弱酸性〜中性
水槽：30cm以上
エサ：人工飼料、生き餌
飼育難易度：やさしい

"ラスボラ"ヘテロモルファ・ブルー
Trigonostigma heteromorpha var.

- 分布：改良品種
- 水温：24〜28℃
- 水槽：30cm以上
- 飼育難易度：やさしい
- 体長：4cm
- 水質：弱酸性〜中性
- エサ：人工飼料、生き餌

　ヘテロモルファの改良品種で、体側の三角形の模様を強調したため全体的に青っぽく見えることからこの名で呼ばれている。養殖された個体がコンスタントに輸入され、ショップでも見かける機会が多い。飼育にオリジナル種と同様に容易。

"ラスボラ"エスペイ
Trigonostigma espei

- 分布：タイ、マレーシア、インドネシア
- 体長：4cm
- 水温：24〜28℃
- 水質：弱酸性〜中性
- 水槽：30cm以上
- エサ：人工飼料、生き餌
- 飼育難易度：やさしい

　ヘテロモルファに似ているが、体高が低く体側のバチ模様はやや細い。オレンジ色の発色はヘテロモルファよりも強く、水草レイアウト水槽で飼育すると、どんどん色が濃くなっていく様子を観察できる。弱酸性の軟水の水質が適しているので、同じ条件の水草を選んでレイアウトしたい

"ラスボラ"ヘンゲリィ
Trigonostigma hengeli

- 分布：インドネシア
- 水温：24〜28℃
- 水槽：30cm以上
- 飼育難易度：やさしい
- 体長：4cm
- 水質：弱酸性〜中性
- エサ：人工飼料、生き餌

　ショップではあまり区別されることなく売られていることも多いが、エスペイに比べてオレンジ色は淡く、体色はより透明感がある。入手、飼育ともに容易で、水草レイアウト水槽などにも向いている。飼育はとても容易で、水槽内を明るくすると、透明感のある体色をより楽しめる。

"ラスボラ"ソムフォングシィ
Trigonostigma somphongsi

- 分布：タイ
- 水温：24〜28℃
- 水槽：30cm以上
- 飼育難易度：ふつう
- 体長：3cm
- 水質：弱酸性〜中性
- エサ：人工飼料、生き餌

　ヘンゲリィを小さくしたような、黄色みの強い体色が美しい小型のラスボラ。小さいながら黄色い体色は水槽内でもよく目立ち、人目を引きつける。もともと輸入量が少なく、他の魚に混じって輸入されてくる程度だったが、現在ではブリード個体が輸入されている。

ボララス・ブリジッタエ
Boraras brigittae

分布：ボルネオ　　体長：2.5cm
水温：24〜28℃　　水質：弱酸性
水槽：30cm以上　　エサ：人工飼料、生き餌
飼育難易度：ふつう

　小型コイ科の中でも特に小さい種が多いボララス属。このブリジッタエも観賞魚としてはもっとも小さい部類。だが、その小ささに反して、真っ赤な体色は強い存在感を放ち、小型魚ファンの間ではポピュラー種となっている。弱酸性の軟水で飼育すると、驚くほどに強い赤を見せてくれる。

ボララス・メラー
Boraras merah

分布：ボルネオ　　体長：2.5cm
水温：24〜28℃　　水質：弱酸性
水槽：30cm以上　　エサ：人工飼料、生き餌
飼育難易度：ふつう

　ブリジッタエによく似ているが、本種の方が体色に透明感があり、並べてみるとすぐに違いに気付く。輸入時期によってはショップで混同されて売られていることも多々ある。飼育や好む水質はブリジッタエと同様で、調子がよければ鮮やかな赤を発色する。性質はとてもおとなしい。

ボララス・マクラートゥス
Boraras maculatus

分布：マレー半島、スマトラ　体長：3cm
水温：24〜28℃　　水質：弱酸性〜中性
水槽：30cm以上　　エサ：人工飼料、生き餌
飼育難易度：やさしい

　"ウロフタルマ"と並び、古くから人気の高い小型ボララスのひとつ。体側の大きなスポット模様と赤みの強い体色が特徴だが、この色や模様には個体差があり、赤の色の濃さ、スポットの大きさなどにばらつきが見られる。写真のような古くから輸入されているタイプが少ない。

ボララス・マクラートゥス
Boraras maculatus

分布：マレー半島、スマトラ　体長：3cm
水温：24〜28℃　　水質：弱酸性〜中性
水槽：30cm以上　　エサ：人工飼料、生き餌
飼育難易度：やさしい

　近年ボララス・マクラータとして売られているのはこのタイプであることが多い。採集地によって違いが見られるのが面白い。環境に馴染んでしまえばよく泳ぎ、水槽内でよく目立つ存在となる。飼育はとても容易で、他のボララスの仲間と同様に小型の水草水槽で飼育したい。

ボララス・ウロフタルモイデス
Boraras urophthalmoides

分布：カンボジア、タイ　　体長：2.5cm
水温：24〜28℃　　　　　水質：弱酸性〜中性
水槽：30cm以上　　　　　エサ：人工飼料、生き餌
飼育難易度：やさしい

　古くから知られているボララス属のポピュラー種で、"ウロフタルマ"の名で知られている。体側の黒いラインは光の加減で緑色に輝き、オスはその緑がより強く輝き美しい。飼育は難しくなく、小型の水槽で容易に楽しめるが、超小型種なので混泳や給餌には気を使いたい。

ボララス・ナエヴス
Boraras naevus

分布：タイ　　　　　　　体長：2.5cm
水温：24〜28℃　　　　　水質：弱酸性〜中性
水槽：30cm以上　　　　　エサ：人工飼料、生き餌
飼育難易度：ふつう

　タイ産のボララス・ミクロスの近縁種で、もっとも新しく紹介されたボララス。赤味が強くならないミクロスより、透明感のあるオレンジ色を強く発色する。サイズや斑紋が似ているためミクロス・レッドと呼ばれる。飼育はボララス・ミクロスと同様で難しくなく、小さな餌を与えたい。

ボララス・ミクロス
Boraras micros

分布：タイ　　　　　　　体長：2.5cm
水温：24〜28℃　　　　　水質：弱酸性〜中性
水槽：30cm以上　　　　　エサ：人工飼料、生き餌
飼育難易度：ふつう

　マクラータに似ているが、体側のスポット模様が小さく赤の発色が弱い。近年ではミクロス・レッドの輸入が増えた反面、本種の輸入が少なくなっている。透明感のある体色がかわいく、群泳させると美しい魚なので、小型種だけの水草を多く植えた水槽で飼育したい。

ブルーアイラスボラ
Brevibora dorsiocellata

分布：マレー半島、インドネシア　体長：3cm
水温：24〜28℃　　　　　水質：弱酸性〜中性
水槽：30cm以上　　　　　エサ：人工飼料、生き餌
飼育難易度：やさしい

　光を反射してブルーに光り輝く目（の下半分）と、背ビレの大きなブラックスポットも可愛らしい小型種。群れを好むので10匹単位での飼育が望ましい。水草を多く植えたり、バックを暗めにした水槽で群泳させると美しい。近縁種にアイスポットラスボラが知られる。

ラスボラ・バンカネンシス
Rasbora bankanensis

分布：インドネシア	体長：4cm
水温：24〜28℃	水質：弱酸性〜中性
水槽：30cm以上	エサ：人工飼料、生き餌
飼育難易度：やさしい	

　ひと言でバンカネンシスと言っても採集地による地域変異が見られ、まとまって輸入されるものと、混じりで輸入されるものとでは違いが見られる。光の反射による玉虫色の体色と、尻ビレのスポット模様が水槽内でもよく目立つ。飼育は容易で、ボララスの仲間などよりは大きく成長する。

キンセンラスボラ
Rasbora borapetensis

分布：タイ、マレーシア	体長：5cm
水温：24〜28℃	水質：弱酸性〜中性
水槽：30cm以上	エサ：人工飼料、生き餌
飼育難易度：やさしい	

　体側の金色のラインが特徴的な、古くから親しまれている熱帯魚のひとつ。弱酸性の水質を好むが、丈夫なので神経質になる必要はない。餌も好き嫌いなく何でもよく食べるので、飼育はとても容易だ。安価だが、水草レイアウト水槽で群泳させると、驚くほどの美しさを見せてくれる。

レッドラインラスボラ
Trigonopoma pauciperforatum

分布：マレー半島、スマトラ	体長：5cm
水温：24〜28℃	水質：弱酸性
水槽：30cm以上	エサ：人工飼料、生き餌
飼育難易度：ふつう	

　とてもポピュラーなラスボラだが、本種の特徴でもある頭の先から尾の付け根まで通る赤いラインが美しい。この美しさを引き出すには、ピートモスなどを使用した弱酸性の軟水を用意するとよい。状態良く飼育すると、赤は深みをよりいっそう増し、体色も緑がかりとても美しくなる。

シザーステールラスボラ
Rasbora trilineata

分布：マレー半島、インドネシア	体長：8cm
水温：24〜28℃	水質：弱酸性〜中性
水槽：40cm以上	エサ：人工飼料、生き餌
飼育難易度：やさしい	

　古くから知られているラスボラで、尾ビレを震わせながら泳ぐ様子がシザー（はさみ）に見えたところからこの名がある。丈夫で水質にもうるさくなく水槽内を活発に泳ぎ回るので初心者にもお勧めだが、透明感のある体は、状態が悪いと濁ってしまう。時々まとまって輸入される。

コイ・ドジョウの仲間

ラスボラ・サラワクエンシス
Rasbora sarawakensis

分布：オルネオ島北西部	体長：6cm
水温：24〜28℃	水質：中性
水槽：40cm以上	エサ：人工飼料、生き餌
飼育難易度：ふつう	

　ボルネオ島北西部に生息する、淡いオレンジ色の体にブルーのラインが美しいラスボラ。餌は何でもよく食べ飼育は容易だが、太りやすいので与えすぎに注意。ブルーを強く発色させるのは難しく、強い光が必要。現地では透き通った水に生息し、この仲間では珍しく中性前後の水質を好む。

ラスボラ・コテラッティ
Rasbora kottelati

分布：マレーシア、インドネシア	体長：9cm
水温：24〜28℃	水質：弱酸性
水槽：40cm以上	エサ：人工飼料、生き餌
飼育難易度：ふつう	

　ボルネオ島北西部に生息する"カロクロマ"はコテラッティという別種として記載された。この個体もボルネオ島で採集されたが、その多くは"カロクロマ"として販売されている。やや大きくなるので大きめの水槽で飼育したい。ブラックウォーターで飼うと鮮やかに赤を発色する。

ラスボラ・エレガンス
Rasbora elegans

分布：タイ、マレーシア、インドネシア	体長：12cm
水温：24〜28℃	水質：弱酸性〜中性
水槽：40cm以上	エサ：人工飼料、生き餌
飼育難易度：やさしい	

　古くから見られるラスボラだが、それほどポピュラーではなくマニアックな種類。体長も比較的大きくなり、体側の2つのスポットが最大の特徴。遊泳力が高く餌もよく食べるが、幼魚から育てていくと太った魚に成長してしまうことが多い。他種に混じって輸入されてくることが多い。

ラスボラ・エインソベニー
Rasbora einthovenii

分布：マレーシア、インドネシア	体長：6cm
水温：24〜28℃	水質：弱酸性〜中性
水槽：30cm以上	エサ：人工飼料、生き餌
飼育難易度：やさしい	

　全身を横切るラインが印象的な、比較的小型なラスボラ。輸入量はそれほど多くなく、他種に混じって幼魚が輸入される程度とやや珍しい。ラインが尾にかかるので近縁種との区別は容易だ。体側のラインは光の加減によって濃いブルーに見える美しい種類。

レッドチェリーラスボラ
Rasbora lacrimula

分布：ボルネオ島（インドネシア）
水温：24〜28℃
水槽：30cm以上
飼育難易度：ふつう
体長：4cm
水質：弱酸性
エサ：人工飼料、生き餌

　ボルネオ島のマハカム水系に生息する、美しい小型ラスボラ。弱酸性の軟水を好み、状態良く飼育すると各ヒレに強いオレンジ色を発色してくれる。水草を多く植えた水槽で飼育したい。餌は何でもよく食べるが、与えすぎに注意。比較的最近になって紹介されたが、価格は手頃だ。

レッドローズラスボラ
Rasbora patrickyapi

分布：ボルネオ島（インドネシア）
水温：24〜28℃
水槽：30cm以上
飼育難易度：ふつう
体長：6cm
水質：弱酸性
エサ：人工飼料、生き餌

　ボルネオ島に生息する、比較的大きく成長するラスボラ。赤身の強い体色も魅力的だが、最大の特徴は体側のラインが光の当たる角度によってブルーグリーンに輝くところ。興奮時の体色は特に美しいが、その分やや荒い性質で、同種間では頻繁に争っている。飼育自体は難しくない。

ファイヤーラスボラ
Rasboroides vaterifloris

分布：スリランカ
水温：24〜28℃
水槽：36cm以上
飼育難易度：やや難しい
体長：4cm
水質：弱酸性
エサ：人工飼料、生き餌

　スリランカに生息する美しいラスボラだが、現在、4種に分類されていて、外見での同定は難しい。スリランカ政府によって保護の対象になっているようで、まったく輸入されなくなってしまった。養殖個体をキープできなかったのが残念。再び輸入されることを期待したい魚だ。

ファイヤーラスボラブルー
Rasboroides pallidus

分布：スリランカ
水温：24〜28℃
水槽：36cm以上
飼育難易度：やや難しい
体長：4cm
水質：弱酸性
エサ：人工飼料、生き餌

　ファイヤーラスボラのブルータイプ。オレンジタイプとブルータイプで分類されているわけではなく、ヒレの棘条の色によって分けられているようだ。残念ながら、本種もまったく輸入されなくなってしまった熱帯魚のひとつ。

コイ・ドジョウの仲間

"ミクロラスボラ" ルベスケンス
Microrasbora rubescens

分布：ミャンマー　　体長：5cm
水温：24〜28℃　　水質：中性〜弱アルカリ性
水槽：36cm以上　　エサ：人工飼料、生き餌
飼育難易度：ふつう

　ミャンマーのインレー湖に生息するミクロラスボラ。独特のピンクの体色から、ピンクラスボラとも呼ばれている。水質に対する順応性が高いため、日本の水に馴染んでいる個体であれば、中性前後でも問題なく飼育できるが、本来は弱アルカリ性の水質を好む種類だ。

"ミクロラスボラ" ブルーネオン
Microdevario kubotai

分布：タイ　　体長：3cm
水温：24〜28℃　　水質：弱酸性?中性
水槽：30cm以上　　エサ：人工飼料、生き餌
飼育難易度：ふつう

　ブルーネオンの名で知られている通り、背部にブルーを発色する小型美魚。この仲間の中では珍しく弱酸性の水質を好み、水草レイアウト水槽で群泳させる魚として人気が高い。時期によっては寄生虫がついていることがあり、輸入状態が悪いことがあるので注意したい。

ミクロデバリオ・ナヌス
Microdevario nanus

分布：ミャンマー　　体長：3cm
水温：24〜28℃　　水質：中性〜弱アルカリ性
水槽：30cm以上　　エサ：人工飼料、生き餌
飼育難易度：ふつう

　ミャンマーに生息する、透明感のある淡いグリーンの体色が美しいミクロデバリオ。背ビレのブラックスポットも特徴的な種類。飼育には弱アルカリ性から中性の新しい水が適しているので、こまめな水換えを行なうと良いだろう。飼育は難しくないが、輸入は不定期。

ミクロデバリオ・ガテシィ
Microdevario gatesi

分布：ミャンマー　　体長：3cm
水温：24〜28℃　　水質：中性〜弱アルカリ性
水槽：36cm以上　　エサ：人工飼料、生き餌
飼育難易度：やや難しい

　ミクロラスボラ・パープルネオンの名で紹介された、ミャンマー産のミクロデバリオ。一見ブルーネオンにも似ているが、本種の方が体型が細く、尻ビレの軟条数でも区別できる。輸入状態が悪いことが多く、飼育はやや難しい。痩せやすいので餌切れには十分注意が必要だ。

スマトラ
Puntigrus tetrazona

分布：スマトラ、ボルネオ	体長：6cm
水温：24〜28℃	水質：弱酸性〜中性
水槽：36cm以上	エサ：人工飼料、生き餌
飼育難易度：やさしい	

　古くから知られるもっともポピュラーな熱帯魚のひとつ。ショップでは常に見ることができ、養殖個体を安価で購入することができる。以前は長いヒレを持った魚を攻撃する悪癖が有名だったが、最近の魚は以前ほど攻撃的ではない。飼育はとても容易で、初心者の入門種として知られている。

グリーンスマトラ
Puntigrus tetrazona var.

分布：改良品種	体長：6cm
水温：24〜28℃	水質：弱酸性〜中性
水槽：36cm以上	エサ：人工飼料、生き餌
飼育難易度：やさしい	

　スマトラには様々な改良品種が知られているが、グリーンスマトラはバンドを太く、広くする方向で改良された品種。そのため、メタリックグリーンに光る体色が美しい。群泳させると、魅力を最大限引き出せる。飼育はとても容易で、ショップで常に購入することができる。

アルビノスマトラ
Puntigrus tetrazona var.

分布：改良品種	体長：6cm
水温：24〜28℃	水質：弱酸性〜中性
水槽：36cm以上	エサ：人工飼料、生き餌
飼育難易度：やさしい	

　スマトラのアルビノ個体を固定した品種。スマトラの体色パターンは残しつつ、色だけが変わったような雰囲気を持つものへと改良された。よく泳ぎ回る姿は可愛らしく、混泳水槽のアクセントにもピッタリなので、コミュニティ水槽では人気の熱帯魚となっている。

ダイヤモンドスマトラ
Puntigrus tetrazona var.

分布：改良品種	体長：6cm
水温：24〜28℃	水質：弱酸性〜中性
水槽：36cm以上	エサ：人工飼料、生き餌
飼育難易度：やさしい	

　アルビノスマトラをさらに改良したような品種で、どことなく弱々しい印象だが、実際はオリジナル種同様、とても丈夫で飼育は容易。餌も何でもよく食べ、初心者にもピッタリな入門種的存在だ。混泳水槽の良いアクセントとなってくれるだろう。

コイ・ドジョウの仲間

ブラックルビー
Pethia nigrofasciata

分布：スリランカ
水温：21〜28℃
水槽：40cm以上
飼育難易度：ふつう
体長：6cm
水質：弱酸性〜中性
エサ：人工飼料、生き餌

　ショップで販売されている時は、地味で冴えない印象すらある魚だが、じっくり飼い込まれたオス、とりわけ発情時には深い赤を発色し素晴らしい美しさを見せてくれる。飼育そのものは容易だが、美しさを最大限に引き出すには、弱酸性の軟水での飼育が適している。性質はやや荒い。

ペティア・クミンギィ
Pethia cumingii

分布：スリランカ
水温：24〜28℃
水槽：36cm以上
飼育難易度：ふつう
体長：6cm
水質：弱酸性〜中性
エサ：人工飼料、生き餌

　金色の体色と、体側と尾の付け根部分に入る2つの黒いスポットが印象的なペティア属の1種。以前はプンティウスと呼ばれていたもののひとつ。この仲間の中では性質はそれほど荒くない。規制の厳しいスリランカに生息しているため、輸入が見込めなくなっているのが残念。

ロージーバルブ
Pethia conchonius

分布：インド
水温：24〜28℃
水槽：36cm以上
飼育難易度：やさしい
体長：6cm
水質：弱酸性〜中性
エサ：人工飼料、生き餌

　養殖個体がコンスタントに輸入され、古くから親しまれているポピュラーなプンティウス。金魚のようなロングフィンタイプなどの改良品種も知られている。飼育は容易で、餌も何でもよく食べる。長期にわたり養殖がされているせいか、体色がかなり派手になっている印象だ。

オデッサバルブ
Pethia padamya

分布：ミャンマー
水温：24〜28℃
水槽：36cm以上
飼育難易度：ふつう
体長：6cm
水質：弱酸性〜中性
エサ：人工飼料、生き餌

　古くからポピュラーなコイ科の熱帯魚だが、その正体は長らく不明で、発色のよさから改良品種だと思われていた。比較的最近になって採集個体が輸入され、種として存在することが判明した。飼育は容易だが、性質がやや荒いところがあるので、混泳時には注意が必要な場合がある。

ペティア・ナラヤニ
Pethia narayani

分布：インド
水温：24～28℃
水槽：36cm以上
飼育難易度：ふつう
体長：6cm
水質：弱酸性～中性
エサ：人工飼料、生き餌

　体色のグラデーションが美しく、体側に入る黒斑が特徴的なペティアの仲間。小型種だが性質はかなり荒く、他の魚を追いかけ回したりつついたりするので、混泳には注意が必要だ。輸入量はあまり多くないので、見かけた時に入手したい。

ペティア・ゲリウス
Pethia gelius

分布：インド
水温：24～28℃
水槽：30cm以上
飼育難易度：やさしい
体長：4cm
水質：弱酸性～中性
エサ：人工飼料、生き餌

　透き通った体がレモン色に発色する、古くから親しまれている小型種で、水草レイアウト水槽に合うので人気が高い。飼育は容易で、餌も何でも良く食べる。コンスタントに輸入されているので入手は容易。性質はとてもおとなしいので、混泳する魚は気の荒いものを避けるようにしたい。

チェッカーバルブ
Oliotius oligolepis

分布：スマトラ
水温：24～28℃
水槽：30cm以上
飼育難易度：やさしい
体長：5cm
水質：弱酸性～中性
エサ：人工飼料、生き餌

　古くから観賞魚として知られている小型コイ科の魚。じっくり飼い込むと鱗の輝きがより強くなり、各ヒレがオレンジ色に染まり見事な魚へと育つ。飼育もとても容易なポピュラー種だが、手をかければ、それに応えるように本来の美しさを見せてくれる。

ストリウンティウス・リネアートゥス
Striuntius lineatus

分布：マレーシア、インドネシア
水温：24～28℃
水槽：40cm以上
飼育難易度：ふつう
体長：9cm
水質：弱酸性～中性
エサ：人工飼料、生き餌

　"プンティウス・リネアートゥス"として知られているが、この名で呼ばれている魚には様々なものがいる。本種の輸入量は少なく比較的レアな種類。この仲間の中では細身で、口も尖っているのが特徴。飼育自体は難しくないが、他のコイ科魚類に比べて痩せやすいので注意が必要。

コイ・ドジョウの仲間

デスモプンティウス・ペンタゾナ
Desmopuntius pentazona

- 分布：マレーシア、インドネシア
- 体長：5cm
- 水温：24～28℃
- 水質：弱酸性
- 水槽：30cm以上
- エサ：人工飼料、生き餌
- 飼育難易度：やさしい

　状態が良いと、赤みが増して素晴らしい体色を見せてくれる小型種。体側のバンドはグリーンメタリックに輝く。現地では綺麗なブラックウォーターの小川に群れて生息しており、弱酸性の水質を好む。性質にとても温和で混泳向き。10匹単位で購入し、群れで泳がせたい。

デスモプンティウス・ロンボオケラートゥス
Desmopuntius rhomboocellatus

- 分布：ボルネオ島西部
- 体長：5cm
- 水温：24～28℃
- 水質：弱酸性
- 水槽：36cm以上
- エサ：人工飼料、生き餌
- 飼育難易度：ふつう

　その独特な模様から、マニアに高い人気を得ている"プンティウス"。ドーナツ状のバンド模様が最大の特徴だが、この模様は採集地によってバリエーションが見られる。近年では輸入量は安定しているので、ショップで見かける機会も多くなった。群泳させると美しい姿が楽しめる。

デスモプンティウス・フォーシィ
Desmopuntius foerschi

- 分布：ボルネオ島南部
- 体長：5cm
- 水温：24～28℃
- 水質：弱酸性
- 水槽：36cm以上
- エサ：人工飼料、生き餌
- 飼育難易度：ふつう

　ペンタゾナに似ているが、体側のバンドの間にスポットが入るのが特徴。また、体形もスレンダーでやや大きくなるなどの違いがある。飼育自体は難しくないが、状態が良くならないと体色が飴色に染らないので、じっくりと飼育したい。輸入量は以前よりは多くなっている。

デスモプンティウス・ゲメルス
Desmopuntius gemellus

- 分布：インドネシア
- 体長：10cm
- 水温：24～28℃
- 水質：弱酸性～中性
- 水槽：40cm以上
- エサ：人工飼料、生き餌
- 飼育難易度：やさしい

　幼魚時代は横縞のバンド模様だが、成長に伴い縦のライン状に変化するのが面白い魚。本種がリネアートゥスの名で呼ばれていることも多い。とても丈夫で飼育は容易。性質も温和なので、混泳に向いている。

チェリーバルブ
Puntius titteya

- 分布：スリランカ
- 水温：24〜28℃
- 水槽：30cm以上
- 飼育難易度：やさしい
- 体長：5cm
- 水質：弱酸性〜中性
- エサ：人工飼料、生き餌

　もっともポピュラーな小型コイ科の美魚。性質もおとなしく、混泳も問題なく、誰にでも勧められる魚だ。じっくり飼うと、チェリーの名前にふさわしい真っ赤な体色を見せてくれる。稀に採集個体が輸入されていたが、規制の厳しいスリランカに生息しているので、今後は望めないかもしれない。

プンティウス・ビマクラートゥス
Puntius bimaculatus

- 分布：インド、スリランカ
- 水温：24〜28℃
- 水槽：36cm以上
- 飼育難易度：ふつう
- 体長：7cm
- 水質：弱酸性〜中性
- エサ：人工飼料、生き餌

　輸入直後は地味な色彩をしていることが多いが、本来はメタリックに輝く鱗に、朱色のラインが入る美種。飼育は容易だが、その体色を引き出すことは簡単ではない。痩せやすいので、餌切れには注意が必要。こまめな給餌を心掛けたい。最近では輸入量が減っていて、入手は難しい。

グリーンバルブ
Barbodes semifasciolatus

- 分布：中国南部
- 水温：24〜27℃
- 水槽：36cm以上
- 飼育難易度：やさしい
- 体長：6cm
- 水質：弱酸性〜中性
- エサ：人工飼料、生き餌

　体色はオリーブグリーンに染まり、赤い目が魅力の美魚。状態のよいオスは腹部にオレンジ色を発色し、さらに美しい体色を見せる。稀に輸入されるワイルド個体は特に美しく、じっくり飼育したい魚だ。飼育は難しくなく、水槽内で比較的容易に発色してくれる。

ゴールデンバルブ
Barbodes semifasciolatus var.

- 分布：改良品種
- 水温：24〜28℃
- 水槽：36cm以上
- 飼育難易度：やさしい
- 体長：6cm
- 水質：弱酸性〜中性
- エサ：人工飼料、生き餌

　昔から常にショップで見掛けるポピュラー種だが、正体のはっきりしない謎の魚であった。現在ではグリーンバルブの改良品種という説が有力となっている。とても丈夫で飼いやすく、餌も何でもよく食べてくれるが、少々太りやすいので餌の与え過ぎには注意してやりたい。

コイ・ドジョウの仲間

メロンバルブ
Haludaria fasciata

分布：インド、スリランカ 体長：7cm
水温：24〜28℃ 水質：弱酸性〜中性
水槽：36cm以上 エサ：人工飼料、生き餌
飼育難易度：ふつう

　幼魚は緑がかった体色のためこの名があるが、成長してオスが発情すると赤みがかなり強くなる。そのため、成熟した姿はメロンよりもウォーターメロンにふさわしい。少々性質が荒い面があるので、混泳は魚種の選定や、隠れ家の用意など注意が必要だ。弱酸性の軟水を好む。

ハイフィンブラックトップバルブ
Oreichthys cosuatis

分布：インド 体長：4cm
水温：24〜28℃ 水質：弱酸性〜中性
水槽：36cm以上 エサ：人工飼料、生き餌
飼育難易度：やや難しい

　インドに生息する小型バルブ。大きな背ビレがよく目立ち、黒く縁取られた鱗も特徴的。その独特な体型が人気の熱帯魚だ。飼育はやや難しく、すぐに痩せてしまうので餌切れには注意したい。かなり臆病なので混泳に向いた種類とは言い難く、落ち着いた環境で飼育したい。

グラスバルブ
Parachela oxygastroides

分布：タイ、マレーシア、インドネシア 体長：8cm
水温：24〜28℃ 水質：弱酸性〜中性
水槽：36cm以上 エサ：人工飼料、生き餌
飼育難易度：ふつう

　グラスの名前の通り、体全体が透き通ったコイ科魚類。単独で輸入されることが少ない珍種でもある。若い個体は透明感があるが、成長とともに体高が高くなっていき、腹部が銀色に変化していく。遊泳力が強く驚きやすいが、飼育自体は難しくない。

ドレープフィンバルブ
Oreichthys crenuchoides

分布：インド 体長：5cm
水温：24〜28℃ 水質：弱酸性〜中性
水槽：36cm以上 エサ：人工飼料、生き餌
飼育難易度：ふつう

　マントのような大きな背ビレが魅力の、独特の体型の小型美魚。飼育、繁殖ともに容易で、状態よく飼うとヒレを広げたフィンスプレッティングや、オスが大きな背ビレをメスに巻き付けるようにする繁殖行動を見ることができる。ヒレの美しさを維持するため、ヒレを齧る魚との混泳は避けたい。

ダウキンシア・タンブラパルニエイ
Dawkinsia tambraparniei

分布：インド
水温：24〜28℃
水槽：45cm以上
飼育難易度：ふつう
体長：12cm
水質：弱酸性〜中性
エサ：人工飼料、生き餌

　状態良く飼育するとオスの背ビレの軟条は伸長し、頭部後方はグリーンに、ヒレは赤に染まり大変美しい。輸入されてくるのはほとんどが地味な幼魚なので、その美しさを知らない人も多い。"プンティウス・アルリウス"の名前で売られていることが多い。性質はやや荒く混泳時は要注意。

レッドノーズトーピード
Dawkinsia chalakkudiensis

分布：インド
水温：24〜28℃
水槽：45cm以上
飼育難易度：ふつう
体長：20cm
水質：弱酸性〜中性
エサ：人工飼料、生き餌

　レッドライントーピードに似ているが、本種の方が顔に丸みがあり大型に成長する他、赤いラインもこちらの方が薄い傾向がある。レッドライントーピードの輸入量が増えたおかげで、あまり見られなくなってしまった。遊泳力が強いので、驚ろかすとガラスなどに激突してしまう。

レッドライントーピード
Dawkinsia denisonii

分布：インド
水温：24〜28℃
水槽：45cm以上
飼育難易度：ふつう
体長：15cm
水質：弱酸性〜中性
エサ：人工飼料、生き餌

　レッドノーズトーピードに続いて輸入されるようになった美魚。その美しさから初入荷時は衝撃的で、インド周辺の奥深さを思い知らされた。養殖が盛んで輸入量は多く、中、大型の水草水槽では不可欠な存在となっている。おとなしく飼育は容易だが、飛び出しに注意が必要だ。

フォールスバルブ
Eirmotus isthmus

分布：ボルネオ、スマトラ
水温：24〜28℃
水槽：36cm以上
飼育難易度：難しい
体長：3cm
水質：弱酸性
エサ：人工飼料、生き餌

　体側の黒い8本のバンド模様が入るのが特徴で、これらの仲間ではバンドの数がもっとも多い。輸入状態が悪いことが多く、飼育が難しい魚である。性質も臆病で、物陰に隠れてしまうことも多い。常に餌を食べていないと痩せてしまうので、あまり混泳に向かないバルブだ。

コイ・ドジョウの仲間

レッドフィンレッドノーズ
Sawbwa resplendens

- 分布：ミャンマー
- 水温：24～28℃
- 水槽：36cm以上
- 飼育難易度：やや難しい
- 体長：4cm
- 水質：中性～弱アルカリ性
- エサ：人工飼料、生き餌

メタリックな体色と、真っ赤に染まる頭部と尾ビレの先端が特徴的なコイ科を代表する美魚だが、その体色を十分に発色させるのが難しい。中性の水質を好み、体に鱗がないため、水質の変化に敏感で、飼育はやや難しい。性質はおとなしく、小型種とも混泳が可能だ。

レッドフィンバルブ
Barbonymus schwanenfeldii

- 分布：タイ、ラオス、カンボジア、ベトナム
- 水温：24～28℃
- 水槽：90cm以上
- 飼育難易度：ふつう
- 体長：35cm
- 水質：弱酸性～中性
- エサ：人工飼料、生き餌

古くからポピュラーな大型バルブ。シルバーの体色に、ヒレが赤く発色するバランスの良い色彩が魅力。じっとしている時がないほど泳ぎ回る"プンティウス"と呼ばれるものに多い活発な性質。人工飼料も旺盛に食べてくれるので飼育していて楽しいが、広い水槽での飼育に向いている。

アルビノレッドフィンバルブ
Barbonymus schwanenfeldii var.

- 分布：改良品種
- 水温：24～28℃
- 水槽：60cm以上
- 飼育難易度：ふつう
- 体長：35cm
- 水質：弱酸性～中性
- エサ：人工飼料、生き餌

レッドフィンバルブのアルビノ品種。サイズや魚種を合わせれば、大型水槽で大型魚との混泳が可能なために人気がある。特にアルビノを好んで飼育している水槽などで、混泳魚として重宝される存在。オリジナル種と同様に輸入量も多く、何でもよく食べ飼育が容易な熱帯魚。

レッドテールブラックシャーク
Epalzeorhynchus bicolor

- 分布：タイ
- 水温：24～28℃
- 水槽：40cm以上
- 飼育難易度：ふつう
- 体長：15cm
- 水質：弱酸性～中性
- エサ：人工飼料、生き餌

真っ黒な体色に、染め分けられたような真っ赤な尾ビレが特徴の人気種。テリトリー意識が強く、同種や近縁種とは激しく争うため、複数飼育は難しい。大きくなると凶暴化すると言われているが、体型が似ていない魚や小さな魚には興味を示さないことも多く、混泳もうまくいきやすい。

レインボーシャーク
Epalzeorhynchos frenatum

- 分布：タイ
- 水温：24～28℃
- 水槽：40cm以上
- 飼育難易度：ふつう
- 体長：15cm
- 水質：弱酸性～中性
- エサ：人工飼料、生き餌

レッドテールブラックシャークの色違いのような体型、体色をしているが別種。レッドテールブラックシャークが尾ビレだけ赤くなるのに対し、本種は各ヒレが赤く発色する。こちらもポピュラー種として流通している。性質は少々荒く、混泳には注意が必要だ。

シルバーシャーク
Balantiocheilos melanopterus

- 分布：タイ、インドネシア、ボルネオ
- 水温：24～28℃
- 水槽：90cm以上
- 体長：30cm
- 水質：弱酸性～中性
- エサ：人工飼料、生き餌
- 飼育難易度：やさしい

5cm程度の幼魚が大量に輸入されているポピュラー種で、精悍な体型と銀色に輝く鱗の美しさから人気が高い。性質は温和で、飼育も容易だが、30cmを超えるため、大きめの水槽でゆったり飼育したい。餌は何でもよく食べてくれる。

サイアミーズフライングフォックス
Crossocheilus oblongus

分布：タイ、マレーシア、インドネシア	体長：10cm
水温：24〜28℃	水質：中性
水槽：40cm以上	エサ：人工飼料、生き餌
	飼育難易度：ふつう

水槽内や水草のコケを食べてくれるコケ取り魚の中でも、もっとも人気が高い種類。その理由はそれほど大きくならない上、性格がおとなしく他の魚を攻撃しないため。小さな魚を襲ったりもしないので、小型魚との混泳も可能だ。派手な色味のない魚だが顔つきは可愛らしく人気は高い。

シルバーフライングフォックス
Crossocheilus reticulatus

分布：タイ、カンボジア	体長：18cm
水温：24〜28℃	水質：中性
水槽：45cm以上	エサ：人工飼料、生き餌
	飼育難易度：ふつう

銀色の体色に、黒く縁取られた鱗を持つフライングフォックスの仲間。尾筒の黒のスポットが印象的だ。サイアミーズフライングフォックスに近縁だが、前種のようなコケ取りとして期待しない方がよい。そこそこ大きくなるので、中型のレイアウト水槽などで混泳するのが良いだろう。

アルジーイーター
Gyrinocheilus aymonieri

分布：タイ	体長：15cm
水温：24〜28℃	水質：中性
水槽：45cm以上	エサ：人工飼料、生き餌
飼育難易度：やさしい	

吸盤状の口でコケを食べるが、15cmほどになるので小型水槽には向かない上、成長に伴い気性が荒くなり、他魚の体表を舐めるようになったり、あまりコケを食べなくなってしまう短所がある。そのため、小型水槽での飼育はお勧めしない。中型魚との混泳が適している。

ゴールデンアルジーイーター
Gyrinocheilus aymonieri var.

分布：改良品種	体長：15cm
水温：24〜28℃	水質：中性
水槽：45cm以上	エサ：人工飼料、生き餌
飼育難易度：やさしい	

アルジーイーターの白変個体を固定した品種。5cmほどの幼魚が数多く輸入されてくる、「コケ取り」と言われるさ魚のポピュラー種のひとつ。飼育は容易だが、性質などはノーマル体色個体と変わらないので、もてあます人もいる。小型水槽では飼育しない方が良い。

バルーンゴールデンアルジーイーター
Gyrinocheilus aymonieri var.

分布：改良品種	体長：10cm
水温：24〜28℃	水質：中性
水槽：45cm以上	エサ：人工飼料、生き餌
飼育難易度：やさしい	

ゴールデンアルジーイーターのショートボディ品種。様々な種類のバルーン個体が人気になったことから作出されたものと思われる。オリジナル種ほど大きくならない。ノーマル体色のタイプもある。性質はあまり変わらないので、おとなしい魚との混泳は不向き。

ガラ・ルファ
Garra rufa

分布：西アジア	体長：10cm
水温：24〜30℃	水質：中性
水槽：36cm以上	エサ：人工飼料、生き餌
	飼育難易度：ふつう

手などに群がり古い角質などを食べてくれることから、ドクターフィッシュの通称名で一躍有名になった魚。体表を舐める習性は人だけでなく、他の魚にも向いてしまうため混泳は難しく、本種のみでの飼育がお勧めだ。観賞魚としてはあまり適していない魚と言えるだろう。

アカヒレ
Tan chthys albonubes

分布：中国南部　体長：4cm
水温：21～26℃　水質：中性
水槽：3Ccm以上　エサ：人工飼料、生き餌
飼育難易度：やさしい

　コップに入って売られていたりするもっともポピュラーな観賞魚。安価なので軽く見られがちだが、コイ科の魚独特の深みのある美しさを見せてくれる。飼ってみると、観賞魚として長く人気を得てきたことにも納得できるだろう。飼育、繁殖ともに容易なので初心者にもお勧めだ。

タニクティス・ミカゲムマエ
Tanichthys micagemmae

分布：ベトナム　体長：3cm
水温：24～28℃　水質：中性
水槽：30cm以上　エサ：人工飼料、生き餌
飼育難易度：ふつう

　ベトナムアカヒレとも呼ばれ、ベトナムに生息しているアカヒレの仲間。アカヒレより小型で3cmほどにしかならない。非常に美しい体色を持っているが、小型種なので餌や混泳には注意が必要だ。水草を多く植えた小型水槽でじっくり飼育したい。

タニクティス・タックバエンシス
Tanichthys thacbaensis

分布：ラオス、ベトナム　体長：3.5cm
水温：24～28℃　水質：中性
水槽：30cm以上　エサ：人工飼料、生き餌
飼育難易度：ふつう

　ラオスやベトナムに生息するアカヒレの仲間。ラオスアカヒレと呼ばれている本種が*thacbaensis*とされているようだ。タニクティス・ミカゲムマエよりやや色彩が淡いようで、黄色味が強い印象。飼育はアカヒレと同様で問題ない。

オプサリウス・バケリィ
Opsarius bakeri

分布：インド　体長：13cm
水温：24～26℃　水質：中性
水槽：45cm以上　エサ：人工飼料、生き餌
飼育難易度：ふつう

　日本産淡水魚のオイカワやハスなどに似た雰囲気を持っている魚で、飼ってみると共通する部分も多い。水槽内でも活発によく泳ぎ、餌も何でもよく食べ飼育は難しくない。同属の別種や、近縁種の輸入も見られるが、いずれも輸入量はあまり多くない。酸欠と高水温には注意が必要だ。

ゼブラダニオ
Danio rerio

分布：インド　体長：4cm
水温：23〜28℃　水質：中性
水槽：30cm以上　エサ：人工飼料、生き餌
飼育難易度：やさしい

　もっともポピュラーな熱帯魚で、アクアリウムの入門種的存在。養殖も盛んで価格も安く、飼育、繁殖ともに容易なことから初心者にもお勧め。熱帯魚飼育のイロハを教えてくれる魚だ。しかし、じっくり飼育すると強いブルーと黄色を発色し、安い魚と侮れない美しさを見せてくれる。

ロングフィンゼブラダニオ
Danio rerio var.

分布：改良品種　体長：4cm
水温：23〜28℃　水質：中性
水槽：30cm以上　エサ：人工飼料、生き餌
飼育難易度：やさしい

　ゼブラダニオのヒレを長く大きく改良した品種。ヒラヒラと泳ぐ様が綺麗だが、大きなヒレのわりに動きが速く、活発に水槽内を泳ぎ回る。飼育自体はとても容易だが、オリジナル種と同様に餌を食べすぎると太って体型を崩してしまうので注意が必要。

レオパードダニオ
Danio rerio var.

分布：不明　体長：4cm
水温：23〜28℃　水質：中性
水槽：30cm以上　エサ：人工飼料、生き餌
飼育難易度：やさしい

　古くから知られている魚だが、その正体は不明で、未だに詳しいことはわかっていない。古い時代にゼブラダニオを改良したものと言われている。ゼブラダニオと同様に、安価で飼育は容易。小型のレイアウト水槽にもお勧めだ。

パールダニオ
Danio albolineatus

分布：タイ、インド、マレーシア　体長：5cm
水温：23〜28℃　水質：中性
水槽：30cm以上　エサ：人工飼料、生き餌
飼育難易度：やさしい

　蛍光オレンジとブルーの発色が美しい、ポピュラーなダニオの仲間。他のダニオと同様、水槽内を活発に泳ぎ回る元気な魚だ。ショップで見掛けることも多く入手、飼育ともに容易だ。水草レイアウト水槽で飼育すると、とても美しい個体に成長してくれる。

ゴールドリングダニオ
Danio tinwini

分布：ミャンマー　体長：4cm
水温：24〜28℃　水質：中性
水槽：30cm以上　エサ：人工飼料、生き餌
飼育難易度：ふつう

　ミャンマーに生息するスポット模様の美しいダニオで、"ニューミャンマー"などの名で輸入される。やや細身の体型をしており、餌切れに弱く痩せやすいので要注意。体側のゴールドリングが美しい。

オレンジグリッターダニオ
Danio choprae

分布：ミャンマー　体長：4cm
水温：24〜28℃　水質：弱酸性〜中性
水槽：30cm以上　エサ：人工飼料、生き餌
飼育難易度：やさしい

　その美しさからあっという間に人気を得たダニオで、鮮やかなオレンジや黄色が美しい。飼育は容易だが、常に泳ぎ回っている魚で、同種間では頻繁に小競り合いをする。そのため、弱い個体が逃げ込める水草や流木などのシェルターを作ってやると良い。

コイ・ドジョウの仲間

ダニオ・ジャインティアンエンシス
Danio jaintianensis

分布：インド　　　　　体長：6cm
水温：24〜28℃　　　水質：弱酸性〜中性
水槽：30cm以上　　　エサ：人工飼料、生き餌
飼育難易度：やさしい

蛍光オレンジの発色とブラックラインが美しいダニオの仲間。比較的サイズがあり活発に泳ぎ回ってくれるので、水草レイアウト水槽で飼育する魚として向いている。飼育は難しくなく、餌は何でもよく食べるが、与えすぎには注意したい。

ハナビ
Danio margaritatus

分布：ミャンマー　　　体長：3cm
水温：24〜28℃　　　水質：弱酸性〜中性
水槽：30cm以上　　　エサ：人工飼料、生き餌
飼育難易度：ふつう

ミクロラスボラsp. 花火やギャラクシーラスボラなどの名前で知られる、ミャンマー産の小型美魚。その美しさから、初輸入からあっという間に人気定番種となった。飼育は難しくなく、水草水槽などで飼育していればそれほど気を使わずに発色してくれる。餌は小さいものを与える。

ダニオ・エリスロミクロン
Danio erythromicron

分布：ミャンマー　　　体長：3cm
水温：24〜28℃　　　水質：中性〜弱アルカリ性
水槽：30cm以上　　　エサ：人工飼料、生き餌
飼育難易度：やや難しい

以前は幻の魚とされていたミャンマーに生息する小型美魚。模様には個体差があるので、整った個体を選びたい。性質は臆病で、物陰に隠れがちになってしまうことが多いのでレイアウトに工夫が必要だ。隠れ家の多い落ち着いた環境で飼育すると、驚くような美しい個体に育ってくれる。

"ラスボラ・アクセルロッディ"・ブルー
Sundadanio axelrodi

分布：ビンタン島（インドネシア）　体長：3cm
水温：25〜28℃　　　水質：弱酸性
水槽：30cm以上　　　エサ：人工飼料、生き餌
飼育難易度：やや難しい

古くから小型美魚の代表種として有名だった魚で、ヨーロッパの書籍などで写真を見て輸入を待ち続けたマニアも多かった。環境にそれほど影響されることなくブルーメタリックの体色を発色してくれる。近年、近縁種が多く記載されていて、見た目だけでの同定は難しい。

"ラスボラ・アクセルロッディ"・レッド
Sundadanio rubellus

分布：西カリマンタン（インドネシア）　体長：3cm
水温：25〜28℃　　　水質：弱酸性
水槽：30cm以上　　　エサ：人工飼料、生き餌
飼育難易度：やや難しい

赤色のラインと美しいメタリックグリーンを発色する美魚。日本に初めて輸入されたスンダダニオの仲間が本種。採集地が明確でなければ赤系のスンダダニオは種類の同定が難しい。弱酸性の水質を好み、赤の発色を引き出すには状態のよい水質をキープしなければならない。

ダニオネラ・ドラキュラ
Danionella doracula

分布：ミャンマー　　　体長：2cm
水温：24〜28℃　　　水質：弱酸性〜中性
水槽：30cm以上　　　エサ：人工飼料、生き餌
飼育難易度：難しい

ドラキュラと何やら恐ろしい名前がつけられているが、超小型の弱々しい魚。顕微鏡レベルで頭部を見ると、牙をもっていることからこの名がある。かなりの小型種なので飼育は難しく、ブラインシュリンプの幼生をこまめに与えて飼育したい。

ダディブルジョリィ
ハチェットバルブ
Neochela dadyburjory

分布：インド、ミャンマー
体長：1cm
水温：24〜28℃
水質：弱酸性
水槽：30cm以上
エサ：人工飼料、生き餌
飼育難易度：ふつう

　この仲間の中ではもっとも小さな種類で、ケラの仲間としてはダントツの人気を誇る。小型レイアウト水槽での飼育はとても魅力的だ。ハチェットバルブの名があるが、他種に比べてハチェットバルブらしさはあまりない。小さめの人工飼料を用意して与えたい。

ルビーラスボラ
Paedocypris progenetica

分布：ボルネオ島北部　体長：1.5cm
水温：24〜28℃　　　水質：弱酸性
水槽：30cm以上　　　エサ：人工飼料、生き餌
飼育難易度：難しい

　もっとも小型の魚類のひとつ。成長しても2cmに満たない。ブラックウォーターの細流に生息していて、透明感のある体は保護色のように真っ赤に染まっている。超小型の魚なので輸送にも弱く、状態良く飼育するのは苦労する魚だ。もちろん混泳には向かない。

デバリオ・アウロプルプレウス
Devario auropurpureus

分布：インレー湖（ミャンマー）　体長：10cm
水温：24〜28℃　　　　　　　水質：弱酸性〜中性
水槽：40cm以上　　　　　　　エサ：人工飼料、生き餌
飼育難易度：ふつう

　インレキプリス・アウロプルプレウスと呼ばれていた美魚。スレンダーで細長い独特な体型と、体側に規則正しく並ぶ模様が美しい。ダディブルジョリィハチェットバルブと比べると大きく成長する。餌は人工飼料も食べてくれるので、スレンダーな体型を保てるように与えたい。

ホンコンプレコ
Pseudogastromyzon myersi

分布：中国南部　体長：5cm
水温：22〜26℃　水質：中性
水槽：36cm以上　エサ：人工飼料、生き餌
飼育難易度：ふつう

　香港島などの急流域に生息するコイ科魚類。常に石などにくっ付き、削ぐように石に付着した藻類を食べている。そのため、植物性の餌が適していて、プレコ用の餌などを与えるようにする。飼育の際も水流を好む傾向があるので、水中フィルターなどを使用すると良い。

エンツユイ
Myxocyprinus asiaticus

分布：中国　　　体長：50cm以上
水温：21〜25℃　水質：弱酸性〜中性
水槽：60cm以上　エサ：人工飼料、生き餌
飼育難易度：ふつう

　背ビレが大きく可愛らしい独特な体形から人気がある、大型に成長するコイ科魚類。売られているのは幼魚で、成長とともに背ビレ、体高は低くなり、体色もまったく違ったものになる。とてもおとなしく飼育自体は容易だが、大きく成長するまで飼育される例が少ないのは残念。

アプリコットバタフライバルブ
Enteromius candens

- 分布：コンゴ（西アフリカ）
- 体長：3.5cm
- 水温：24〜28℃
- 水質：弱酸性〜中性
- 水槽：30cm以上
- エサ：人工飼料、生き餌
- 飼育難易度：ふつう

　バタフライバルブとよく似ているが、バタフライバルブのヒレが黄色味を帯びるのに対し、本種は褐色に染まる。赤みの強い体色の美種だ。アフリカ産の小型バルブとしては比較的最近紹介された。飼育はバタフライバルブに比べると容易。輸入量はあまり多くない。

バタフライバルブ
Enteromius hulstaerti

- 分布：コンゴ、アンゴラ
- 水温：24〜28℃
- 水槽：30cm以上
- 飼育難易度：やや難しい
- 体長：3cm
- 水質：弱酸性〜中性
- エサ：人工飼料、生き餌

　かつては小型魚マニアが入荷を熱望する魚だったが、最近では輸入量が増えて高い人気を獲得している。光の当たる角度によってブルーにも見える体側のスポット模様が最大の特徴。スポット模様は地域、個体差があるので、好みの個体を探す楽しみもある。食が細く、飼育はやや難しい。

エンテロミウス・ヤエ
Enteromius jae

- 分布：西アフリカ
- 水温：24〜28℃
- 水槽：30cm以上
- 飼育難易度：やや難しい
- 体長：3cm
- 水質：弱酸性
- エサ：人工飼料、生き餌

　古くは洋書などで存在は知られていても入荷のない幻の魚だったが、現在はコンスタントに輸入されている。輸入状態は良くないことが多いので、しっかりトリートメントされた個体を選びたい。常に餌を食べていないとすぐに痩せるので、栄養価の高い餌をこまめに与えることが大切。

アンゴラバルブ
Enteromius fasciolatus

- 分布：西アフリカ
- 水温：24〜28℃
- 水槽：30cm以上
- 飼育難易度：ふつう
- 体長：5cm
- 水質：弱酸性〜中性
- エサ：人工飼料、生き餌

　アフリカ産バルブとしては古くから知られているポピュラー種。比較的丈夫で飼いやすく、弱酸性の軟水を好むが中性前後の水質で問題なく飼育できる。性質もおとなしく、状態の良い環境で飼うと赤味が強くなって素晴らしい体色になる。餌も何でも良く食べる。

バルボイデス・グラキリス
Barboides gracilis

- 分布：ナイジェリア、カメルーン
- 水温：24〜28℃
- 水槽：30cm以上
- 飼育難易度：やや難しい
- 体長：2.5cm
- 水質：弱酸性〜中性
- エサ：人工飼料、生き餌

　十分に成長しても2.5cm程度にしかならない超小型種。口もとても小さいので与える餌に気を使うのはもちろん、混泳する魚の選定も十分注意が必要だ。水槽に馴染んで、状態よく飼えるようになると、透明感のあるオレンジ色を発色して美しい姿を見せてくれる。

ドワーフボティア
Ambastaia sidthimunki

分布：タイ 体長：4cm
水温：24〜28℃ 水質：中性
水槽：30cm以上 エサ：人工飼料、生き餌
飼育難易度：ふつう

　比較的大きくなるボティアの仲間では最小種で、その上性質も温和なことから他の小型魚と混泳が楽しめる。美しい体色やちょこちょこ泳ぐ仕草はとても魅力的だ。その可愛らしい姿も手伝って人気が高い。飼育は容易で、餌は沈むタイプのものを与える。

バルテアータローチ
Schistura balteata

分布：タイ、ミャンマー 体長：8cm
水温：22〜25℃ 水質：弱酸性〜中性
水槽：30cm以上 エサ：人工飼料、生き餌
飼育難易度：ふつう

　強いオレンジ色の体色が美しいローチ。タイやミャンマーの渓流域に生息しているため、比較的低水温を好む。飼育自体は容易で、餌は何でもよく食べるが、少々気性が荒く他の魚を攻撃したりもするので、底棲性の魚との混泳にはあまり向かない。

クーリーローチ
Pangio kuhlii

分布：東南アジア 体長：9cm
水温：24〜27℃ 水質：弱酸性〜中性
水槽：30cm以上 エサ：人工飼料、生き餌
飼育難易度：ふつう

　ひとくちにクーリーローチと言っても、その中には数種類が含まれており、大抵は区別されることなく販売されている。種類がまちまちなので模様にバリエーションがあり、コレクションしても楽しい。性質はとてもおとなしいが、ほぼ物陰に隠れてしまいなかなか姿を見せてくれない。

クラウンローチ
Chromobotia macracanthus

分布：インドネシア 体長：15cm以上
水温：25〜28℃ 水質：中性
水槽：45cm以上 エサ：人工飼料、生き餌
飼育難易度：ふつう

　熱帯魚として古くから盛んに輸入されていて、美しい体色とかわいらしさから人気が高い。ショップでは常時大小様々なサイズの個体が見られるほど、ドジョウの仲間ではもっとも輸入量が多い。うまく飼うと20年以上長生きし、中には30cmほどまで成長するものもいるが、成長速度は遅い。

コイ・ドジョウの仲間

シクリッドの仲間
（スズキ目）

　アフリカ、中南米を中心に約1300種類が知られているシクリッド。特徴的な繁殖形態を持ち、多くの種が生まれた卵や稚魚を保護する習性がある。観賞魚としても一大グループとなっていて、エンゼルフィッシュやディスカスなどの有名な種類の他にも、オスカーやアピストなど、多くの種類が人気を集めている。多様性に富み、大きさや姿形は様々だが、テリトリー意識が強く、攻撃的なものが多い点は多くの種類に共通する特徴だ。

分布：アマゾン川
体長：15cm
水温：25〜27℃
水質：弱酸性〜中性
水槽：60cm以上
エサ：人工飼料、生き餌
飼育難易度：やさしい

エンゼルフィッシュ
Pterophyllum scalare

　熱帯魚の中でももっとも有名なもののひとつで、古くから親しまれている。改良品種が多く、原種由来の縞模様を持つタイプは並エンゼルと呼ばれ区別されている。養殖ものに加え、現地採集個体も輸入されており、繁殖個体とは違った美しさが楽しめる。飼育、繁殖ともに容易。

ゴールデンエンゼル
Pterophyllum scalare var.

数あるエンゼルの改良品種の中でももっともメジャーと言えるほどの定番品種。模様のないオレンジ1色のみの体色が人気。通常タイプに加え、ダイヤモンドやヒレの長いベールテールなど様々な派生品種もある。飼育、繁殖ともに簡単でエンゼルの入門種としても最適な品種だ。

分布：改良品種
体長：12cm
水温：25〜27℃
水質：弱酸性〜中性
水槽：60cm以上
エサ：人工飼料、生き餌
飼育難易度：やさしい

ブラックエンゼル
Pterophyllum scalare var.

分布：改良品種
体長：12cm
水温：25〜27℃
水質：弱酸性〜中性
水槽：60cm以上
エサ：人工飼料、生き餌
飼育難易度：ふつう

エンゼルフィッシュの改良品種のひとつ。その名の通り、全身真っ黒な体色を持つタイプ。黒ければ黒いほど良いとされ、赤く色づく目との対比も美しく、その美しさにこだわるファンも少なくない。だが、全身くまなく黒いものは少ない印象で、理想の個体の入手は意外と難しい。

アルタムエンゼル
Pterophyllum altum

上下に長く伸長するヒレが優美な大変美しいワイルドエンゼルの1種。輸入されてくるのは幼魚だが、他種より大型化すること、本種の魅力である長いヒレの美しさを堪能するには水深に余裕のある水槽での飼育が望ましい。導入初期に注意が必要。

分布：オリノコ川水系
体長：18cm
水温：25〜27℃
水質：弱酸性〜中性
水槽：60cm以上
エサ：人工飼料、生き餌
飼育難易度：やや難しい

ドゥメリリィエンゼル
Pterophyllum leopoldi

分布：アマゾン川
体長：12cm
水温：25〜27℃
水質：弱酸性〜中性
水槽：60cm以上
エサ：人工飼料、生き餌
飼育難易度：ふつう

青みがかった体色と、その他のエンゼルとは雰囲気の異なる体型を持ったワイルドエンゼルの1種。他種より大型化しないが気が強く、同種、近縁種との混泳では喧嘩が起きやすい。丈夫で飼育自体は容易だが、争いを抑えるため、なるべく広い水槽で飼育すると良いだろう。

シクリッドの仲間

ディスカス
Symphysodon aequifasciatus

分布：アマゾン川　　体長：18cm
水温：27〜30℃　　水質：弱酸性〜中性
水槽：60cm以上　　エサ：人工飼料、生き餌
飼育難易度：ふつう

熱帯魚の王様とも呼ばれた観賞魚の一大メジャー種で、同属で3種類が知られている。現地採集個体の他、ブリードものや、様々な改良品種が作出されている。品種にこだわらなければ安価で買えるものも増えてきており、専用の餌もあることから、飼育自体は難しくないが、美しく育てるには難しい部分もある。体表からディスカスミルクと呼ばれるミルク状の分泌液を出し、それを稚魚に与えて育てるという独特な繁殖も水槽内で楽しめる。

ブラウンディスカス

古くから輸入されているもっともポピュラーなディスカス。現地採集ものでは、赤みの強い個体群が多く輸入されるようになっている。

アレンカークリペア

北岸アレンカーと呼ばれる、クリペア産のディスカス。赤の発色が素晴らしく、人気が高いので、良個体の入手は競争になるほど。

アレンカークリペアⅡ

クリペア産ディスカスの1タイプ。赤みの強さに加え、ブルーの発色も素晴らしい評価の高い個体。マニア垂涎の1匹だ。

南岸アレンカー（イナヌ産）

イナヌはアレンカー南岸の代表的産地。地色はグレーで、輸入直後は地味にも見えるが、しっかり発色すれば真っ赤になる。

ブルーディスカス

その名の通り、ブルーのラインが美しいディスカス。発色が良い個体は大変素晴らしく、また、そうした個体は高価である。

ロイヤルブルーディスカス

ヤムンダ産のロイヤルブルーディスカス。青さを強調した改良品種さえも上回るほどの青さ、美しさは驚きに値する。

グリーンディスカス

S. tarzoo という別の種類群のディスカス。グリーンディスカスはスプレーで吹き付けたようなブルーの発色があるのが特徴。写真はジュルア産のもの。

ジュルアロイヤルグリーン

テフェ産とは色味の異なる青みと、細かいレッドスポットを多く発色するジュルア産。落ち着くと素晴らしい色を見せてくれる。

テフェロイヤルグリーン

非常に人気のあるテフェ産のグリーンディスカス。レッドスポットが多い個体は人気も高く、とても美しい反面、高価である。

シクリッドの仲間

ヘッケルディスカス

　S. discus という別の種類群のディスカス。第5番目のラインが太くなる独特な色彩を持っているのが特徴。

コバルトブルーヘッケル

　ヘッケルディスカスの中でも、産地などによって強い青を発色するタイプがこの名で呼ばれている。ヤムンダ産のものが有名。

ロートターキス

　最近になって再び人気が上がっている改良品種のひとつ。その品種名が示すように、赤さが魅力の古くからの定番種のひとつ。

ビーナススポット

　東南アジアで作出された全身に細かな赤いスポットを発色する品種で、全身が赤くなるものと青地に赤いスポットが乗るタイプとがある。

ブルーダイヤモンド

　全身くまなくスカイブルーに染まる非常に美しい品種で、登場以来ファンを魅了し続けている。写真はセレッシャルと呼ばれるタイプ。

セルーリア

　セルーリアと呼ばれるブルー系品種。世界の愛好家が日々、クオリティ向上を追求し、飼育、繁殖を行っているので、素晴らしい個体を楽しめる。

フラワーホーン
交雑品種

分布：作出品種　体長：30cm
水温：25〜27℃　水質：中性
水槽：60cm以上　エサ：人工飼料、生き餌
飼育難易度：ふつう

　東南アジアでは人気が高く、様々なタイプが作出されているが、最初はフラミンゴシクリッドとA.トリマクラートゥスの交配によって作出された。性質は元親のものを受け継いでおり、気が荒く混泳には向かない。単独飼育されることが多い反面、飼育者によく慣れる。

フラワーホーン
交雑品種

分布：作出品種　体長：30cm
水温：25〜27℃　水質：中性
水槽：60cm以上　エサ：人工飼料、生き餌
飼育難易度：ふつう

　他種との混泳や水草水槽での飼育が難しいため、個体そのものの魅力を味わうのが本種の楽しみ方。より美しい個体を目指した繁殖は日々進められていて、驚くほど派手な体色を持った個体なども多く作出されている。個体ごとに多くの水槽を並べ、コレクションしている人もいるほど。

パロットファイヤー
交雑品種

分布：交雑品種　体長：20cm
水温：25〜27℃　水質：中性
水槽：60cm以上　エサ：人工飼料、生き餌
飼育難易度：やさしい

　金魚のような姿形が人気だが、フラミンゴシクリッドとV.メラヌルスの交雑によって作出されたもの。繁殖能力がない。赤や黄色などの体色、体型など、様々なバリエーションも存在する。狂暴というほどではないが、元親の攻撃性は残っており、個体によっては攻撃的なものもいる。

ジャックデンプシー
Rocio octofasciata

分布：メキシコ南部〜ホンジュラス
体長：20cm　水温：25〜30℃
水質：中性　水槽：60cm以上
エサ：人工飼料、生き餌　飼育難易度：ふつう

　ボクシングの世界チャンピオンの名前を与えられた古くから知られるシクリッド。品種改良が進み、全身にブルーを発色するブルーデンプシーという品種が人気を集めている。ブルーは原種より小型で、攻撃性や性質もややマイルドなので、大きな水槽などでは混泳もできる場合がある。

ヴィエジャ・ビファスキアータ
Vieja bifasciata

分布：メキシコ南部～グアテマラ
体長：25cm
水温：25～30℃
水質：中性
水槽：60cm以上
エサ：人工飼料、生き餌
飼育難易度：ふつう

　種小名の由来ともなった体側の黒く太いライン模様が目立つ中米産シクリッド。成長すると鮮やかな色を発色し、美しくなる。オスはメスよりも大型化し、頭部が丸くコブのよう大きくなる。輸入量は少なく、東南アジアで養殖された幼魚が少数輸入される程度。飼育は容易で繁殖も狙える。

フラミンゴシクリッド
Amphilophus citrinellus

分布：ニカラグア、コスタリカ
体長：30cm
水温：25～27℃
水質：中性
水槽：60cm以上
エサ：人工飼料、生き餌
飼育難易度：やさしい

　古くから知られる中米産のシクリッドで、名前の由来はフラミンゴを思わせる体色から。本種だけの特徴ではないが、成長したオスは額がコブのように突出し、迫力ある姿となる。性質は攻撃的で混泳は難しい場合が多いが、適応力が高く、繁殖は容易でペアが得られるとよく殖える。

パロットシクリッド
Hoplarchus psittacus

分布：ブラジル、ベネズエラ
体長：30cm
水温：25～30℃
水質：弱酸性～中性
水槽：90cm以上
エサ：人工飼料、生き餌
飼育難易度：ふつう

　比較的大型に成長する1属1種のシクリッド。交雑品種のパロットファイヤーとの混同を避けるため、学名読みで流通することも多い。成長すると全身が緑色を帯び、美しくなる。大型シクリッドとしては狂暴ではないが、混泳時は混泳魚との相性に注意したい。輸入量は多くない。

アイスポットシクリッド
Cichla spp.

分布：アマゾン川
体長：60cm
水温：25～28℃
水質：弱酸性～中性
水槽：90cm以上
エサ：人工飼料、生き餌
飼育難易度：ふつう

　多くの種類が知られており（写真は*C.mirianae*)、種類や産地、養殖か野生由来かによって値段もまちまち。種類によってはかなり大型化し、水槽内でも100cm近くまでなるものもいる。シクリッドにしては攻撃性もそれほどではないが、動きが速く、素早く何でも食べてしまうので混泳は要注意。

キクラ・テメンシス
Cichla temensis

分布：アマゾン川　　体長：80cm
水温：25〜28℃　　水質：弱酸性〜中性
水槽：90cm以上　　エサ：人工飼料、生き餌
飼育難易度：ふつう

キクラ属（アイスポットシクリッド）の中でも、もっとも大きくなるもののひとつで、1m近くまで成長する。体側に規則的に並んだ白い模様が特徴的。この模様は成長とともに薄くなる傾向にあり、現地では消失するようだが、水槽内では大型個体でも残っていることが多い。飼育は同属他種と同様。

キクラ・ケルベリー
Cichla kelberi

分布：ブラジル　　体長：60cm
水温：25〜28℃　　水質：弱酸性〜中性
水槽：90cm以上　　エサ：人工飼料、生き餌
飼育難易度：ふつう

黄色味の強い体色と、尾ビレを中心に入る細かな柄などが特徴的な美種。体側には黒の帯状の模様が入ることも多いが、写真の個体のように発色していないものもいる。野生由来のものが多いが、比較的手頃な値段で買えるブリード個体も流通している。この仲間は丈夫だが穴あき病になりやすい。

オスカー
Astronotus ocellatus

分布：アマゾン川　　体長：30cm
水温：25〜27℃　　水質：中性
水槽：60cm以上　　エサ：人工飼料、生き餌
飼育難易度：ふつう

よく知られた大型シクリッドで、観賞魚として長い歴史を持つ。養殖ものが安価で流通しており、レッドやアルビノなどの改良品種も多い。ワイルド個体も輸入され、野趣に溢れた魅力が楽しめる。丈夫で人にも慣れ、可愛い一面もあるが、テリトリー意識が強く混泳に難儀する場合も。

レッドオスカー
Astronotus ocellatus var.

分布：改良品種　　体長：30cm
水温：25〜27℃　　水質：中性
水槽：60cm以上　　エサ：人工飼料、生き餌
飼育難易度：ふつう

オスカーの代表的な改良品種のひとつ。全身がべったりオレンジ色に染まる。アルビノレッド、さらには全身顔まで赤く染まるタイプなど、近年、その改良はさらに進んでおり、注目を集めている。

クレニキクラ・ヴィッタータ
Crenichichla vittata

分布：アマゾン川　　体長：30cm
水温：25〜27℃　　水質：中性
水槽：60cm以上　　エサ：人工飼料、生き餌
飼育難易度：ふつう

パイクシクリッドの仲間はいくつかのタイプに分かれるが、本種は主に底層で暮らす底棲性の種類。パイクシクリッドの中でも美しい種類として知られ、腹部が鮮やかなオレンジ色に染まる。餌は小魚を好むが人工飼料も食べる。飼育は容易だが、輸入量は少なくあまり見掛けない。

シクリッドの仲間

ジュルパリ
Satanoperca leucosticta

分布：アマゾン川	体長：18cm
水温：25〜27℃	水質：中性
水槽：60cm以上	エサ：人工飼料、生き餌
飼育難易度：やさしい	

　古くからのポピュラー種で養殖されたものがコンスタントに輸入されている。安価だが、しっかり育てれば侮れない美しさを見せてくれる。一般に流通しているのは養殖ものだが、少数ながらワイルド個体の輸入もある。体型や柄に差が見られ、養殖ものとは違った美しさが楽しめる。

サタノペルカ・ダエモン
Satanoperca daemon

分布：アマゾン川	体長：25cm
水温：25〜27℃	水質：中性
水槽：60cm以上	エサ：人工飼料、生き餌
飼育難易度：ふつう	

　体側に並ぶ黒いスポットが印象的な"ゲオファーガス"の1種で、調子が上がってくると全体的に黄色味を帯び、尾ビレや臀鰭がオレンジ色を発色し、とても美しくなる。性質は比較的おとなしく、同種、他種との混泳も可能。人工飼料もよく食べるので、飼育は容易だ。

ゲオファーガス・スベニ
Geophagus sveni

分布：トカンチンス川	体長：15cm
水温：25〜27℃	水質：中性
水槽：60cm以上	エサ：人工飼料、生き餌
飼育難易度：やさしい	

　よく似た姿形をしたものが多いゲオファーガスの中でも、トップクラスの美しさを持つと言われる美種。輸入されるものはやや高価なワイルド個体が中心だが、比較的手ごろな値段で飼えるブリード個体も流通している。飼育は容易で、性質も比較的穏やかなので混泳も楽しめる。

ブルーアカラ
Andinoacara pulcher

分布：ベネズエラ、トリニダード	体長：15cm
水温：25〜27℃	水質：弱酸性〜中性
水槽：60cm以上	エサ：人工飼料、生き餌
飼育難易度：ふつう	

　古くから知られる中型シクリッドで、近年では全身に青が乗るコバルトブルーアカラという改良品種が広く普及しており、ノーマル体色個体の流通は少ない。丈夫で飼いやすいが、底砂を掘り返すこと、気が荒い面があるなど、水草や他魚との混泳時には注意が必要。繁殖も容易。

ポートアカラ
Cichlasoma araguaiense

分布：ブラジル
水温：23～27℃
水槽：60cm以上
飼育難易度：ふつう
体長：13cm
水質：弱酸性～中性
エサ：人工飼料、生き餌

　古くからその名が知られる中型シクリッドだが、この名前で流通するものにはいくつかの種類が含まれていることがあるようだ。いずれも丈夫で飼育は容易だが、底砂を掘り返すので水草水槽での飼育は難しい。性質は比較的温和だが、混泳時は混泳魚との相性をしっかり確認したい。

レタカラ・タイエリィ
Laetacara thayeri

分布：ペルー
水温：25～27℃
水槽：36cm以上
飼育難易度：ふつう
体長：10cm
水質：弱酸性～中性
エサ：人工飼料、生き餌

　丸みを帯びた体つきが可愛らしい、落ち着いた色合いのドワーフシクリッドで、性質も比較的おとなしい。丈夫で順応性も高く、飼育は容易。ペアが得られれば、繁殖も比較的容易だ。輸入量は多くはないが、現地採集もの、ブリードものが輸入されており、入手も難しくはない。

ヘラクレスシクリッド
Crenicara punctulata

分布：アマゾン川
水温：25～27℃
水槽：36cm以上
飼育難易度：ふつう
体長：10cm
水質：弱酸性～中性
エサ：人工飼料、生き餌

　南米の広域に分布する小型シクリッドの1種。現地では流れのない止水域に生息しているという。弱酸性の水質を好むが、順応性は高く中性程度の水質でも問題なく飼える。性質は比較的温和とされるが、個体差もあるため混泳時は注意したい。入荷量は多くないが、高価な魚ではない。

チェッカーボードシクリッド
Dicrossus filamentosus

分布：アマゾン川、ネグロ川
水温：25～27℃
水槽：36cm以上
飼育難易度：ふつう
体長：8cm
水質：弱酸性～中性
エサ：人工飼料、生き餌

　成熟したオスのライアーテールが特徴の南米産小型シクリッド人気種。チェック柄を思わせる模様を持つことからこの名がある。性質はおとなしく、テトラ類などとの混泳も可能。飼育は難しくないが、水質の急変には注意したい。弱酸性の水質を好む。繁殖は少々難しい部類。

タエニアカラ・カンディディ

Taeniacara candidi

- 分布：ネグロ川
- 水温：25〜27℃
- 水槽：36cm以上
- 飼育難易度：やや難しい
- 体長：7cm
- 水質：弱酸性〜中性
- エサ：人工飼料、生き餌

1属1種のドワーフシクリッドで、スペード型の尾ビレと派手な色彩が印象的。比較的温和な性質だが、少々神経質な面があるので混泳は避け、ペアで飼育するのがよいだろう。落ち着いた環境で飼育したい。

ミクロゲオファーガス・アルティスピノーサ

Mikrogeophagus altispinosa

- 分布：ボリビア
- 水温：25〜27℃
- 水槽：40cm以上
- 飼育難易度：ふつう
- 体長：10cm
- 水質：弱酸性〜中性
- エサ：人工飼料、生き餌

東南アジアで養殖され安価で買えるようになったが、飼い込めば思わぬ綺麗な姿を見せてくれる。ただし、奇形が多いようなので購入時は気をつけたい。飼育は容易だが、同属のラミレジィより大きくなり10cmほどになる。

ミクロゲオファーガス・ラミレジィ

Mikrogeophagus ramirezi

- 分布：コロンビア
- 水温：25〜27℃
- 水槽：36cm以上
- 飼育難易度：やさしい
- 体長：7cm
- 水質：弱酸性〜中性
- エサ：人工飼料、生き餌

古くからアクアリウムで親しまれている小型シクリッドの仲間。可愛らしく飼育、繁殖ともに容易で、しかも綺麗と3拍子揃った人気種。現地採集個体は稀に輸入される程度だが、東南アジアやヨーロッパで養殖されたものが大量に輸入され、改良品種なども作出されている。

ブルーダイヤモンドラム

Mikrogeophagus ramirezi var.

- 分布：改良品種
- 水温：25〜27℃
- 水槽：36cm以上
- 飼育難易度：やさしい
- 体長：7cm
- 水質：弱酸性〜中性
- エサ：人工飼料、生き餌

2009年に紹介されたラミレジィの改良品種で、全身ブルーの発色が素晴らしい。コバルトブルー・ラムという名前で流通していることもある。最初は高価だったものの、高い人気に応えるように輸入量も増え、徐々に価格も落ち着いた。ラミレジィには本品種以外にも多くの改良品種があるが、飼育、繁殖についてはそれらと変わらない。

アピストグラマ・アガシジィ
Apistogramma agassizii

分布：アマゾン川広域　体長：7cm
水温：25〜27℃　水質：弱酸性〜中性
水槽：36cm以上　エサ：人工飼料、生き餌
飼育難易度：やさしい

　アマゾン広域に分布している、アピストグラマを代表する種。そのため、色彩などが異なる地域変異も数多く見られ、採集地ごとに販売されている。スーパーレッドなどの改良品種もあり、馴染み深い種類と言える。飼育は容易で、人工飼料もよく食べるアピストグラマの入門種的存在だ。

アピストグラマ・ゲフィラ
Apistogramma gephyra

分布：アマゾン川　体長：6cm
水温：25〜27℃　水質：弱酸性〜中性
水槽：36cm以上　エサ：人工飼料、生き餌
飼育難易度：ふつう

　アガシジィによく似ているが、オスの尾ビレの模様などが異なるため容易に区別できる。以前はアガシジィよりも安価で購入できたが、近年は輸入量が少なくなっている。飼育はアガシジィと同じで問題なく、採集地によってバリエーションが見られるのも面白い。

アピストグラマ・メンデジィ
Apistogramma mendezii

分布：ネグロ川　体長：8cm
水温：25〜27℃　水質：弱酸性〜中性
水槽：36cm以上　エサ：人工飼料、生き餌
飼育難易度：ふつう

　ネグロ川に生息する、アピストグラマを代表する人気種。上流部か中流部かで、尾ビレの模様がスポット状からライン状の違いがある。こうした地域による違いも魅力のひとつで、近年のアピストグラマ人気の火付け役となった。弱酸性の軟水で飼育すると、メタリックの美しい体色を発色してくれる。

アピストグラマ・エリザベサエ
Apistogramma elizabethae

分布：ネグロ川上流　体長：8cm
水温：25〜27℃　水質：弱酸性〜中性
水槽：36cm以上　エサ：人工飼料、生き餌
飼育難易度：ふつう

　伸長した背ビレやスペード状の尾ビレが美しい、もっとも人気の高いアピストグラマのひとつ。様々な産地からの輸入が見られ産地ごとのバリエーションを楽しむことができるが、どこまで違いがあるかは判別が難しい。飼育は他のアピストグラマと同様で、価格はやや高価だが専門店での購入が可能。

シクリッドの仲間

アピストグラマ・プルクラ
Apistogramma pulchra

分布：マディラ川支流　体長：7cm
水温：25～27℃　水質：弱酸性～中性
水槽：36cm以上　エサ：人工飼料、生き餌
飼育難易度：ふつう

　ロンドニア州のマディラ川に生息する美しいアピストグラマ。アガシジィに似るが、本種はラウンドテールなので見分けることができる。プルクラとは「美しい」の意味だが、その名の通り美魚で人気種となった。採集地によるかなりのバリエーションが見られるので、専門店で個体選びを楽しめる。

アピストグラマ・パウキスクアミス
Apistogramma paucisquamis

分布：ネグロ川　体長：6cm
水温：25～27℃　水質：弱酸性～中性
水槽：36cm以上　エサ：人工飼料、生き餌
飼育難易度：ふつう

　以前はグランツビンデンというドイツでの通称が一般的な呼称となっていた、やや小型のアピストグラマ。現在は種小名で販売されていることがほとんど。生息地域によって色や模様にバリエーションが見られ、販売時にも産地や採集河川の名前が付けられていることが一般的だ。

アピストグラマ・ビタエニアータ
Apistogramma bitaeniata

分布：アマゾン川広域　体長：8cm
水温：25～27℃　水質：弱酸性～中性
水槽：36cm以上　エサ：人工飼料、生き餌
飼育難易度：やさしい

　とても古くから知られているアピストグラマの代表種。アピストグラマの中でももっとも美しいと言われることもある小型美種だ。飼育、繁殖ともに容易な上、広域分布種のため地域変異が豊富で、コレクション性が高いのも魅力となっている。アピストグラマ飼育の最初の1種として最適。

アピストグラマの1種 "ミウア"
Apistogramma sp.

分布：ネグロ川　体長：8cm
水温：25～27℃　水質：弱酸性～中性
水槽：36cm以上　エサ：人工飼料、生き餌
飼育難易度：ふつう

　ネグロ川上流域に生息するアピストグラマで、スレンダーな体型と美しい色彩が魅力的。ラウンドテールの面でジィのような印象だ。飼育はそれほど難しくなく、状態良く飼育すれば繁殖を狙うこともできる。輸入量はあまり多くないので、専門店をこまめにチェックして購入したい。

アピストグラマ・イニリダエ
Apistogramma iniridae

分布：オリノコ川　体長：6cm
水温：25〜27℃　水質：弱酸性
水槽：36cm以上　エサ：人工飼料、生き餌
飼育難易度：ふつう

　大きな背ビレが魅力的なアピストグラマで、興奮時に出てくる腹部の独特な斑紋が印象的な種類。最近は輸入量が増えつつあり入手しやすくなったが、以前は入手困難種だった。飼育は難しくないが、細身の体型を維持するなら餌の与えすぎには注意したい。

アピストグラマ・ペルテンシス
Apistogramma pertensis

分布：アマゾン川　体長：7cm
水温：25〜27℃　水質：弱酸性〜中性
水槽：36cm以上　エサ：人工飼料、生き餌
飼育難易度：ふつう

　単独での輸入も見られるようになったが、チェッカーボード・シクリッドやアピストグラマの幼魚の中に混じって輸入されてくることが多い。どういうわけだかメスが少ないので、できれば専門店でペアで購入するようにしたい。飼育は容易で、細身のアピストグラマの入門種的存在。

アピストグラマ・ベリフェラ
Apistogramma velifera

分布：オリノコ川　体長：6cm
水温：25〜27℃　水質：弱酸性〜中性
水槽：36cm以上　エサ：人工飼料、生き餌
飼育難易度：ふつう

　"ホワイトシーム"の名で古くから知られていて、ベネズエラのオリノコ川に生息する。オリノコ川産アピストがミックスで輸入される中の多くが本種。飼育は難しくなく、人工飼料にもすぐに慣れてくれる。ヒレの大きな個体は見事なので小型水槽でペアでじっくり飼育したい。

アピストグラマの1種"ロートカイル"
Apistogramma sp."ROT-KEIL"

分布：ネグロ川　体長：8cm
水温：25〜27℃　水質：弱酸性〜中性
水槽：36cm以上　エサ：人工飼料、生き餌
飼育難易度：ふつう

　以前はドイツからのみ輸入されていた、ライアーテールが素晴らしい非常に優雅な姿をしたアピストグラマ。現地からの輸入も多くなっていたが、近年は少なくなっているのが心配されている。飼育は難しくないが、ヒレを囓る魚との混泳は避け、ペアで飼育して系統維持をしていきたい。

シクリッドの仲間

アピストグラマ・カカトゥオイデス
Apistogramma cacatuoides

分布：コロンビア、ペルー　体長：8cm
水温：25～27℃　水質：弱酸性～中性
水槽：36cm以上　エサ：人工飼料、生き餌
飼育難易度：やさしい

　力強い顔つきが魅力的なポピュラー種で、小型シクリッドとして古くから親しまれている。アガシジィなどと同じく地域変異が豊富で、改良品種も数多く作出されている。そのため好みの個体を選ぶ楽しみもある。飼育は容易でアピストグラマ飼育の楽しみを教えてくれる入門種的存在。

アピストグラマ・アルパファヨ
Apistogramma allpahuayo

分布：ジュルア川　体長：8cm
水温：25～27℃　水質：弱酸性～中性
水槽：36cm以上　エサ：人工飼料、生き餌
飼育難易度：ふつう

　ブラジルのアクレ州に生息する個体群がアピストグラマ・ユルエンシス *Apistogramma juruensis* とされ、現在輸入されているペルーの個体群はアピストグラマ・アルパファヨとされた。餌を与えすぎると体形を崩すので、餌の量には注意が必要。やや水質に敏感な面があるので、ろ過をしっかり行いたい。

アピストグラマ・ノーベルティ
Apistogramma norberti

分布：ペルー　体長：8cm
水温：25～27℃　水質：弱酸性～中性
水槽：36cm以上　エサ：人工飼料、生き餌
飼育難易度：ふつう

　古くは、大きな口からビッグマウスという通称名で販売されていたアピストグラマ。日本で販売されているものには、ヨーロッパからのブリード個体や現地採集ものなど様々。水が古くなると口元に異変が出やすいので、良いフィルターを使用して、清浄な水質を維持したい。

アピストグラマ・パンドゥロ
Apistogramma panduro

分布：ペルー　体長：7cm
水温：25～27℃　水質：弱酸性～中性
水槽：36cm以上　エサ：人工飼料、生き餌
飼育難易度：ふつう

　美しい尾ビレの模様が魅力的なアピストグラマ。シーズンになるとコンスタントに輸入され、比較的ポピュラーになっている。丈夫で人工飼料もよく食べるので飼育は難しくなく、繁殖も狙える。アピストグラマの仲間は輸入が止まってしまう時があるので、しっかりと系統維持したい。

アピストグラマ・グッタータ
Apistogramma guttata

分布：グァポレ川
水温：25〜27℃
水槽：36cm以上
飼育難易度：やや難しい
体長：8cm
水質：弱酸性
エサ：人工飼料、生き餌

　強いオレンジ色の発色と独特の鱗列、櫛のような背ビレが特徴的なアピストグラマ。水質悪化に弱く、飼育はやや難しい。水が悪くなると、体に腫瘍ができたり、病気にかかりやすくなったりするので注意が必要。フィルターをしっかり作動して状態のよい水質をキープできれば繁殖も難しくない。

アピストグラマ・ピアウイエンシス
Apistogramma piauiensis

分布：アマゾン川
水温：25〜27℃
水槽：36cm以上
飼育難易度：ふつう
体長：7cm
水質：弱酸性〜中性
エサ：人工飼料、生き餌

　ブルーと赤のストライプ模様が非常に美しいアピストグラマ。評価の低かったレガニグループの魚が見直されるきっかけにもなった魚だ。採集個体の他に、ドイツからのブリード個体も輸入されていたが、近年では輸入が少なくなって、入手が難しくなっている。系統維持を心がけたい。

アピストグラマ・ツクルイ
Apistogramma tucurui

分布：トカンチンス川
水温：25〜27℃
水槽：36cm以上
飼育難易度：ふつう
体長：7cm
水質：弱酸性〜中性
エサ：人工飼料、生き餌

　トカンチンス川のトゥクルイダム近辺に生息しているアピストグラマで、ライン上のスポット模様が独特で話題となった。その後はコンスタントな輸入があったが、近年はごく少量が輸入された程度で入手が困難なアピストとなっている。飼育自体は難しくなく、美しい発色のラインを楽しめる。

アピストグラマ・エウノートゥス
Apistogramma eunotus

分布：ペルー、ブラジル
水温：25〜27℃
水槽：36cm以上
飼育難易度：ふつう
体長：8cm
水質：弱酸性〜中性
エサ：人工飼料、生き餌

　南米の広域に分布し数多くの地域変異が知られているので、気に入った個体を探しだす楽しみがあるアピストグラマ。オレンジ色の美しい個体群の人気が高いが、その他のタイプでもじっくり飼い込むととても美しくなる。これぞアピストグラマと言うフォルムが人気となっている。

アピストグラマ・ヴィエジタ
Apistogramma viejita

- 分布：コロンビア
- 水温：25〜27℃
- 水槽：36cm以上
- 飼育難易度：ふつう
- 体長：7cm
- 水質：弱酸性〜中性
- エサ：人工飼料、生き餌

　コロンビアに分布する迫力あるアピストグラマで、色彩変異や改良品種が数タイプ知られている。体型や体色の美しさ、コレクション性の高さでマニアを中心に衰えない人気を誇る。マクマステリィ種に近縁で、産地的にも近く重複する場所もある。飼育、繁殖は他の種類と同様で問題ない。

アピストグラマ・ホングスロイ
Apistogramma hongsloii

- 分布：オリノコ川上流
- 水温：25〜27℃
- 水槽：36cm以上
- 飼育難易度：やや難しい
- 体長：8cm
- 水質：弱酸性
- エサ：人工飼料、生き餌

　体高のある体型が魅力の美しいアピストグラマ。本種も地域変異が多く、産地によってバリエーションが見られる。また、ドイツから輸入されてくる改良品種も多く、コレクション性が高いのも魅力だ。水質変化に敏感で、水質が悪化すると病気になりやすい。ブリード個体はメスが少ない傾向がある。

アピストグラマ・ホイグネイ
Apistogramma hoignei

- 分布：ベネズエラ
- 水温：25〜27℃
- 水槽：36cm以上
- 飼育難易度：やや難しい
- 体長：8cm
- 水質：弱酸性
- エサ：人工飼料、生き餌

　非常に美しいアピストグラマで、メタリックな発色は見る者を魅了する。写真の個体はドイツでブリードされたレッド&ブラックと呼ばれる魚。輸入量はあまり多くなく、稀に他の種類に混じって輸入されたり、ドイツからブリード個体が輸入されたりする。水質にはやや敏感な面がある。

アピストグラマ・ペドゥンクラータ
Apistogramma pedunculata

- 分布：ベネズエラ
- 水温：25〜27℃
- 水槽：36cm以上
- 飼育難易度：やさしい
- 体長：8cm
- 水質：弱酸性〜中性
- エサ：人工飼料、生き餌

　以前は前種のホイグネイのバリエーションとされ、リオカウラと呼ばれていたアピストグラマ。輸入量は非常に少なく、アピストグラマに強い専門店で稀に少数が輸入される程度。飼育は他のマクマステリィグループと同様で、落ち着いてしまえば難しくない。しっかり系統維持を行いたい。

アピストグラマ・オルテガイ
Apistogramma ortegai

分布：ペルー
水温：25〜27℃
水槽：36cm以上
飼育難易度：やさしい
体長：6cm
水質：弱酸性〜中性
エサ：人工飼料、生き餌

　ペルーのアピストらしい派手な色彩が魅力のアピストグラマ。以前はパパゲイと呼ばれていて、ペバスとともにオルテガイと学名がついた。気が強いアピストグラマなので、ペアで飼育している際はメスが攻撃されすぎないように注意したい。産卵が終わったらオスを隔離したほうが良いだろう。

アピストグラマ・ボレリィ
Apistogramma borellii

分布：パラグアイ水系
水温：25〜27℃
水槽：36cm以上
飼育難易度：やさしい
体長：7cm
水質：弱酸性〜中性
エサ：人工飼料、生き餌

　パラグアイ水系に広く分布する、古くから親しまれているポピュラーなアピストグラマ。地域変異やカラーバリエーションが多く、それらのブリード個体が輸入されている。飼育が容易なアピストグラマの入門種で、小型の水草レイアウト水槽でも飼育されることが多い。入手も容易だ。

アピストグラマ・トリファスキアータ
Apistogramma trifasciata

分布：パラグアイ水系
水温：25〜27℃
水槽：36cm以上
飼育難易度：ふつう
体長：6cm
水質：弱酸性〜中性
エサ：人工飼料、生き餌

　5大アピストと呼ばれるアピストグラマのメジャー種で、青い体色と、背ビレが美しく伸長する素晴らしいシルエットが魅力。南米からコンスタントに輸入される人気種で、採集地によってバリエーションも見られる。ペアでじっくり飼育すると、背ビレが伸長して素晴らしい個体に育ってくれる。

アピストグラマ・エリスルラ
Apistogramma erythrura

分布：マモレ川
水温：25〜27℃
水槽：36cm以上
飼育難易度：ふつう
体長：7cm
水質：弱酸性〜中性
エサ：人工飼料、生き餌

　以前は"マモレ"と呼ばれていたアピストグラマ。トリファスキアータに似た素晴らしいフォルムを持つが、本種の方がやや大きくなる。尾ビレの赤の発色は地域差や個体差が見られる。現地採集個体の輸入はあまり多くなく、ブリード個体が出回っている。飼育は容易だ。

アピストグラマ・メガプテラ
Apistogramma megaptera

分布：オリノコ川
水温：25〜27℃
水槽：36cm以上
飼育難易度：ふつう
体長：8cm
水質：弱酸性〜中性
エサ：人工飼料、生き餌

　ブライトビンデンと呼ばれる大型になるアピストグラマ。以前はオリノコ川産のアピストグラマ（オリノコミックス）として輸入されることが多かったが、近年は単独種の輸入が少量ある程度で高価になっている。じっくりと飼い込むと背ビレが伸長し、見事な魚に成長する。見た目よりも性質は温和。

アピストグラマ・ディプロタエニア
Apistogramma diplotaenia

分布：ネグロ川
水温：25〜27℃
水槽：36cm以上
飼育難易度：ふつう
体長：6cm
水質：弱酸性
エサ：人工飼料、生き餌

　その他のアピストグラマとはひと味違う雰囲気を持った、独特な細身の体形の小型種。かつてはマニア垂涎種であったが、現在では輸入量も多くなって、ブリード個体なら安価で入手することができる。一見弱々しい感じだが、飼育は難しくなく、落ち着いた環境で飼育できれば繁殖も楽しめる。

シクリッドの仲間

アーリー
Scicenochromis fryeri

分布：マラウィ湖
水温：25～27℃
水槽：60cm以上
飼育難易度：ふつう

体長：15cm
水質：中性～弱アルカリ性
エサ：人工飼料、生き餌

アフリカン湖産シクリッドの代表種としてよく知られた種類で、"アーリー"の名で親しまれている。一般に流通しているのは養殖ものだが、他種との交雑が進み純血のものは少ない。ごく少数だがヨーロッパでブリードされた純血のものも輸入される。養殖ものなら飼育も容易だ。

イエローピーコック
Aulonocara baensci

分布：マラウィ湖
水温：25～27℃
水槽：60cm以上
飼育難易度：ふつう

体長：12cm
水質：中性～弱アルカリ性
エサ：人工飼料、生き餌

"アーリー"と並び、古くから親しまれているアフリカの湖産シクリッドの代表種。青いものが多いマラウィ湖産シクリッドの中で、印象の異なる黄色い体色が人気を集めている。養殖ものを中心に流通しており、飼育、繁殖ともに容易。近縁種や改良されたものも多くいる。

アウロノカラ"スーパーオレンジ"
Aulonocara baensci var.

分布：改良品種
水温：25～27℃
水槽：60cm以上
飼育難易度：ふつう

体長：12cm
水質：中性～弱アルカリ性
エサ：人工飼料、生き餌

アウロノカラの仲間は海外での人気が高く、様々な品種、改良タイプが作出されている。本種もそうした改良品種のひとつで、ヨーロッパ以外でも台湾などで養殖されている。養殖が進んでいるため、餌や水質等にも幅広い順応性を見せ、飼育、繁殖ともに容易に楽しめる。

イエローストライプシクリッド
Melanochromis auratus

分布：マラウィ湖
水温：25～27℃
水槽：60cm以上
飼育難易度：やさしい

体長：10cm
水質：中性～弱アルカリ性
エサ：人工飼料、生き餌

古くからよく知られたマラウィ湖産シクリッドの代表種で、養殖された幼魚が安価で売られている。名前の由来ともなった黄色と黒の体色は幼魚とメスだけ。成熟したオスは黒にブルーのラインが入る体色となる。順応性が高く、飼育はとても容易だが、性質は荒く、混泳は難しいことが多い。

ラビドクロミス・カエルレウス
Labidochromis caeruleus

分布：マラウィ湖
水温：25～27℃
水槽：60cm以上
飼育難易度：やさしい

体長：8cm
水質：中性～弱アルカリ性
エサ：人工飼料、生き餌

ムブナ（マラウィ湖のコケ食性シクリッドの総称）の1種で、ゴールデンゼブラやイエローストライプシクリッドと並ぶ代表種。性質は荒く、混泳に難儀することが多いため、同種、近縁種を中心に多数で飼うのが向いている。飼育、繁殖は容易で、餌も好き嫌いなく何でも食べる。

ネオランプロローグス・テトラカンサス
Neolamprologus tetracanthus

分布：タンガニーカ湖	体長：15cm
水温：25～27℃	水質：中性～弱アルカリ性
水槽：60cm以上	エサ：人工飼料、生き餌
飼育難易度：ふつう	

　15cmほどに成長するネオランプロローグス属としては大型の種類。成長すると全身にパールをまぶしたような美しい姿となる。弱アルカリ性の水質を好むが、中性程度の水質でも飼育は可能。輸入量は少なく入手は簡単ではないが、飼育は容易で繁殖も比較的簡単に狙える。

トロフェウス・ドゥボイシー
Tropheus duboisi

分布：タンガニーカ湖	体長：10cm
水温：25～27℃	水質：中性～弱アルカリ性
水槽：60cm以上	エサ：人工飼料、生き餌
飼育難易度：ふつう	

　幼魚は全身に白いスポットをまぶしたような模様だが、成長に伴い体側に黄色やオレンジのバンドを巻いたような柄へと変化する。色や柄には個体差や地域変異などもあり、いずれも美しい。生息地ではコケなどを主食とし、植物食傾向が強いが飼育下では人工飼料もよく食べる。

キフォティラピア・"フロントーサ"
Cyphotilapia gibberosa

分布：タンガニーカ湖	体長：35cm
水温：25～27℃	水質：中性～弱アルカリ性
水槽：90cm以上	エサ：人工飼料、生き餌
飼育難易度：ふつう	

　タンガニーカ湖産シクリッドでも随一の人気を誇る大型種。産地により体型や体色にバリエーションがあり、体色が青みがかるものの人気が特に高い。ブリードものも流通しており、ごく小さなものが安価で入手できる。成長はそれほど速くないが、大きくなると見事な姿となる。

ジュリドクロミス・オルナトゥス
Julidochromis ornatus

分布：タンガニーカ湖	体長：8cm
水温：25～27℃	水質：中性～弱アルカリ性
水槽：60cm以上	エサ：人工飼料、生き餌
飼育難易度：ふつう	

　岩などの周辺に暮らすジュリドクロミスの仲間。いずれの種も飼育、繁殖ともに容易で、岩組みなどから知らないうちに幼魚が顔を出すこともしばしば。本種は黄色味が強い体色が特徴で、かつてはジュリドクロミス属随一のポピュラー種だった。現在は輸入量はあまり多くない。

シクリッドの仲間

レッドジュエルフィッシュ
Hemichromis lifalili

分布：コンゴ、コンゴ川
水温：25〜27℃
水槽：45cm以上
飼育難易度：やさしい
体長：10cm
水質：弱酸性〜中性
エサ：人工飼料、生き餌

真っ赤な身体にその名の通り宝石をちりばめたような青いスポット模様が入る美種。飼育、繁殖ともに容易な古くからのポピュラー種。性質はやや荒いが、他種との混泳も可能。水質にも幅広い順応性を見せ、餌の好き嫌いもなくビギナーでも簡単にその美しさが楽しめる種だ。

ペルヴィカクロミス・プルケール
Pelvicachromis pulcher

分布：ナイジェリア、カメルーン
水温：25〜27℃
水槽：45cm以上
飼育難易度：やさしい
体長：10cm
水質：弱酸性〜中性
エサ：人工飼料、生き餌

アフリカ産のシクリッドではもっとも入手しやすい小型種。流通するのは養殖ものだが、きちんと飼えば腹部にピンク色を発色し、値段以上の満足感を与えてくれる。飼育、繁殖ともに容易で、他種との混泳も可能。少しだがコケも食べるので、水草水槽でも活躍してくれる。

ペルヴィカクロミス・タエニアートゥス
Pelvicachromis taeniatus

分布：西アフリカ
水温：25〜27℃
水槽：45cm以上
飼育難易度：ふつう
体長：8cm
水質：弱酸性〜中性
エサ：人工飼料、生き餌

南米のアピストと双璧をなすアフリカ産の小型シクリッドの美種。採集地の名前で流通することが多く、色や柄などに様々な変異があることからコレクション性も高い。輸入量は少なく、ややマニアックだが、飼育自体は難しいものではなく、うまく飼えば繁殖まで楽しめる。

アノマロクロミス・トーマシィ
Anomalochromis thomasi

分布：シェラレオーネ
水温：25〜27℃
水槽：45cm以上
飼育難易度：やさしい
体長：7cm
水質：弱酸性〜中性
エサ：人工飼料、生き餌

状態が上がると体色が黄色味を帯び、そこにちりばめられたように発色するブルーのスポットが美しい可愛らしい小型シクリッド。見た目の綺麗さ、可愛らしさもさることながら、水槽内に発生する貝を食べてくれるため水草水槽で飼われることが多い。飼育は容易で繁殖も楽しめる。

ヘロティラピア・ブティコフェリィ
Heterotilapia buttikoferi

分布：シェラレオーネ、リベリア
水温：25〜27℃
水槽：90cm以上
飼育難易度：ふつう
体長：30cm
水質：中性〜弱アルカリ性
エサ：人工飼料、生き餌

黒い体に白いバンド模様が入る大型シクリッド。幼いうちは色や柄のメリハリもはっきりしており、美しく可愛いが、20cmを超える。性質は荒く、攻撃的な面がある。反面、こうした性質や大型化する部分など、中米産シクリッドに通じる魅力があり、シクリッドファンからの人気が高い。

アナバス・スネークヘッドの仲間
（スズキ目アナバス亜目／タイワンドジョウ亜目）

　キノボリウオ亜目とも呼ばれるアナバスの仲間。ラビリンス器官という独特の呼吸器官を持ち、空気呼吸ができるという特徴を備えている。同じスズキ目に属する中では近縁とされ、同様の上鰓器官を備えるという共通の特徴があるタイワンドジョウ亜目（スネークヘッドの仲間）もここに掲載している。空気呼吸が可能な以外にも、飼育する上では飛び出しに特に注意が必要というおかしな？　共通点があるのも面白いところだ。

ショーベタ
Betta splendens var.

分布：改良品種
体長：7cm
水温：24 〜 28℃
水質：弱酸性〜中性
水槽：30cm以上
エサ：人工飼料、生き餌
飼育難易度：やや難しい

　ヒレや体型、色彩を改良してコンテストなどで競い合えるクオリティに仕上げたものがショーベタ。ベタの改良品種の最高峰の位置づけになる。尾ビレの条数が多くされ、大きく広がるヒレが特徴。現在は尾ビレが半月状に広がるハーフムーンと呼ばれる品種が人気。そのヒレを美しく保つのは難しい。価格は品種のランクによって異なる。

キャンディーギャラクシーハーフムーン

　キャンディーにメタリックな鱗の表現がプラスされた、ギャラクシーと呼ばれる品種。

キャンディベールテール

ハイクオリティなベールテール個体。複数の配色が美しく、尾の形も素晴らしい。

ブラックサムライスーパーデルタテール

ハーフムーンと見間違えるほどの尾ビレの開きを見せるスーパーデルタテール。サムライと呼ばれる品種のひとつ。

メタリックマスタードスーパーデルタテール

黄色の発色に明るいブルーメタリックが乗る、マスタードと呼ばれる個体。尾ビレも美しい。

スーパーレッドハーフムーン

単色のソリッド系と呼ばれるタイプ。スーパーレッドと呼ばれる、全身が赤1色に染まる品種は特に美しい。

スーパーオレンジハーフムーン

ハーフムーンのお手本のような体形と淡いオレンジ色が美しいソリッドタイプの品種。

ロイヤルブルーハーフムーン

頭部にまでブルーの入る、素晴らしいクオリティのハーフムーン。全身が濃紺色に染まり美しい。

スチールブルーハーフムーン

スチールと呼ばれるように、金属を思わせる発色の品種。ブルーグレーの発色が特徴。

ホワイトダンボハーフムーン

真っ白な体色が美しい品種。ハーフムーンにかかわらずホワイトは人気のベタだ。特にダンボ品種の人気は高い。

オーロラハーフムーン

一見単色系のベタにも思えるが、見る角度によって様々な発色に見えるオーロラ。比較的新しい発色の品種。

アルマゲドンハーフムーン

近年人気の高い品種になっている、各ヒレに流れるようなレッドスポットが入る品種。オレンジが基調の体色が美しい。

アナバス・スネークヘッドの仲間

マスタードグリーンハーフムーン

ボディーがブルーグリーンの発色を見せる、マスタードタイプのハーフムーン個体。

ブルーブラックネオンハーフムーン

明るいブルーの発色が美しいハーフムーン。ブラックとのメリハリも素晴らしい。

**ラベンダー
ハーフムーンフェザーテール（コンノック）**

フェザーテールの中でも鳥の羽感がさらに強い個体を、「コン（羽）ノック（鳥）」（タイ語）として区別している。

ラベンダートリバンドハーフムーン

トリバンドのカラーパターンが特徴の、淡い色彩が美しいラベンダー系のハーフムーン。

**バイオレットパープル
ダンボハーフムーン**

淡い紫のカラーバランスの良い美しいハーフムーン。白くて大きな胸ビレは女性に人気が高い。

ブルーバタフライハーフムーン

メリハリのあるカラーパターンが美しい、バタフライと呼ばれる品種のブルータイプ。

マスタードトリバンド
ダンボハーフムーン

これまでのマスタードとはかなり印象が違い、トリバンドのカラーパターンの品種。

ブルーファンシーハーフムーン

ブルーの発色が強いファンシー系のハーフムーン。爽やかな印象のヒレも美しい。

マルチカラーハーフムーン

メタリックな発色が素晴らしい、マルチカラーのハーフムーン個体。

コイベタハーフムーン

もっとも人気の高い品種のひとつがコイベタ。当初はプラカット（P124）からのスタートだったが、ハーフムーンも多く見られるようになっている。

キャンディー
ハーフムーン

キャンディー系のハーフムーン個体。オレンジの色が入ることにより、より一層ポップになっている。

アナバス・スネークヘッドの仲間

クラウンテール
Crown Tail

尾ビレや背ビレ、臀ビレの軟条が伸長し、王冠状のものをクラウンテールと呼んでいる。櫛状のものはコームテールと呼ばれているが、近年では見なくなっている。

レッドクラウンテール
全身に深い赤を発色する、レッド系のクラウンテール。

オレンジクラウンテール
安価で販売されていた個体だが、オレンジの発色、尾ビレのクオリティも文句のないレベル。

ブルークラウンテール
青い大きな尾ビレが美しい、ブルー系のクラウンテール。レイアウト水槽内でも存在感がある。

ホワイトクラウンテール
他のテールカテゴリーでも人気の高い、全身ホワイトのクラウンテール。輪郭をはっきり見ることができるので、クラウンテールに向いている。

パステルクラウンテール

パステルと呼ばれるカラーパターンのクラウンテール。カラーバランスの面白い品種。

レッドグリッセルクラウンテール

この個体は赤が強いパステルのような発色を見せるクラウンテール。新しいカラーのグリッセルは見逃せない。

ラベンダーカッパーダンボクラウンテール

カッパー系のラベンダー個体で、クオリティの高いヒレを持つクラウンテール。クラウンテールでダンボ品種なのも素晴らしい。

キャンディクラウンテール

キャンディカラーのクラウンテール。この個体のような黒目が人気のようだ。

ブラックオーキッドクラウンテール

軟条のカーブはなく、ややキングテール状の個体。シックな体色が素晴らしいクラウンテールだ。

アナバス・スネークヘッドの仲間

ダブルテール
Crown TailDouble Tail

2つの尾ビレを持つことが最大の特徴のテールタイプ。尾ビレと共に臀ビレが背中側に移行してしまったために、背ビレが大きくなると言う副産物が得られた。

レッドダブルテール
赤い発色が美しいダブルテール。赤の面積が大きいので、とても豪華で存在感がある個体になっている。

ブルーダブルテール
ややクラウンテールの血が見られる、ブルーのダブルテール。安価なベールテールと同じ価格帯で販売されているのが嬉しい。

ブルーホワイトダブルテール
クリアーな体色が美しいダブルテール。ブルーの発色には個体差があるので、個体選びが楽しい。

ブラックダブルテール
黒を基調とした体色のダブルテール。ダブルテールにも多くの色彩が見られるようになっている。

バイカラーダブルテール
バイカラーと呼ばれる2色のカラーパターンの品種。ブルーグリーンのボディと、エッジに赤い発色を見せる。

フルムーン
Full Moon

―

ダブルテールの境界線が重なりハーフムーンにも見える尾ビレと、ダブルテールの背ビレを持つことによって、最も大きなヒレを持つのがフルムーンと呼ばれる品種。

オレンジダルメシアンフルムーン

不規則なオレンジのスポット模様が入る美しいフルムーン。近年作出された新しい品種のひとつ。

レッドグリッセルフルムーン

グリッセルのカラーパターンを持つフルムーン。派手な色彩が美しい人気品種。

イエローキャンディーダンボフルムーン

キャンディー系のフルムーン。近年ではダンボのヒレを持つ個体も多くなっている。

プラカット
Plakat

元はタイで闘魚として作出されたもので、その中から色彩的に優れた個体が観賞用に移行された。体型はがっちりしていて、色彩的にもっともバリエーションが多い。

ピュアレッドプラカット

ハイクオリティなソリッド系のプラカット。ハイクオリティな個体は比較的高価だ。

オレンジプラカット

オレンジの発色が綺麗なプラカット。微妙な色具合なので、オレンジの個体は比較的少なくレア。

スーパーイエロープラカット

全身にイエローを発色するソリッド系プラカット。やや赤みが強い個体だ。

フルメタルブループラカット

全身がメタリックブルーに包まれた、ソリッド系プラカット。

フルメタルグリーンプラカット

本品種も全身メタリックグリーンの発色が美しい、ソリッド系のプラカット。

プラチナホワイトダンボプラカット

ダンボの胸ビレを持つ、プラチナホワイトのプラカット。白の発色がより鮮やかになっている。

ディープメタルレッドプラカット

赤とスカイブルーの発色が素晴らしい、美しいカラーバランスの個体。

アルマゲドンプラカット

アルマゲドンと呼ばれている、ヒレにスポットが入る新しい品種。

レッドトッププラカット

金魚の丹頂を思わせる、クリアーホワイトのレッドトップ個体。

ラベンダープラカット

紫色が可愛らしいプラカット。ヒレのエッジの発色がアクセントになっている個体。

バイオレットパープルダンボプラカット

深い紫色の発色を持つプラカット。紫色は幅が広いので、気に入った発色の個体を探すのも楽しい。

オレンジサムライプラカット

メタリックなボディに、各ヒレがオレンジに発色するプラカット。

マスタードカッパー
ダンボプラカット

黄色を発色するカッパー系のプラカット。胸ビレにもカッパーの発色が見られる。

マスタードトリバンド
ダンボプラカット

カラーバランスが美しい、3色トリバンドのプラカット。ボディは紫色の発色を見せる。

ブルーマーブルプラカット

ホワイトとブルーがバランスよく発色している個体。頭部が白いと明るい印象になる。

ファンシートリカラー
プラカット

様々な色を発色するファンシー系のプラカット。好みの個体を選ぶのが楽しい。

キャンディーニモ プラカット

コイベタから派生したキャンディー。その中で、オレンジと黒のバランスが良い個体はニモとも呼ばれている。

コイベタレッド

赤が強いコイベタ。ただ、コイベタと言うにはもう少し白い部分が多い方が良い。

コイベタレッドアイ

珍しい赤目のコイベタ。カラーバランスがとても良い個体。

コイカッパープラカット

カッパー系のコイベタ。独特のメタリックが乗っているので、シックなイメージ。

ギャラクシープラカット

キャンディーに、メタリックなスポットが入る品種はギャラクシーと呼ばれている。

ヘルボーイプラカット

比較的新しく作出された品種。深い赤に独特な黒の入り方を見せる。

デビルスタープラカット

ヘルボーイにメタリックラメが入った感じのプラカット。

キャンディー ダブルテールプラカット

キャンディー系のダブルテール品種。まだまだレアな品種と言える。

クラウンテールプラカット

この個体は、クラウンテールのプラカットが作出され始めた頃の魚。

プラチナホワイト
ジャイアントダンボプラカット

ジャイアントと呼ばれる、大型に成長するプラカット。ダンボ品種はヒレの大きさから圧倒的な存在感がある。

レッドドラゴン
ジャイアントプラカット

ジャイアントは大きくなると体型が崩れがちだか、この個体は綺麗なフォルムのまま成長できている。

アバタージャイアント
ダブルテールプラカット

インドネシアから新しく輸入されている品種。かなり個性的な発色だ。

ポピュラーなベールテール
Betta splendens var.Popular Veil Tail

分布：改良品種
体長：7cm
水温：24〜28℃
水質：弱酸性〜中性
水槽：20cm以上
エサ：人工飼料、生き餌
飼育難易度：やさしい

「並ベタ」や「トラディショナルベタ」などと呼ばれ、「ベタ」として古くから親しまれているポピュラーな熱帯魚。小さなケースで安価で販売されているためいつでも購入することができるが、色彩はとても派手でアクアリウム初心者にとても人気が高い。オス同士は激しく戦うので混泳はできないが、他の魚とは比較的混泳可能。

ソリッドレッド

真っ赤な体色が美しい、ソリッドレッドのベールテール。赤の発色にも個体差があるので、好みの個体を探す楽しみもある。

クリアーオレンジ

透明感のある色彩が美しい、オレンジのベールテール。オレンジの中でも薄いオレンジで、しかもヒレがクリアーなので爽やかなイメージ。

レッドフィンオレンジ

ヒレが赤く発色するオレンジ系のベールテール。光の当たり方によって色々な色に見えるのが楽しい。

アナバス・スネークヘッドの仲間

パイナップルイエロー

鱗が黒く発色することによってとても面白い体色で、その姿がパイナップルのように見えるため、この名で呼ばれる。

ホワイト

全身が真っ白のベールテール。以前はこれらの仲間の中では比較的高価であったが、最近では他の品種と同様に安価になっている。

バイオレットパープル

紫の発色が美しいベールテール。ソリッドレッドのベタよりも淡い感じが可愛らしく見える。

ブルー

とてもポピュラーな色彩のベールテール。全身が真っ青な個体よりも、写真の個体のようにやや赤が入っている個体が多く見られる。

パステル

鮮やかなパステルカラーを持つベールテール。ショップでベタを見ていると、このような個体も見られるので色々探すと面白い。

パープルバタフライ

バタフライと呼ばれるカラーパターンを持つベールテール。紫の体色を持っているので、パープルバタフライと呼ばれる。

ベタ・スプレンデンス
Betta splendens

分布：タイ
水温：25 ～ 28℃
水槽：30cm以上
飼育難易度：ふつう
体長：5cm
水質：弱酸性
エサ：人工飼料、生き餌

　小さなビンに入って売られているベタ。そして、プラカットもショーベタも、そのすべての元となったのがこの魚。これまではほとんど輸入されることがなかったが、最近は少数ではあるものの、採集地別に輸入されるようになった。かなり気性が荒く、混泳はもちろん不可。

ベタ・イムベリス
Betta imbellis

分布：タイ、マレーシア
水温：25 ～ 28℃
水槽：30cm以上
飼育難易度：ふつう
体長：5cm
水質：弱酸性
エサ：人工飼料、生き餌

　改良品種以外のベタ属の魚はワイルドベタと呼ばれているが、その中でも本種は古くから輸入されている種類。地域変異が見られ、数タイプが知られる。体色を引き出すには、弱酸性の軟水で飼育したい。

ベタ・スマラグディナ
Betta smaragdina

分布：タイ、ラオス
水温：25 ～ 28℃
水槽：30cm以上
飼育難易度：ふつう
体長：6cm
水質：弱酸性
エサ：人工飼料、生き餌

　ブルーグリーンの発色が強くなる美しいワイルドベタ。採集地によって差が見られるため、採集地の名が付いて輸入される。ベタの中では穏和だが、やはりペアで飼育したい魚と言える。

ベタ・マハチャイエンシス
Betta mahachaiensis

分布：タイ
水温：25 ～ 28℃
水槽：30cm以上
飼育難易度：ふつう
体長：6cm
水質：中性
エサ：人工飼料、生き餌

　バンコク近郊のマハチャイに生息する美しいベタで、スペード状の尾ビレが特徴的。マハチャイは海に近く、生息地も海の影響がある場所だが、中性前後の水質で問題なく飼育できる。

ベタ・ヘンドラー
Betta hendra

分布：ボルネオ島（カリマンタン）	体長：5cm
水温：25〜28℃	水質：中性
水槽：30cm以上	エサ：生き餌
飼育難易度：ふつう	

　各ヒレに特徴的なブラックスポットを持った美種で、赤（系）ベタの仲間とは思えない程の強いブルーを発色するベタ。体形は赤（系）ベタなのに驚きの体色だ。近年は輸入量も増えている。

ベタ・ウベリス
Betta uberis

分布：ボルネオ島（カリマンタン）	体長：5cm
水温：23〜28℃	水質：弱酸性
水槽：30cm以上	エサ：生き餌
飼育難易度：ふつう	

　以前は生息地からパンカランブーンの名で呼ばれていたベタ。派手な色彩を持っていて、体側の斑には個体差がある。他の種類とは背ビレの軟条数が多いことで見分けられる。

ベタ・コッキーナ
Betta coccina

分布：スマトラ島	体長：5cm
水温：23〜27℃	水質：弱酸性
水槽：30cm以上	エサ：生き餌
飼育難易度：ふつう	

　赤系の体色を持った細身のワイルドベタのことを「赤ベタ」と呼んでいる。本種はその赤ベタのポピュラー種で、古くから輸入されているポピュラーなワイルドベタ。本来の色彩を引き出すには、弱酸性のブラックウォーターでの飼育が望ましい。

ベタ・リビダ
Betta livida

分布：マレー半島	体長：5cm
水温：23〜27℃	水質：弱酸性
水槽：30cm以上	エサ：生き餌
飼育難易度：ふつう	

　マレー半島に生息する赤ベタの1種。胸ビレの先端が青白いことや、体側のスポットが小さいなどの違いからベタ・コッキーナと見分けられる。落ち着いた環境で飼育すると、深い赤を発色する。

ベタ・ルティランス
Betta rutilans

分布：ボルネオ島（カリマンタン）
水温：23〜27℃
水槽：30cm以上
飼育難易度：ふつう
体長：4cm
水質：弱酸性
エサ：生き餌

　ボルネオ島産の赤ベタの1種。腹ビレの先端以外が真っ赤に発色する目のブルーが強いイメージ。小型種だが性質は荒く、オスを同じ水槽で複数飼育すると激しく喧嘩をするので注意が必要だ。

ベタ・ブロウノルム
Betta brownorum

分布：ボルネオ島北西部
水温：23〜28℃
水槽：30cm以上
飼育難易度：ふつう
体長：5cm
水質：弱酸性
エサ：生き餌

　ボルネオ島北西部に生息する赤ベタの仲間。体側のグリーンのスポットが最大の特徴で、このスポットの有無でルティランスと見分けられる。このスポット模様は採集地や個体によっても差が見られる。性質は少々荒いが、ルティランスほどではない。

ベタ・シンプレックス
Betta simplex

分布：タイ
水温：2〜28℃
水槽：30cm以上
飼育難易度：ふつう
体長：6cm
水質：中性〜弱アルカリ性
エサ：人工飼料、生き餌

　タイ南部クラビのクリアーウォーターに生息する、小型のマウスブルーディングベタ。生息地は弱アルカリ性の水質だが、中性前後の水質で問題なく飼育できる。この仲間の中では輸入量が多く、比較的コンスタントに輸入されている。

ベタ・タエニアータ
Betta taeniata

分布：ボルネオ島北西部
水温：24〜28℃
水槽：30cm以上
飼育難易度：ふつう
体長：7cm
水質：中性
エサ：人工飼料、生き餌

　シンプレックスに近縁の小型のマウスブルーディングベタ。ヒレのエッジに鮮やかなブルーが入り、エラ蓋にも塗ったようにブルーが入る美種だが、近年は輸入が途絶えているのが残念。再開を期待したい。

ベタ・プグナックス
Betta pugnax

分布：マレー半島
水温：25～28℃
水槽：40cm以上
飼育難易度：やさしい
体長：12cm
水質：弱酸性～中性
エサ：人工飼料、生き餌

　大型のマウスブルーディングベタとして古くから知られている。分布域が広いために多くの地域変異が知られ、体色にかなりの違いが見られる。少し大きめの水槽で、ゆったりペア飼いしたい。

ベタ・ルブラ
Betta rubra

分布：スマトラ島
水温：25～28℃
水槽：36cm以上
飼育難易度：ふつう
体長：6cm
水質：弱酸性
エサ：人工飼料、生き餌

　比較的最近になって紹介れた、スマトラ島北部に生息する小型種。赤の発色が素晴らしい美種で、人気種となっている。不定期ながら、輸入量が増えてきているのが嬉しい。飼育、繁殖もそれほど難しくないようだ。

ベタ・フォーシィ
Betta foerschi

分布：ボルネオ島（カリマンタン）
水温：25～28℃
水槽：36cm以上
飼育難易度：ふつう
体長：8cm
水質：弱酸性
エサ：人工飼料、生き餌

　ブルーの体色とエラ蓋の赤のコントラストが素晴らしい美魚。地域バリエーションも知られ、ワイルドベタ愛好家に人気の高い。一時期は大量に輸入されていたが、最近では輸入量も少なくなっている。繁殖はやや難しい部類に入る。

ベタ・クラタイオス
Betta krataios

分布：ボルネオ島（カリマンタン）
水温：25～28℃
水槽：30cm以上
飼育難易度：ふつう
体長：8cm
水質：弱酸性
エサ：人工飼料、生き餌

　以前はタヤンと呼ばれていたマウスブルーディングベタの1種。頬を中心に発色する深いブルーが印象的な種類だ。ベタ・ディミディアータと混生しているため、同時に輸入されることが多い。輸入量は多くないが、飼育は難しくない。

ベタ・アルビマルギナータ
Betta albimarginata

分布：ボルネオ島（カリマンタン）　体長：5cm
水温：25～28℃　水質：弱酸性
水槽：30cm以上　エサ：人工飼料、生き餌
飼育難易度：ふつう

　最も小型のマウスブルーディングベタのひとつ。赤の発色とヒレのエッジの白が素晴らしい体色が魅力的だ。最近では輸入量も増えて入手しやすくなっている。飼育、繁殖ともに難しくない。

ベタ・マクロストマ
Betta macrostoma

分布：ボルネオ島（ブルネイ）　体長：10cm
水温：23～25℃　水質：弱酸性
水槽：45cm以上　エサ：人工飼料、生き餌
飼育難易度：難しい

　"ブルネイビューティー"の通称もある美種で、ワイルドベタの最高峰として君臨し続けている。ブルネイとその近隣のジャングルの奥地に生息する。輸入量が少なく高価。飼育も難しい種類である。

ベタ・オケラータ
Betta ocellata

分布：ボルネオ島北東部　体長：13cm
水温：23～27℃　水質：中性～弱アルカリ性
水槽：45cm以上　エサ：人工飼料、生き餌
飼育難易度：ふつう

　メタリックに輝く美しいベタで、ボルネオ島に生息する大型のマウスブルーディングベタ。この仲間の中では珍しく中性から弱アルカリ性の水質を好む。最近は輸入量が少なくなっている。

リコリスグーラミィ
Parosphromenus tweediei

分布：マレー半島　体長：3.5cm
水温：25～28℃　水質：弱酸性
水槽：30cm以上　エサ：生き餌
飼育難易度：やや難しい

　リコリスグーラミィの代表的な種類。近縁種やよく似た種類が多いが、この名前で販売されているのが本種。状態があがると、体側に赤いラインを発色し、美しくなる。飼育はやや難しく、弱酸性の水質を好む。これらの仲間は、単独種飼育の方が美しい色彩を出せる。

アナバス・スネークヘッドの仲間

パロスフロメヌス・ナギィ
Parosphromenus nagyi

分布：マレー半島　体長：4cm
水温：25～28℃　水質：弱酸性
水槽：30cm以上　エサ：生き餌
飼育難易度：やや難しい

　青の発色が強く、青系と呼ばれるリコリスグーラミィ。近年輸入量は多くないが、この仲間では比較的ポピュラーな種類で、飼育難易度もそれほど高くない。状態が良く色が揚がると、真っ黒と言える程の色になる。飼育には弱酸性の良好な水を用意し、落ち着いた環境で飼育したい。

パロスフロメヌス・パルディコラ
Parosphromenus paludicola

分布：マレー半島　体長：4cm
水温：25～28℃　水質：弱酸性
水槽：30cm以上　エサ：生き餌
飼育難易度：やや難しい

　他のリコリスグーラミィに比べると、体高のある独特の体形が特徴的な種類。また、ピンテールも特徴的。ヒレ全体が赤紫色に染まり、各ヒレのエッジが青白くなる美種でもある。他のリコリスグーラミィと同様に弱酸性の軟水を好む。

パロスフロメヌス・アラニィ
Parosphromenus allani

分布：ボルネオ島北東部　体長：3.5cm
水温：25～28℃　水質：弱酸性
水槽：30cm以上　エサ：生き餌
飼育難易度：やや難しい

　ボルネオ島北東部に生息しているリコリスグーラミィで、現在では輸入がストップしており、入手困難となっている。尾ビレの付け根付近にあるスポットが印象的で、他種と間違うことは少ない。赤の発色がとても強い種類でもある。

パロスフロメヌス・アンジュンガンエンシス
Parosphromenus anjunganensis

分布：ボルネオ島（カリマンタン）　体長：3.5cm
水温：25～28℃　水質：弱酸性
水槽：30cm以上　エサ：生き餌
飼育難易度：やや難しい

　尾ビレの赤の発色が美しいリコリスグーラミィ。体に模様がなく、ヒレ全体がエンジ色で染まるため、他種との区別は容易にできる。弱酸性の軟水でじっくり飼育したい。比較的入荷量も多く、入手は容易。

パロスフロメヌス・スマトラヌス
Parosphromenus sumatranus

分布：スマトラ島　体長：3cm
水温：24～28℃　水質：弱酸性
水槽：30cm以上　エサ：生き餌
飼育難易度：やや難しい

　比較的古くから輸入されている小型のリコリスグーラミィ。比較的最近になって記載され学名が付いた。背ビレのスポットから"ドーサルスポット"と呼ばれる。輸入量は比較的多く、安価で購入できる。

パロスフロメヌス・リンケイ
Parosphromenus linkei

分布：ボルネオ島（カリマンタン）　体長：3.5cm
水温：23～28℃　水質：弱酸性
水槽：30cm以上　エサ：生き餌
飼育難易度：やや難しい

　体側中央のスポットと、美しいピンテールの尾ビレが特徴のリコリスグーラミィ。このスポットには1～2個と個体差がある。各ヒレには青いスポットが入り、非常に美しい種類として人気がある。

パロスフロメヌス・オルナティカウダ
Parosphromenus ornaticauda

分布：ボルネオ島（カリマンタン）　体長：3cm
水温：23～28℃　水質：弱酸性
水槽：30cm以上　エサ：生き餌
飼育難易度：やや難しい

　強い赤を発色し、尾ビレの形も特徴的な小型のリコリスグーラミィ。小さなリコリスグーラミィの中でも、とりわけ小型種なので単独種飼育が望ましい。餌などにも十分気を使う必要があり、ブラインシュリンプの幼生は不可欠だ。輸入量はそれほど多くない。

パロスフロメヌス・クインデシム
Parosphromenus quindecim

分布：ボルネオ島（カリマンタン）　体長：5cm
水温：23～27℃　水質：弱酸性
水槽：30cm以上　エサ：生き餌
飼育難易度：やや難しい

　この仲間の中では大きくなる種類で、5cm程度にまで成長する。とは言え混泳には向いておらず、単独種飼育が適しているのはその他の種類と同じ。人工飼料に餌付きにくいリコリスグーラミィの飼育は、生き餌がメインとなるので、ブラインシュリンプの幼生をこまめに与えたい。

マルプルッタ・クレツェリィ
Malpulutta kretseri

分布：スリランカ　体長：6cm
水温：25～28℃　水質：弱酸性～中性
水槽：36cm以上　エサ：生き餌
飼育難易度：ふつう

　スリランカだけに生息する1属1種の固有種で、輸入状況はスリランカの情勢に左右されるため、近年はストップしている。小型種だが飼育はそれほど難しくない。動物性の餌を好むが、慣らせば人工飼料も食べる。

チョコレートグーラミィ
Sphaerichthys osphromenoides

分布：マレー半島南部、スマトラ島　体長：5cm
水温：25～28℃　水質：弱酸性
水槽：36cm以上　エサ：生き餌
飼育難易度：やや難しい

　マニアを中心に人気の高い魚で、コンスタントに輸入されている。しかし、輸入状態が悪いと飼育は難しい。弱酸性の軟水を常にキープし、できれば単独種飼育が適している。採集地によって色彩に差が見られる。

スファエリクティス・セラタネンシス
Sphaerichthys selatanensis

分布：ボルネオ島　　体長：5cm
水温：25〜28℃　　水質：弱酸性
水槽：36cm以上　　エサ：生き餌
飼育難易度：やや難しい

　以前は*Sphaerichthys osphromenoides*と亜種関係だったチョコレートグーラミィの仲間。チョコレートグーラミィに比べて、体側中央に縦縞のラインがしっかり入る個体が多く、横縞のラインとクロスして見えることで見分けることができる。飼育は前種と同様でよいが、やや難しい。

スファエリクティス・バイランティ
Sphaerichthys vaillanti

分布：ボルネオ島（カリマンタン）　体長：6cm
水温：25〜28℃　　水質：弱酸性
水槽：36cm以上　　エサ：生き餌
飼育難易度：やや難しい

　もっとも美しいグーラミィのひとつで、比較的コンスタントに輸入されている。この仲間はメスの方が美しく、赤い発色や横縞模様が美しい。チョコレートグーラミィの仲間としては飼育が比較的容易で繁殖も狙える。オスが卵を咥えて守るマウスブルーダーだ。

スファエリクティス・アクロストマ
Sphaerichthys acrostoma

分布：ボルネオ島（カリマンタン）　体長：6.5cm
水温：25〜28℃　　水質：弱酸性
水槽：36cm以上　　エサ：生き餌
飼育難易度：やや難しい

　ボルネオ島に生息する、もっとも大きくなるチョコレートグーラミィの仲間。オスの多くは体側に縦のラインが入り、メスは腹部に不鮮明な横縞が入る。飼育は相対的に難しいが、この仲間の中では難しくなく繁殖も狙える。基本的に生き餌を好むが、人工飼料を食べてくれる個体もいる。

クローキンググーラミィ
Trichopsis vittata

分布：タイ、マレーシア、インドネシア　体長：6cm
水温：25〜29℃　　水質：弱酸性〜中性
水槽：30cm以上　　エサ：人工飼料、生き餌
飼育難易度：やさしい

　東南アジアに広く生息するポピュラーなグーラミィ。鳴き声を出す魚として有名で、数匹を飼育しているとテリトリー争いなどの際に「ククククッ」と音を出す。小型種だが大切に飼うとヒレが伸長して見応えのある姿となる。

ピグミーグーラミィ
Trichopsis pumila

分布：タイ、マレーシア、カンボジア　体長：4cm
水温：25〜28℃　水質：弱酸性〜中性
水槽：30cm以上　エサ：人工飼料、生き餌
飼育難易度：やさしい

　もっとも小さいグーラミィのひとつで、輸入量の多いポピュラー種。ショップでも常に見ることができる。飼育自体は容易だが、動きがゆっくりなので、餌がしっかり行き渡るように注意したい。小型で性質も温和なので、おとなしい小型種だけで飼育するとよいだろう。

ドワーフグーラミィ
Trichogaster lalius

分布：インド、バングラデシュ　体長：6cm
水温：25〜28℃　水質：弱酸性〜中性
水槽：36cm以上　エサ：人工飼料、生き餌
飼育難易度：やさしい

　古くからポピュラーな熱帯魚のひとつで、色彩の綺麗さ、可愛らしさから人気が高い。養殖されたものがコンスタントに輸入されているので、常に見ることができ安価で購入できる。とても飼いやすく、性質も温和。水草を植えた水草で小型魚と混泳するのに最適な種類と言える。

ネオンドワーフグーラミィ
Trichogaster lalius var.

分布：改良品種　体長：6cm
水温：25〜28℃　水質：弱酸性〜中性
水槽：36cm以上　エサ：人工飼料、生き餌
飼育難易度：やさしい

　ドワーフグーラミィの改良品種で、ブルーの発色をより強く発現させるよう改良されたもの。飼育はオリジナル種同様に容易だが、しっかりトリートメントがされた個体を購入したい。購入する際には、ラインが綺麗に整っている個体を選ぶと良いだろう。

コバルトドワーフグーラミィ
Trichogaster lalius var.

分布：改良品種　体長：5.5cm
水温：25〜28℃　水質：弱酸性〜中性
水槽：36cm以上　エサ：人工飼料、生き餌
飼育難易度：やさしい

　ネオンドワーフグーラミィの青さをさらに強化改良した品種で、オレンジのラインが殆どなく、全身ヒレの先までがブルー1色に包まれるインパクトの強い体色を持つ。輸入状態が悪いことが多く、入荷直後は若干弱い面があるが、落ち着いてしまえばオリジナル種同様、容易に飼える。

アナバス・スネークヘッドの仲間

サンセットドワーフグーラミィ
Trichogaster lalius var.

分布：改良品種　　体長：6cm
水温：25～28℃　　水質：弱酸性～中性
水槽：36cm以上　　エサ：人工飼料、生き餌
飼育難易度：やさしい

　ネオンドワーフグーラミィやコバルトドワーフグーラミィとは逆に、オレンジ色の部分を拡大した改良品種。ブルー系とはまた違った美しさがあり、飼育が容易で安価で買える点など、初心者でも気軽に楽しめるのも大きな魅力。こうした改良品種を集めた水槽を作ってみても面白い。

レッドグーラミィ
Trichogaster labiosa var.

分布：改良品種　　体長：8cm
水温：25～28℃　　水質：弱酸性～中性
水槽：36cm以上　　エサ：人工飼料、生き餌
飼育難易度：やさしい

　ドワーフグーラミィとよく似たシックリップグーラミィの改良品種。シックリップグーラミィの輸入はほとんどないが、このレッドグーラミィは輸入量も多く、見掛ける機会も多い。ドワーフグーラミィより大きくなるが、混泳水槽での飼育が可能。丈夫で飼育は難しくない。

ハニードワーフグーラミィ
Trichogaster chuna

分布：インド　アッサム地方　　体長：4cm
水温：25～28℃　　水質：弱酸性～中性
水槽：36cm以上　　エサ：人工飼料、生き餌
飼育難易度：やさしい

　アッサム地方に生息している小型のグーラミィ。最近になってトリコガスター属となった。状態が良い個体は喉から腹部にかけて黒く染まり、渋い魅力も持っている。輸入は養殖個体が主で、現地採集個体の輸入は少ない。

ゴールデンハニードワーフグーラミィ
Trichogaster chuna var.

分布：改良品種　　体長：4cm
水温：25～28℃　　水質：弱酸性～中性
水槽：36cm以上　　エサ：人工飼料、生き餌
飼育難易度：やさしい

　前種のハニードワーフグーラミィの改良品種で、オリジナル種よりもポピュラーな存在。明るい黄色の体色が可愛らしく、水槽内でよく目立つ。性質はとてもおとなしいため、小型レイアウト水槽などで小型種だけで飼育したい。

スリースポットグーラミィ
Trichopodus trichopterus

分布：東南アジア
水温：25〜29℃
水槽：40cm以上
飼育難易度：やさしい
体長：10cm
水質：弱酸性〜中性
エサ：人工飼料、生き餌

　とてもポピュラーなグーラミィで、古くから本種をベースに様々な改良品種が作出されている。名前の由来でもある体側のスポットが特徴だが、養殖個体では薄れてきている。飼育は容易で、初心者にお勧めの熱帯魚。

ゴールデングーラミィ
Trichopodus trichopterus var.

分布：改良品種
水温：25〜29℃
水槽：40cm以上
飼育難易度：やさしい
体長：10cm
水質：弱酸性〜中性
エサ：人工飼料、生き餌

　スリースポットグーラミィの改良品種のひとつで、黄化個体を固定したもの。東南アジアで養殖されたものが大量輸入され、安価で購入することができる。餌も何でも食べ飼育は容易なので、色々な熱帯魚を飼育する混泳水槽で飼育が楽しめる。

スネークスキングーラミィ
Trichopodus pectoralis

分布：タイ、カンボジア、マレーシア
体長：18cm
水質：弱酸性〜中性
エサ：人工飼料、生き餌
水温：25〜29℃
水槽：45cm以上
飼育難易度：やさしい

　大型に成長するグーラミィの仲間。生息数も多く、現地では食用魚として知られている。輸入量は多くないが、幼魚や若魚の養殖個体を見ることができ、20cmに迫るそこそこのサイズになるので中型魚との混泳などに向いている。飼育自体はとても容易。

パールグーラミィ
Trichopodus leerii

分布：マレー半島、スマトラ島、ボルネオ島
水温：25〜29℃
水槽：45cm以上
飼育難易度：やさしい
体長：12cm
水質：弱酸性〜中性
エサ：人工飼料、生き餌

　全身のスポット模様が美しい、アナバスの仲間の代表的な美魚。古くから人気の高いポピュラーな熱帯魚だ。幼魚がコンスタントに輸入され、成長すると尻ビレが伸長し見事な姿となる。できれば60cm以上の水槽で飼育したい。

シルバーグーラミィ
Trichogaster microlepis

分布：タイ、カンボジア	体長：14cm
水温：25〜29℃	水質：弱酸性〜中性
水槽：45cm以上	エサ：人工飼料、生き餌
飼育難易度：やさしい	

　全身に金属光沢のある細かい鱗を持つ、幻想的な雰囲気のグーラミィ。細かい鱗は剥がれやすく、網などですくう際には要注意。飼育は容易で、餌は何でも良く食べる。小型水槽で飼うにはやや大きくなるので、大きめの水槽で飼いたい。

キッシンググーラミィ
Helostoma temminckii var.

分布：改良品種	体長：20cm
水温：25〜29℃	水質：弱酸性〜中性
水槽：45cm以上	エサ：人工飼料、生き餌
飼育難易度：やさしい	

　キスをするような行動が面白い人気種だが、そのキスは実は闘争行動の1種。飼育は容易だが、大きく成長しやや気も荒いので混泳には注意が必要。飼育には60cm以上の水槽が欲しい。改良品種である本タイプがポピュラーだ。

グリーンキッシンググーラミィ
Helostoma temminckii

分布：東南アジア	体長：20cm
水温：25〜29℃	水質：弱酸性〜中性
水槽：45cm以上	エサ：人工飼料、生き餌
飼育難易度：やさしい	

　キッシンググーラミィの原種。インドシナ半島などの東南アジアに広く分布し、現地では貴重なタンパク源として食用にされている。飼育自体はとても容易だが、キッシンググーラミィは養殖個体が大量に輸入されるが、原種の輸入は稀で見る機会は多くない。

ブラックパラダイスフィッシュ
Macropodus erythropterus

分布：ベトナム	体長：13cm
水温：25〜28℃	水質：弱酸性〜中性
水槽：40cm以上	エサ：人工飼料、生き餌
飼育難易度：ふつう	

　美しいフォルムを持った、マクロポーダス属の1種で、パラダイスフィッシュと呼ばれるものの仲間。同種間では相手を殺してしまう程の激しい闘争をする。ペアでの飼育が適しているが、最初はメスが殺されてしまわないよう、隔離できる準備をしておくと安心だ。

クロコダイルフィッシュ
Luciocephalus pulcher

分布：マレーシア、インドネシア、タイ
水温：25～28℃
水槽：45cm以上
飼育難易度：やや難しい
体長：18cm
水質：弱酸性
エサ：生き餌

　独特の顔つきや食性がワニを連想させるため、クロコダイルフィッシュの名前がある。魚食性であることに加え、かなり痩せやすいので、混泳水槽での飼育には向かない。単独種でゆったり飼育したい。餌はメダカなどの小魚をこまめに与える必要がある。

ブルースポットクロコダイルフィッシュ
Luciocephalus aura

分布：ボルネオ島、スマトラ
水温：25～28℃
水槽：45cm以上
飼育難易度：やや難しい
体長：18cm
水質：弱酸性
エサ：生き餌

　ボルネオ島に生息するクロコダイルフィッシュ。前種とは体側にブルーのスポットが入ることで区別でき、そのためこの名で呼ばれている。状態良く飼育できればスポット模様も美しくなり、さらに繁殖も狙えるが、稚魚の餌の確保が大変なことを頭に入れておく必要がある。

ミクロクテノポマ・アンソルギー
Microctenopoma ansorgii

分布：コンゴ
水温：25～28℃
水槽：36cm以上
飼育難易度：ふつう
体長：8cm
水質：弱酸性～中性
エサ：人工飼料、生き餌

　小型美魚として古くから知られる、アフリカに生息する小型のアナバンテッド。飼育には流木や水草などでシェルターを多く作ってやるとよい。状態があがると黒とオレンジの美しい横縞を見せてくれる。輸入状態が良ければ飼育は難しくない。

ミクロクテノポマ・ファスキオラートゥム
Microctenopoma fasciolatum

分布：カメルーン、コンゴ
水温：25～28℃
水槽：36cm以上
飼育難易度：ふつう
体長：8cm
水質：弱酸性～中性
エサ：人工飼料、生き餌

　ブルーの発色が美しい、アフリカ産のアナバンテッド。やや体高があるので、ヒレの大きさもあいまって迫力があるフォルムだ。輸入量は多くなく、アナバスの仲間に強いショップでの購入になる。飼育は難しくなく、本種が食べてしまわない魚との混泳は可能だ。

オスフロネームスグーラミィ
Osphronemus goramy

　アナバスの仲間の最大種で、グーラミィとは思えない大型魚となる。東南アジアでにポピュラーな食用魚で、養殖も盛んに行われている。10cm前後の幼魚が輸入されるが、飼育は容易で、どんなものでもよく食べて巨大に成長する。性質はやや荒く、混泳は要注意。大型の水槽が必要。

分布：東南アジア
体長：80cm以上
水温：25～29℃
水質：中性
水槽：120cm以上
エサ：人工飼料、生き餌
飼育難易度：ふつう

レッドフィンオスフロネームスグーラミィ
Osphronemus laticravius

分布：東南アジア　体長：60cm以上
水温：25～29℃　水質：中性
水槽：120cm以上　エサ：人工飼料、生き餌
飼育難易度：ふつう

　ヒレが赤くなるオスフロネームス属の1種で、ゴラミィ種ほどには巨大化しないが、それでも50cmを超える大型魚。飼育には大型の水槽設備が必要だが、飼育自体は容易で餌も何でもよく食べる。同種、近縁種とは多少争うが、大型水槽での混泳に向いている。

サンデリア・カペンシス
Sandelia capensis

分布：南アフリカ　体長：15cm
水温：24～28℃　水質：弱酸性～中性
水槽：40cm以上　エサ：人工飼料、生き餌
飼育難易度：ふつう

　2008年前後に少数だけ輸入された、南アフリカに生息するアナバスの仲間。かなりマニアックな魚だが、アフリカの南部にもアナバスの仲間が生息していることに驚かされる。ヨーロッパでブリードされた個体が輸入されたので、またの輸入を待ちたい。飼育は難しくない。

レインボースネークヘッド
Channa bleheri

分布：インド
水温：25～28℃
水槽：45cm以上
飼育難易度：ふつう
体長：18cm
水質：弱酸性～中性
エサ：生き餌、人工飼料

　小型スネークヘッドの中で、もっとも美しい種と知られている美魚。40cm前後の小型水槽でも十分飼育が楽しめるスネークヘッドとして貴重な存在。この仲間としてはとても温和で、飼育も容易なので初心者でも飼育が楽しめる。小型種の中では珍しく泡巣を作って産卵する。

グリーンスネークヘッド
Channa orientalis

分布：スリランカ
水温：25～28℃
水槽：45cm以上
飼育難易度：ふつう
体長：18cm
水質：弱酸性～中性
エサ：生き餌、人工飼料

　レインボースネークヘッドと同様に小型種で、あまり大きくは成長しない。近縁の小型スネークヘッドと同様のマウスブルーダーなので、同じような方法で繁殖させられるものと思われる。飼育は容易だが、やや高水温を好むようだ。コンスタントな輸入はなく、入手は難しい。

バイオレットスネークヘッド
Channa aurantimaculata

分布：インド
水温：25～28℃
水槽：90cm以上
飼育難易度：ふつう
体長：50cm
水質：弱酸性～中性
エサ：生き餌、人工飼料

　インドに生息する、ブルーと黄色味の美しいスネークヘッド。スネークヘッドの仲間としては中型種で、水槽内でのペアリングも可能。飼育は難しくなく、餌も人工飼料にも慣れてくれる。比較的コンスタントに輸入されているので、じっくり飼育したい。

オセレイトスネークヘッド
Channa pleurophthalma

分布：インドネシア
水温：25～28℃
水槽：90cm以上
飼育難易度：ふつう
体長：50cm
水質：弱酸性～中性
エサ：生き餌、人工飼料

　ブルーの体色にオレンジ色に縁取られたスポットが並ぶ、とても美しいスネークヘッド。色や柄は成長するほど鮮やかになる。幼魚がコンスタントに輸入されており、入手は容易。フラワートーマンの名で流通することが多い。飼育は容易だが30cmを超えるので、90cm以上の水槽が必要。

チャンナ・オルナティピンニス
Channa ornatipinnis

分布：ミャンマー　体長：25cm
水温：25〜28℃　水質：弱酸性〜中性
水槽：45cm以上　エサ：生き餌、人工飼料
飼育難易度：ふつう

　ミャンマー産の比較的小型のスネークヘッド。体側に入る多くのブラックスポットや、胸ビレの白いライン模様が美しい。輸入量は少なく、入手は簡単ではない。飼育は難しくないが、水槽内に隠れ家を作ってやるとよいだろう。人にもよく馴れる。

チャンナ・プルクラ
Channa pulchra

分布：ミャンマー　体長：30cm
水温：25〜28℃　水質：弱酸性〜中性
水槽：45cm以上　エサ：生き餌、人工飼料
飼育難易度：ふつう

　成長に伴いブルーを発色する美しいスネークヘッドで、C.オルナティピンニスにもよく似ている。スポット模様の入り方や、顔つき、胸ビレの模様などに差があり、区別することができる。オルナティピンニスと同様、45cm程度の水槽でも飼育が可能。

チャンナ・バルカ
Channa barca

分布：インド　体長：70cm
水温：20〜28℃　水質：弱酸性〜中性
水槽：120cm以上　エサ：生き餌、人工飼料
飼育難易度：ふつう

　素晴らしいブルーを発色する、もっとも美しいといわれる大型スネークヘッド。70cmを超えるので、飼育には120cm以上の水槽が必要になる。輸入量は少なく、現在のところとても高価で、ファン垂涎の存在となっている。餌はザリガニやエビなどを好むようで、クリルなども食べてくれる。

レッドスネークヘッド
Channa micropeltes

分布：東南アジア　体長：100cm以上
水温：25〜28℃　水質：弱酸性〜中性
水槽：150cm以上　エサ：生き餌、人工飼料
飼育難易度：ふつう

　赤く発色する幼魚時の色彩から、レッドスネークと呼ばれる超大型のスネークヘッド。成長とともに赤い発色と黒色ラインは薄れていき、紫がかったブルーの発色となる。10cm程度の幼魚が販売されているが、水槽内でも80cmを超えるので、大型水槽の準備が必要不可欠だ。

ナマズの仲間
(ナマズ目)

圧倒的な多様性を誇るのがナマズの仲間だ。日本に生息する種類こそ多くないものの、世界中では現在知られているものだけでも3000種に迫るほどで、全硬骨魚類の約10%にも及ぶ。しかも、その数は現在進行形で伸び続けており、淡水魚としてはもちろん、硬骨魚類の中でも指折りの大所帯。観賞魚としてもその多くが輸入されており、姿形の興味深さや、不思議な生態を水槽で楽しむことができる。ここでは馴染み深い187点を紹介する。

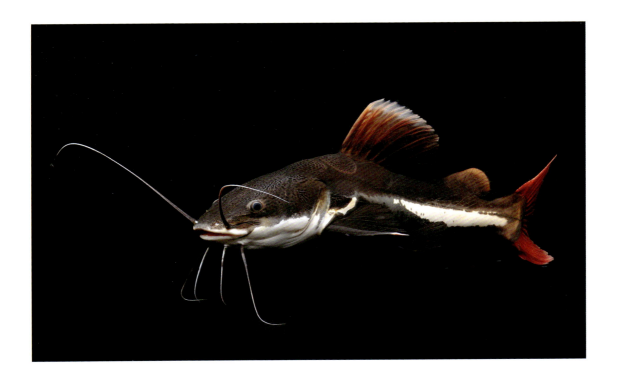

レッドテールキャット
Phractocephalus hemioliopterus

南米産大型ナマズの代表種。販売されているのは5cmほどの幼魚で、非常に可愛らしい。だが、成長は速く、90cmくらいの水槽ではすぐに持て余すようになり、引き取り依頼の多い種類でもあることは忘れるべきではない。性質はやや荒く、超大型化するので衝動買いは禁物だ。

分布：アマゾン川
体長：100cm以上
水温：25〜27℃
水質：中性
水槽：180cm以上
エサ：人工飼料、生き餌
飼育難易度：ふつう

プラチナレッドテールキャット
Phzactcephalus hemioliopterus var.

分布：改良品種　　体長：100cm以上
水温：25～27℃　　水質：中性
水槽：180cm以上　　エサ：人工飼料、生き餌
飼育難易度：ふつう

　レッドテールキャットの白変個体。以前は超高価だったが、輸入量も増え、その価格も徐々に落ちきつつある。ノーマル体色個体に比べると、性質もややおだやかで、生き餌よりも人工飼料を好む個体がいるなど、より飼いやすい印象。だが、大型化し、大型水槽が必要なことは変わらない。

タイガーショベル
Pseudoplatystoma spp.

分布：アマゾン川　　体長：100cm以上
水温：25～27℃　　水質：中性
水槽：180cm以上　　エサ：人工飼料、生き餌
飼育難易度：ふつう

　ショベル状の吻を持った古くから知られる南米産大型ナマズ。養殖された幼魚が安価で売られているが、奇形などの体型崩れが多く、本来のフォルムの美しさを堪能できない場合が多い。養殖ものは現地採集個体ほど大型化しないが、家庭で飼う魚としては巨大なサイズとなる。

プラチナタイガーショベル
Pseudoplatystoma fasciatum var.

分布：改良品種　　体長：100cm以上
水温：25～27℃　　水質：中性
水槽：180cm以上　　エサ：人工飼料、生き餌
飼育難易度：ふつう

　タイガーショベルの白変個体。模様を持たない真っ白のもの、白い体に模様が入るものとがある。いずれも輸入量は少なく高価。真っ白な体はタイガーショベルならではの美しいフォルムが際立ち、人気が高い。驚くと壁面に突進し、吻先を潰してしまうので導入後しばらくは静かに飼いたい。

プラニケプス
Sorubimichthys planiceps

分布：アマゾン川　　体長：100cm以上
水温：25～27℃　　水質：中性
水槽：150cm以上　　エサ：人工飼料、生き餌
飼育難易度：ふつう

　激流をものともしない遊泳力を持つ超大型種。幼魚は胸ビレが白く大きく可愛らしいが、成長は速い。口が大きくかなり大きな餌も食べてしまうので、混泳魚を食べられないよう注意。狭い水槽ではエラめくれが起きやすい。水流と強めのエアーレーションを入れてやるといいだろう。

ゼブラキャット
Brachyplatystoma tigrinum

分布：アマゾン川上流域　体長：70cm
水温：26〜28℃　水質：弱酸性〜中性
水槽：120cm以上　エサ：人工飼料、生き餌
飼育難易度：やや難しい

　コンスタントな輸入がある大型ナマズの人気種。やや繊細なところがあるが、餌は何でも食べるようになり、飼育自体は難しくない。酸欠に弱いのでエアーレーションは必須。攻撃的な面がある反面、打たれ弱いので混泳は魚種を選ぶところがある。なるべくなら単独飼育で楽しみたい魚だ。

ピラムターバ
Brachyplatystoma vailantii

分布：アマゾン川　体長：70cm
水温：25〜27℃　水質：中性
水槽：120cm以上　エサ：人工飼料、生き餌
飼育難易度：ふつう

　やや青み掛った銀色の体色を持つ大型種で、成長すると背中が盛り上がり迫力のある体型となる。同属他種に比べるとそこまで巨大化せず、50〜60cmほどで成長速度は鈍化する。サイズ的な面では飼いやすい種といえ、飼育自体も難しくはないが、輸入量がきわめて少なく、入手は困難。

ショベルノーズキャット
Sorubim lima

分布：アマゾン川　体長：60cm
水温：25〜27℃　水質：中性
水槽：90cm以上　エサ：人工飼料、生き餌
飼育難易度：ふつう

　かつては安価で大型ナマズの入門種的存在だったが、近年、輸入量が少なくなっており、高価になりつつある。飼育は容易で、人工飼料にも餌付く。性質もおとなしいので混泳も可能。さほど巨大化もしないので扱いやすい。成長に伴い脱皮するという変わった習性を持つ。

ゴスリニア
Brachyplatystoma platynema

分布：アマゾン川　体長：70cm
水温：25〜27℃　水質：中性
水槽：90cm以上　エサ：人工飼料、生き餌
飼育難易度：やや難しい

　ゼブラキャットに似た体型をしているが、幅広のヒゲや、腹ビレで上体を起こすように定位していることが多いなど、本種ならではの特徴も多い。輸入量は少なく、幼魚が時折、輸入されてくる程度。酸欠や移動に弱く、神経質な面もあることから、混泳向きではなく、単独飼育がお勧めだ。

ナマズの仲間

ロイヤルプレコ
Par aque nigrolineatus

分布：コロンビア　体長：30cm
水温：25～27℃　水質：中性
水槽：60cm以上　エサ：人工飼料、生き餌
飼育難易度：やや難しい

　全身を覆うライン模様が特徴的な古くからの人気種。近縁種が多いが、ロイヤルプレコと言えばコロンビアから輸入される本種のことを指す。主な餌は流木で、しっかり木を食べさせないとなかなか成長していかない。溶存酸素量の多い水を好むのでしっかりエアーレーションしたい。

プラチナロイヤルプレコ
Panaque sp.

分布：シングー川　体長：60cm
水温：25～27℃　水質：中性
水槽：90cm以上　エサ：人工飼料、生き餌
飼育難易度：やや難しい

　ブラジル、シングー川産のロイヤルプレコの1種。かなり大型になるが、大型個体での輸入は少なく、流通するのは幼魚が中心。普段はやや赤みを帯びたような体色をしていることが多いが、時折見せる光輝くような体色はプラチナの名にふさわしい見事なもの。人気の高い種類だ。

オレンジロイヤルプレコ
Panaque sp. cf.armbrusteri

分布：ブラジル　体長：50cm
水温：25～27℃　水質：中性
水槽：60cm以上　エサ：人工飼料、生き餌
飼育難易度：やや難しい

　ブラジル産のロイヤルプレコの1種。この名前で流通するものは、基本的にトカンチンス川産のものを指すが、その他の河川にも同様のタイプが生息しており、それらも輸入されることがある。シングー川のプラチナロイヤルほどではないが大型になり、40cm以上に成長する。

ゴールデンロイヤルプレコ
Panaque sp. cf.armbrusteri

分布：ブラジル　体長：50cm
水温：25～27℃　水質：中性
水槽：60cm以上　エサ：人工飼料、生き餌
飼育難易度：やや難しい

　体のラインが金色のように見えることから、ゴールデン、ゴールドラインなどの通称で流通するブラジル産のロイヤルプレコの1タイプ。一般的にはアラグアイア川産の個体を指すが、その他の河川産のものも同様の通称名で流通することがある。非常に美しいタイプのひとつである。

ブルーアイプレコ
Panaque cochliodon

　黒い体に青い目を持つ印象的な種類。かつては安価で飼える種類だったが、輸入量が激減し、高価な魚になってしまった。この名で流通するものには2種類があり、体型が異なるなどの違いがある。コロンビアから輸入されるものは本種であることが多い。テリトリー意識が強い。

分布：コロンビア
体長：40cm
水温：25～27℃
水質：中性
水槽：90cm以上
エサ：人工飼料、生き餌
飼育難易度：やや難しい

グリーンロイヤルプレコ
Panaque titan

分布：コロンビア、エクアドル　体長：40cm
水温：25～27℃　水質：中性
水槽：60cm以上　エサ：人工飼料、生き餌
飼育難易度：やや難しい

　緑色の体色と、間隔が広く本数の少ないライン模様が印象的なロイヤルプレコの1種。大型化し、大型の個体も輸入されることがある。幼魚は抹茶のような鮮やかな色をしているが、大型個体はくすんだ色合いになり印象がずいぶん異なる。水槽内での成長は遅く、大型化は難しい。

ホワイトテールアカリエスピーニョ
Panaque sp.

分布：ペルー　体長：30cm
水温：25～27℃　水質：中性
水槽：60cm以上　エサ：人工飼料、生き餌
飼育難易度：やや難しい

　その流通名の通り、フィラメント状に伸びる白い尾を持つパナクエ属の1種。同様の特徴を持つものが2種類おり、そのいずれもが輸入されているが、両者は混同されている。飼育など基本的な扱い方はロイヤルプレコと同様だが、よく売られている幼魚はそれよりも弱い面がある。

ブルーフィンパナクエ
Baryancistrus beggini

分布：ベネズエラ　体長：13cm
水温：25〜27℃　水質：中性
水槽：45cm以上　エサ：人工飼料、生き餌
飼育難易度：ふつう

　青みがかった体色を持つ小型のプレコで、状態がいいとヒレ先などにかなりはっきりとした青を発色する。流通名はパナクエだが、パナクエ属の種類ではなく、オレンジフィンカイザーなどと同じバリアンキストルス属である。沈下性の人工飼料などを与えてやるとよい。

ダルマプレコ
Parancistrus aurantiacus

分布：アマゾン川　体長：15cm
水温：25〜27℃　水質：中性
水槽：45cm以上　エサ：人工飼料、生き餌
飼育難易度：やさしい

　古くからその存在を知られる種類で、その流通名通り、丸みを帯びた体つきをしている。体色の変異個体がしばしば見られ、白変、黄変などの個体が時折輸入されてくる。体色は戻ってしまうことが多い。飼育は難しくないが、酸欠に弱いのでしっかりエアーレーションをしてやるとよい。

ゴールドエッジマグナム
Scobinancistrus aureatus

分布：シングー川　体長：40cm
水温：25〜30℃　水質：中性
水槽：60cm以上　エサ：人工飼料、生き餌
飼育難易度：やや難しい

　スポット系プレコの中では屈指の派手さを持つ美種。大型で活発なので見栄えがする種類だ。水槽の環境に慣れると、よく動き回るようになるので広い水槽で飼いたい。食性は肉食傾向の強い雑食で、沈下性の人工飼料などを与えてやるとよい。よく知られた種類だが、輸入量は減少傾向だ。

ニューオパールドットプレコ
Scobinancistrus sp.

分布：アマゾン川　体長：15cm
水温：25〜27℃　水質：中性
水槽：45cm以上　エサ：人工飼料、生き餌
飼育難易度：ふつう

　オパールドットマグナムに似た体型、サイズのプレコ。オパールドットよりもスポットが細かく、密に入る点や、顔つき、体型に違いが見られる。その正体はよく分かっていない。とても美しいが、輸入量は少なく、珍しい種類だと言える。飼うのは難しくなく、人工飼料もよく食べる。

オパールドットマグナム
Scobinancistrus raonii

分布：トカンチンス川　体長：20cm
水温：25～27℃　水質：中性
水槽：60cm以上　エサ：人工飼料、生き餌
飼育難易度：ふつう

　体高が低く細長い体型をしたスポット系プレコの人気種。近年は輸入量が激減しており、見掛ける機会が大きく減ってしまった。ブリードされたものなどがごく少数流通する程度なので入手は困難だ。活発ではなく物陰に潜んでジッとしていることが多いので、隠れ家を用意してやりたい。

フラッシュゴールデンマグナム
Scobinancistrus sp.

分布：シングー川　体長：30cm
水温：25～30℃　水質：中性
水槽：60cm以上　エサ：人工飼料、生き餌
飼育難易度：ふつう

　ゴールドエッジマグナムに似ているが、体型がやや扁平で、ヒレのオレンジの縁取りがないことなどで見分けられる。大変美しい種類だが、輸入量は少ない。性質や食性などはゴールドエッジマグナムと同様で、肉食傾向の強い雑食性。動きの遅い混泳魚は襲われる可能性があるので注意。

ルビースポットマグナム
Scobinancistrus sp.

分布：シングー川　体長：20cm
水温：25～27℃　水質：中性
水槽：60cm以上　エサ：人工飼料、生き餌
飼育難易度：ふつう

　比較的古くから知られるスポット系プレコの代表種。マグナム系といわれるプレコの中では、その他の種類の陰に隠れがちだが、それらに負けない美しさがある。輸入されるのは幼魚が中心だが、20cm前後のものも輸入される。痩せやすい面があるので、餌切れに注意したい。

ドラゴンスタークラウン
Leporacanthicus galaxias

分布：アマゾン川　体長：20cm
水温：25～27℃　水質：中性
水槽：60cm以上　エサ：人工飼料、生き餌
飼育難易度：ふつう

　スポット系プレコとしては早くに日本に紹介された種類で、当初はニュースタークラウンと呼ばれることが多かった。スポットは虫食い状のものなどがあり、また黄色や白など、色にも差が見られる。飼いやすい種類だが、攻撃的な面が強く同種、他種問わずプレコ同士の混泳が難しい。

タイタニックトリム
Pseudacanthicus sp.

分布：タパジョス川　体長：40cm
水温：25～27℃　水質：中性
水槽：60cm以上　エサ：人工飼料、生き餌
飼育難易度：ふつう

　オレンジ色のヒレを持つタパジョス水系産のトリム系プレコで、他河川産の近縁種とは違い、体にも粉をまぶしたようにオレンジ色を発色する独特な体色が魅力的だ。以前はよく見掛ける種類だったが、近年、輸入量は減少傾向にあるようだ。個体差が大きく、好みの個体を探す楽しみもある。

オレンジトリム
Pseudacanthicus spinosus

分布：アマゾン川　体長：30cm
水温：25～27℃　水質：中性
水槽：60cm以上　エサ：人工飼料、生き餌
飼育難易度：ふつう

　古くから知られているトリム系プレコの代表種。茶色い体に黒いスポット模様という体色が基本だが、中にはヒレにオレンジ色を呈す個体もいる。輸入量も多く、幼魚が比較的コンスタントに輸入されている。同属の他種ほど大型化しないが、成長するとかなりの迫力ある姿となる。

オレンジフィン レオパードトリム
Pseudacanthicus leopardus

分布：ネグロ川　体長：30cm
水温：25～27℃　水質：中性
水槽：60cm以上　エサ：人工飼料、生き餌
飼育難易度：ふつう

　その名の通りヒョウ柄を思わせる黒いスポットが密に入った体と、鮮やかなオレンジ色のヒレが印象的な種類。幼魚が多く輸入されており、入手も比較的容易。飼育は比較的容易で、水槽内での繁殖例もある。野生由来の大型個体の輸入もあり、迫力ある姿を楽しませてくれる。

ムスタングトリム
Pseudacanthicus sp.

分布：タパジョス川　体長：30cm
水温：25～27℃　水質：中性
水槽：60cm以上　エサ：人工飼料、生き餌
飼育難易度：ふつう

　特徴的なネットワーク状の模様を持ったタパジョス水系産のトリム系プレコ。ゴツいという表現がピッタリの、太く短く見える力強さを感じさせる体型が魅力。輸入量は少ないが、飼育は同属他種と同様で構わない。テリトリー意識が強く、同種、近縁種との混泳は簡単ではない。

ホワイトトリム
Leporacanthicus heterodon

分布：シングー川　体長：10cm
水温：25〜27℃　水質：中性
水槽：60cm以上　エサ：人工飼料、生き餌
飼育難易度：ふつう

　明るい茶色の体色を持ったレポラカンティクス属の1種。日本に紹介された当初はホワイトオレンジトリムと呼ばれていた。活発なものが多いレポラカンティクス属の種類にしてはおとなしく、どこかに隠れていることが多い。食性は雑食性で人工飼料もよく食べる。飼育は比較的容易な部類。

キングオブギャラクシー
Pseudacanthicus sp.

分布：タパジョス川　体長：40cm
水温：25〜27℃　水質：中性
水槽：60cm以上　エサ：人工飼料、生き餌
飼育難易度：ふつう

　黒い体にスポット模様を持つトリム系プレコの美種。同じ名前でベネズエラから来るものもおり、それが同じものなのかは不明。小さい個体は相対的にヒレが大きく、ヒラヒラした印象だが、大きくなると頭部が大型化し、よりゴツい印象となる。さほど狂暴ではないが、混泳には注意が必要だ。

スカーレットトリム
Pseudacanthicus pitanga

分布：トカンチンス川　体長：40cm
水温：25〜27℃　水質：中性
水槽：60cm以上　エサ：人工飼料、生き餌
飼育難易度：ふつう

　各ヒレが鮮やかなオレンジ色に染まる印象的な美種で、トリム系プレコの代表種にして同属のウルトラスカーレットと双璧をなす人気種でもある。10cm前後の幼魚から大型個体まで輸入されているが、大型個体ほど活動的な印象だ。肉食傾向の強い雑食性。大型で活動的なので大きな水槽で飼育したい。

ウルトラスカーレットトリム
Pseudacanthicus pirarara

分布：シングー川　体長：30cm
水温：25〜27℃　水質：中性
水槽：60cm以上　エサ：人工飼料、生き餌
飼育難易度：やや難しい

　濃い暗色系の体色に、真っ赤なヒレを持つ印象的な美しさを持つ種類で、トリム系プレコで随一の人気を誇る。体色は産地によっても差があり、近年は産地名で販売されることもしばしば。清浄な水質とやや高めの水温を好む。種小名のピララーラ（*Pirarara*）とはレッドテールキャットの現地名。

ドラゴンハイフィンレオパードトリム
Megalancistrus sp.

分布：サンフランシスコ川　体長：60cm
水温：25〜27℃　水質：中性
水槽：90cm以上　エサ：人工飼料、生き餌
飼育難易度：ふつう

　サンフランシスコ川に生息する大型種で、条数の多い幅広の背びれとあいまって非常に見栄えのするプレコだ。輸入量は少なく、輸入されてくるのは20cm以上のものが中心。成長にともない、体色の明るさが増してくる。飼育は比較的難しい部類で、水質管理はしっかり行いたい。

アカリエスピーニョ
Pseudacanthicus histrix

分布：アマゾン川　体長：100cm
水温：25〜27℃　水質：中性
水槽：120cm以上　エサ：人工飼料、生き餌
飼育難易度：ふつう

　飛びぬけて大型化する種類で最大で100cmに達する超大型種。輸入されてくるものも比較的大きなものが多く、自ずと飼育には大型水槽が必要となる。サイズもあって高価なことが多いが、飼育自体は難しいものではない。状態がいいと頭部に金粉をまぶしたような光沢が見られる。

アドニスプレコ
Acanthicus adonis

分布：アマゾン川　体長：100cm
水温：25〜27℃　水質：中性
水槽：120cm以上　エサ：人工飼料、生き餌
飼育難易度：ふつう

　幼魚はスポット模様を持った可愛らしい姿をしているが、成長とともにスポットは細かくなっていき、最終的には消えてしまう。プレコとしては最大級の大きさになり、60cmを超える。餌は何でも食べ、多少はコケも食べる。飼育は容易だが、攻撃的かつ大型なので混泳は注意が必要。

ガリバープレコ
Acanthicus hystrix

分布：アマゾン川　体長：80cm
水温：25〜27℃　水質：中性
水槽：90cm以上　エサ：人工飼料、生き餌
飼育難易度：ふつう

　同属のアドニスプレコによく似ているが、頭部がより扁平で幅広、幼魚も柄がなく真っ黒などの違いがある。シングー川産のものは胸ビレが長く"バットマン"の呼称で販売されることが多い。輸入量が年々減ってきており、以前に比べると価格も上昇している。飼育は容易だ。

タイガーフィンサタン
Leporacanthicus triactis

分布：イニリダ川　体長：25cm
水温：25〜27℃　水質：中性
水槽：60cm以上　エサ：人工飼料、生き餌
飼育難易度：ふつう

　サタンプレコの名前があるが、ドラゴンスタークラウンなどと同じレポラカンティクス属に属する。背ビレ、尾ビレの棘条の模様が特徴的で、暗めの体色に対してその模様がよく目を引く。性質はそこまで狂暴ではないため、隠れ家さえ用意してやれば、他種との混泳も可能だ。

サタンプレコ
Pterygoplichthys scrophus

分布：ペルー　体長：30cm
水温：25〜27℃　水質：中性
水槽：60cm以上　エサ：人工飼料、生き餌
飼育難易度：ふつう

　ゴツゴツとした恐ろし気な見た目からその名があるが、名前のイメージほど狂暴ではない。コケ取り能力も高いが、混泳水槽では同居魚、特に同じ底層で暮らす魚を舐めてしまうことがある。以前は普通に見られたポピュラー種だったが、近年、見掛ける機会の少ない種類になっている。

セイルフィンプレコ
（ワイルド個体）
Pterygoplichthys gibbiceps

分布：アマゾン川　体長：50cm
水温：25〜27℃　水質：中性
水槽：60cm以上　エサ：人工飼料、生き餌
飼育難易度：ふつう

　ポピュラーなコケ取りとして養殖ものが大量に販売されているセイルフィンプレコだが、ごく少数ながらワイルド個体も輸入されている。産地によって体色やヒレの大きさに違いが見られる。養殖ものに比べると圧倒的に高価だが、セイルフィンプレコのイメージが覆るほどの美しさを持つ。

セイルフィンプレコ
Pterygoplichthys gibbiceps

分布：アマゾン川　体長：50cm
水温：25〜27℃　水質：中性
水槽：60cm以上　エサ：人工飼料、生き餌
飼育難易度：やさしい

　東南アジアで養殖されたものがコケ取りとして大量かつコンスタントに輸入されており、いつでも安価で買うことができる。丈夫でコケ取り能力も非常に高いが、大きくなるのが難点。強健で餌も何でも食べ、飼育は容易。大量に養殖されているものの、水槽内での繁殖は難しい。

アルビノセイルフィンプレコ
Pterygoplichthys gibbiceps var.

分布：改良品種　　体長：50cm
水温：25～27℃　　水質：中性
水槽：60cm以上　　エサ：人工飼料、生き餌
飼育難易度：やさしい

　セイルフィンプレコの改良品種で、ノーマル体色同様、コンスタントに輸入されている。コケ取り能力や飼いやすさはノーマル体色のものと変わらないが、より目立つことや、小さい内は赤い目が可愛らしいため、一定の人気がある。最終的に大型化するのも変わらないので要注意。

ブルーフィンプレコ
Hemiancistrus sp.

分布：ベネズエラ　　体長：20cm
水温：25～27℃　　水質：中性
水槽：45cm以上　　エサ：人工飼料、生き餌
飼育難易度：ふつう

　青みを帯びた体色を持った人気種。その特徴的な美しさから非常に高い人気を持つ。輸入は不定期で、まったく輸入のない年もある。よく似た体型に黄色い体色のゴールデンブルーフィンなどと呼ばれている別種がおり、そちらも人気がある。植物食主体の雑食性で、飼育は比較的容易。

レモンフィンプレコ
Baryancistrus demantoides

分布：ベネズエラ　　体長：20cm
水温：25～27℃　　水質：中性
水槽：45cm以上　　エサ：人工飼料、生き餌
飼育難易度：ふつう

　上記のブルーフィン（ゴールデン）に酷似した種類だが、属や生息地が異なる。両者の違いは背ビレと脂ビレの位置関係で、本種では背ビレと脂ビレの距離が近く、くっついているのに対し、ゴールデンブルーフィンでは離れている。区別はされているが、混同されていることもある。

ホワイトエッジパレペコルティア
Ancistomus snethlageae

分布：タパジョス川　　体長：20cm
水温：25～27℃　　水質：中性
水槽：45cm以上　　エサ：人工飼料、生き餌
飼育難易度：ふつう

　白く縁取られた尾ビレが水槽内でもよく目立つ中型種。ペコルティアと呼ばれるが別属。輸入量は多くはないものの、入手困難というほどではない。体色は個体やその時の状態などによって白っぽかったり、黒っぽかったりと変化を見せる。飼育は難しくなく、他種との混泳も可能。

オレンジフィンブラックプレコ
Baryancistrus chrysolomus

分布：シングー川　体長：25cm
水温：26〜28℃　水質：中性
水槽：60cm以上　エサ：人工飼料、生き餌
飼育難易度：ふつう

　比較的古くから知られている美種。その名の通り、黒を思わせる暗色系の体色に、よく目立つオレンジ色に縁取られた背ビレ、尾ビレを持つ。幼魚が輸入されてくるが、同属他種と同じく成長は遅い。デトリタス食と考えられており、飼育下では植物質を含む様々なものを与えたい。

オレンジフィンカイザー
Baryancistrus xanthellus

分布：シングー川　体長：25cm
水温：25〜27℃　水質：中性
水槽：40cm以上　エサ：人工飼料、生き餌
飼育難易度：ふつう

　インペリアルゼブラと双璧をなす美しさと人気を誇る。スポット模様やヒレの縁取りは幼魚ほど大きく鮮やかで、成魚になるとスポットは細かくなってしまう。ただ、水槽内で大きくするのは困難で、なかなか大きくならない。強い水流と高めの水温を好む。植物食性の強い雑食性。

イミテーターカイザー
Baryancistrus niveatus

分布：トカンチンス川　体長：40cm
水温：25〜27℃　水質：中性
水槽：60cm以上　エサ：人工飼料、生き餌
飼育難易度：ふつう

　初輸入の頃、オレンジの縁取りのあるオレンジフィンカイザーに対して、本種は縁取りを持たないことからイミテーター（偽物）と呼称されるようになった。より大型化し、全身が黄色味を帯びたような大きなスポットを持つ個体などもいる。スポット模様は幼魚ほど大きく派手な印象だ。

バタフライプレコ
Dekeyseria picta

分布：ネグロ川　体長：15cm
水温：25〜27℃　水質：中性
水槽：40cm以上　エサ：人工飼料、生き餌
飼育難易度：ふつう

　羽を広げたような大きな胸ビレを蝶に見立てたことでこの名がある。平たく扁平な体で岩などの隙間に潜んで生活している。メリハリのある縞模様を持っているが、周囲の環境に合わせて変色するため、大抵は黒っぽい色をしていることが多い。比較的おとなしく、あまり争わない。

タイガープレコ
Panaqolus maccus

分布：コロンビア、ベネズエラ
水温：25～27℃
水槽：40cm以上
飼育難易度：ふつう
体長：12cm
水質：中性
エサ：人工飼料、生き餌

　古くから知られている代表的な小型プレコ。プレコがブームになる以前から人気があった種類だ。その他のプレコと同様、テリトリー意識は強く、小競り合いをするが相手を殺すほどの喧嘩はしない。植物食寄りの雑食で、コケはあまり食べないが、人工飼料などをよく食べる。

ニュータイガープレコ
Panaqolus sp.

分布：トカンチンス川
水温：25～27℃
水槽：40cm以上
飼育難易度：ふつう
体長：14cm
水質：中性
エサ：人工飼料、生き餌

　古くからコンスタントに輸入されている小型プレコのポピュラー種で、タイガープレコに似ていたことでこの名がある。この名で販売されるプレコには、産地などが異なる複数種が含まれているようだ。タイガープレコとは性質や生活スタイルもよく似ているが、やや大きくなる。

ネットワークタイガープレコ
Peckoltia sp.

分布：ネグロ川
水温：25～27℃
水槽：40cm以上
飼育難易度：ふつう
体長：15cm
水質：中性
エサ：人工飼料、生き餌

　頭部に特徴的なネットワーク模様を持つ小型プレコ。ネグロ川に生息しているが、この名前で輸入されるものには模様などが異なるいくつかタイプがあり、複数種が含まれている可能性がある。いずれも丈夫で飼いやすい。状態があがると体色のメリハリがはっきりして美しくなる。

ホワイトタイガープレコ
Panaqolus changae

分布：ペルー
水温：25～27℃
水槽：40cm以上
飼育難易度：ふつう
体長：15cm
水質：中性
エサ：人工飼料、生き餌

　細かいネットワーク模様と、毛羽だったような体表が印象的な小型プレコ。体色は名前の通り白っぽいことが多いが、状態が上がってくるとオレンジ色を帯びるようになり美しくなる。比較的輸入量は多く、入手は難しくない。植物食寄りの雑食で木も食べるので流木を入れてやると良い。

キングロイヤル
ペコルティア
Hypancistrus sp.

分布：シングー川　体長：15cm
水温：25～28℃　水質：中性
水槽：40cm以上　エサ：人工飼料、生き餌
飼育難易度：ふつう

　現在、プレコ人気をリードする圧倒的人気種。黒と白のネットワーク模様は個体差も大きく、またブリードも盛んに行われているため、より美しい色や模様を持った個体も作出されている。色や柄がよく似たものも多く、代表的なものとしてL66、L333などLナンバーで呼ばれるものなどがいる。

ニューキングロイヤル
ペコルティア
Hypancistrus sp.

分布：シングー川　体長：15cm
水温：25～28℃　水質：中性
水槽：40cm以上　エサ：人工飼料、生き餌
飼育難易度：ふつう

　キングロイヤル系などと呼ばれているグループのひとつで、この名前で流通するものはL333と呼ばれているものを指すことが多いようだ。現地採集個体の他、国内繁殖個体も多く流通しており、非常に美しい色や柄を持った個体も作出されている。コレクション性の高さも魅力だ。

クイーンアラベスクプレコ
Hypancistrus sp.

分布：タパジョス川　体長：10cm
水温：25～28℃　水質：中性
水槽：40cm以上　エサ：人工飼料、生き餌
飼育難易度：ふつう

　迷路のような非常に細かいネットワーク状の模様を持つ人気種。模様は入り方や色味など個体差が大きく、本種ばかりを集めて飼育している人がいるほどコレクション性に富む。飼育は比較的容易で繁殖も狙える。肉食傾向の強い雑食性で、沈下性の人工飼料や赤虫などを与えるとよい。

インペリアル
タイガープレコ
Peckoltia compta

分布：タパジョス川　体長：10cm
水温：25～28℃　水質：中性
水槽：40cm以上　エサ：人工飼料、生き餌
飼育難易度：ふつう

　白と黒のメリハリのあるバンド模様を持った美しいペコルティア。キングロイヤル系を彷彿とさせる柄を持ったものもいるなど、その美しさで高い人気を誇る。国内で繁殖もなされており、美しい模様を持った個体も作出されている。色や柄のバリエーションも豊富でコレクション性も高い。

ナマズの仲間

クイーンインペリアルタイガープレコ
Peckoltia compta

分布：タパジョス川	体長：10cm
水温：25～28℃	水質：中性
水槽：40cm以上	エサ：人工飼料、生き餌
飼育難易度：ふつう	

採集地の違い、色、柄などの差などによって、クイーンの名で呼ばれるインペリアルタイガーの1タイプ。現在流通するものは、こちらの名前で呼ばれることが一般的なようだ。非常に美しい種類で人気も高く、輸入量も比較的多いため、色や柄など、好みの個体を探し出す楽しみ方もできる。

インペリアルゼブラプレコ
Hypancistrus zebra

分布：シングー川	体長：8cm
水温：26～30℃	水質：中性
水槽：40cm以上	エサ：人工飼料、生き餌
飼育難易度：ふつう	

もっとも有名なプレコにして、説明不要の美しさを持つ人気種。原産地の環境悪化や乱獲の影響で数を減らし、輸出規制がなされるようになったことから輸入量が激減。現在流通しているのは国内やヨーロッパでブリードされたもの。溶存酸素量の多い、やや高めの水温の水を好む。

キャッツアイプレコ
Hypancistrus sp.

分布：タパジョス川	体長：12cm
水温：25～28℃	水質：中性
水槽：40cm以上	エサ：人工飼料、生き餌
飼育難易度：ふつう	

日本ではこの名で呼ばれているが、海外ではその色合いからゾンビプレコと呼ばれており、近年、日本でもその名で流通することもある。輸入量は少なく、入手は困難。今や珍しい種類となってしまった。海外では水槽内繁殖例もある。肉食傾向の強い雑食性で人工飼料なども食べる。

ペパーミントペコルティア
Hypancistrus sp.

分布：タパジョス川	体長：10cm
水温：25～28℃	水質：中性
水槽：40cm以上	エサ：人工飼料、生き餌
飼育難易度：ふつう	

細かいスポットを持った小型プレコのひとつ。この名前で流通するものはタパジョス水系産のものを指すことが多いが、よく似た種類が多く、他の産地から同様の名前で輸入されてくるプレコもいる。通称名は小型プレコによく付けられるペコルティアだが、ペコルティア属ではない。

ニューギャラクシーペコルティア
Panaqolus albomaculatus

分布：ペルー 体長：12cm
水温：25～28℃ 水質：中性
水槽：40cm以上 エサ：人工飼料、生き餌
飼育難易度：ふつう

マスタードファントムという名前で流通することも多い小型スポット系プレコ。その名の通り、スポットは黄色味が強い。スポット模様はまばらなものから密に入るものまで個体差が大きい。多少の縄張り意識はあるものの、そこまで狂暴ではないため、十分な隠れ家があれば混泳も可能だ。

ビッグスポットペコルティア
Ancistomus sp.

分布：ブラジル 体長：15cm
水温：25～28℃ 水質：中性
水槽：40cm以上 エサ：人工飼料、生き餌
飼育難易度：ふつう

その流通名通り、キリンを思わせる大きなスポット模様を持った小型プレコ。この名前で流通するものには複数の産地から来る複数の種類が含まれているようだが、写真のタイプが一般的だ。ヒレがオレンジ色を帯びることからオレンジフィンと付けられていることも多い。

スターライトマツブッシー
Ancistrus sp.

分布：タパジョス川 体長：20cm
水温：25～27℃ 水質：中性
水槽：40cm以上 エサ：人工飼料、生き餌
飼育難易度：ふつう

比較的小さなものが多いアンキストルス属の中では大きめの種類で、黒い体にスポット模様が入る美しい種類。オスは成熟すると顔の周りの"ヒゲ"が発達し、独特な風貌となる。飼育は比較的容易で、日本でも繁殖例がある。植物食性が強く、きゅうりなどの野菜類も食べる。

ペパーミントブッシー
Ancistrus sp.

分布：アマゾン川 体長：12cm
水温：25～27℃ 水質：中性
水槽：40cm以上 エサ：人工飼料、生き餌
飼育難易度：ふつう

黒い体に細かなスポット模様を持つ美種。こうした色、柄を持つアンキストルスはいくつかの種類が知られており、様々な呼称で販売されている。本種を含め、アンキストルス属はいずれも植物食性が強いため、プレコ用のタブレットなど植物質の餌を多く与えてやりたい。

ブリスルノーズ
Ancistrus lineolatus

分布：アマゾン川　体長：12cm
水温：25〜27℃　水質：中性
水槽：40cm以上　エサ：人工飼料、生き餌
飼育難易度：ふつう

　古くから知られるプレコの1種で、比較的安価で手に入ったことから入門種的存在だった。最近では同じ仲間のミニブッシーにその座を取って代わられた印象があるが、今でも輸入はあり、入手は難しくない。飼育は容易で、繁殖も比較的簡単に行えるのはこの仲間ならではだ。

ミニブッシー
Ancistrus sp.

分布：不明　体長：8cm
水温：25〜27℃　水質：中性
水槽：30cm以上　エサ：人工飼料、生き餌
飼育難易度：やさしい

　小型水槽でのコケ取り要員として人気の小型種。売られているのはごく小さな幼魚だが、10cm程度には成長する。夜行性のものが多いプレコの仲間にあって、本種は明るい時間帯でも目につく場所で活動しており、観察しやすい。小型の個体なら水草に付いたコケも食べてくれる。

アルビノミニブッシー
Ancistrus sp.var.

分布：改良品種　体長：8cm
水温：25〜27℃　水質：中性
水槽：30cm以上　エサ：人工飼料、生き餌
飼育難易度：やさしい

　ミニブッシーは養殖されているので、こうした品種化されたものも見られる。黒っぽく地味な印象のあるノーマル体色よりも目立つため、アルビノ個体を選ぶという人もいる。飼い方などはノーマル個体と変わる点はなく、丈夫で飼いやすい。水槽内のコケ取りとして働いてくれる。

ロングフィンミニブッシー
Ancistrus sp.var.

分布：改良品種　体長：10cm
水温：25〜27℃　水質：中性
水槽：30cm以上　エサ：人工飼料、生き餌
飼育難易度：やさしい

　ミニブッシーのロングフィン版。各ヒレがヒラヒラと長く改良されており、見た目の印象が異なる。ロングフィンはアルビノなど白い体のものが中心に流通しているが、中には青い目を持ったものなども作出されている。バリエーションはこの仲間の繁殖が比較的簡単だからこそだ。

ファロウェラ
Farlowella sp.

分布：アマゾン川
水温：24～27℃
水槽：45cm以上
飼育難易度：やや難しい
体長：18cm
水質：弱酸性～中性
エサ：人工飼料、生き餌

　ファロウェラ属の魚はいずれも、水中に沈んだ小枝に擬態して生活しているため、小枝のような姿をしている。擬態生活をする魚だからか、攻撃的なところはなく、同種、他種ともに混泳が可能だが、動き回らないため餌不足に陥りやすい。植物質を好むが、人工飼料なども食べる。

ファロウェラ・マリアエレナエ
Farlowella mariaelenae

分布：オリノコ川流域
水温：24～27℃
水槽：45cm以上
飼育難易度：やや難しい
体長：18cm
水質：中性
エサ：人工飼料、生き餌

　本種の名前で輸入されてくることは滅多になく、大抵は同属のヴィッタータ種の混じりで輸入されてくる。両者が区別されることは少ないが、体型やヒレの大きさなどに違いがある。おとなしく、他種との混泳も可能だが、活発な種類との同居では餌が食べられなくなりがちなので注意したい。

パロトキンクルス・マクリカウダ
Parotocinclus maculicauda

分布：ブラジル
水温：22～26℃
水槽：30cm以上
飼育難易度：ふつう
体長：7cm
水質：弱酸性～中性
エサ：人工飼料、生き餌

　オトシンクルスに近い仲間であるパロトキンクルス属の1種で、この仲間としては大型になるためコケ取り能力も高い。状態がいいと体色の赤みが増し、脇役にしておくのがもったいない美しさを発揮する。植物食の強い雑食性で、水草を食べてしまうこともある。低めの水温を好む。

ゼブラオトシン
Otocinclus cocama

分布：ペルー
水温：23～26℃
水槽：30cm以上
飼育難易度：ふつう
体長：5cm
水質：弱酸性～中性
エサ：人工飼料、生き餌

　白と黒に塗り分けられたような体色を持ったオトシンクルス。生息河川によって模様には差があるようで、模様がはっきりしないものや、乱れたものなども見られる。オトシンクルスなのでコケはよく食べる。植物食性が強いので、コケ以外にプレコ用タブレットなどを与えたい。

ボルケーノオトシン
Na i*noptopoma* sp.

分布：ペルー
水温：24〜27℃
水槽：30cm以上
飼育難易度：ふつう
体長：4cm
水質：弱酸性〜中性
エサ：人工飼料、生き餌

　オトシンクルスの近縁種。ゼブラオトシンを思わせる縞模様と、赤みを帯びた頭部など印象的な色合いを持つ。輸入量は多くないものの、入手は可能。人気が広がりつつある。コケ取りとしても活躍してくれる。状態が安定すれば飼育は難しくなく、繁殖例も聞かれている。

オトシンクルス
Otocinclus vittatus

分布：アマゾン川
水温：24〜27℃
水槽：30cm以上
飼育難易度：ふつう
体長：5cm
水質：弱酸性〜中性
エサ：人工飼料、生き餌

　もっとも一般的なコケ取り魚として人気のある小型魚。オトシンの名で販売されるものには複数種があるが、ヴィッタートゥス種もその代表的なもののひとつ。飼育は難しくないが、輸入時に状態を落としていることが多いこと、水槽内で餌不足に陥りやすいことなどに注意したい。

オトシンネグロ
Hisonotus leucofrenatus

分布：ブラジル
水温：24〜27℃
水槽：30cm以上
飼育難易度：ふつう
体長：4cm
水質：弱酸性〜中性
エサ：人工飼料、生き餌

　普通のオトシンクルスと並んで水草水槽のコケ取りとして古くから人気のオトシンクルスの近縁種。より小型なので小さな水槽でも導入できる。繁殖例もあり、ブリード個体も流通している。落ち着くと丈夫だが、輸入直後のものは避けた方が無難。フレークフードなどもよく食べる。

タイガーオトシン
Parotocinclus sp.

分布：ペルー
水温：22〜26℃
水槽：30cm以上
飼育難易度：難しい
体長：3cm
水質：弱酸性
エサ：人工飼料、生き餌

　バンブルビーオトシンとも呼ばれる。オトシンクルス類の中でも特に小型で成長しても3cm程度と言われている。飼育は難しいとされ、コケ（珪藻）しか受け付けないものがいたり、水質の変化にも敏感とされ、水槽への導入は慎重さが求められる。餌付いているかが最初のポイントだ。

コリドラス・プンクタートゥス
Corydoras punctatus

分布：スリナム（スリナム川）　体長：6cm
水温：24～26℃　水質：弱酸性～中性
水槽：36cm以上　エサ：人工飼料、生き餌
飼育難易度：ふつう

　スポットコリドラスの代表種。コリドラスの原点ともいうべき魚で、以前は標本写真などしか見ることができなかった幻の魚だ。最近は時折輸入されるが、やはり少数で高価である。近縁種が多いことから、輸入された時の採集地が大切な情報となる。

コリドラス・レオパルドゥス
Corydoras leopardus

分布：ペルー（アマゾン川）　体長：6cm
水温：24～27℃　水質：弱酸性～中性
水槽：36cm以上　エサ：人工飼料、生き餌
飼育難易度：やさしい

　ジュリーのロングノーズ・タイプとして、"ロングノーズ・ジュリー"の名で親しまれている。セミロングノーズ・コリドラスの代表種だが、難解な面もある種類だ。飼育は容易で、初心者にもお勧めの入門種だ。

コリドラス・ジュリー
Corydoras sp. cf. julii

分布：ブラジル（パルナイーバ川）
体長：5cm　水温：24～27℃
水質：弱酸性～中性　水槽：36cm以上
エサ：人工飼料、生き餌　飼育難易度：やさしい

　近縁種が多く、分布域が広いため、かなり難解なコリドラスだ。産地によるバリエーションが見られ、それらをコレクションするだけでも面白い。古くから親しまれている種類だが、実は奥が深いのだ。

コリドラス・トリリネアートゥス
Corydoras trilineatus

分布：ペルー（アマゾン川）　体長：5cm
水温：24～27℃　水質：中性
水槽：36cm以上　エサ：人工飼料、生き餌
飼育難易度：やさしい

　近似種が多いため、ジュリーやプンクタートゥスなどと混同されることが多く、ほとんどはジュリィの名で売られている。養殖個体も多く輸入される、ネットワーク模様を持つポピュラーなコリドラスだ。飼育はとても容易である。

コリドラス・アエネウス
Corydoras aeneus

分布：南米の広範囲（アマゾン川）
体長：6cm
水質：中性
水温：25〜27℃
エサ：人工飼料、生き餌
水槽：36cm以上
飼育難易度：やさしい

"赤コリ"の名で、どこのショップでも販売されている非常にポピュラーなコリドラス。養殖された個体が大量に輸入されており、安価で入手できる。飼育、繁殖ともに容易で、ビギナーでも繁殖まで楽しめる。少数ながら現地採集のワイルド個体も輸入され、マニアックな楽しみ方もできる。

アルビノコリドラス
Corydoras aeneus var.

分布：改良品種
体長：6cm
水温：25〜27℃
水質：中性
水槽：36cm以上
エサ：人工飼料、生き餌
飼育難易度：やさしい

アエネウスのアルビノ品種で、"白コリ"の名で販売されていることが多い。最初に飼ったコリドラスは白コリだというビギナーも多い、定番的な人気を保ち続けている。東南アジアで養殖された個体が大量に輸入され、とても安価で購入できる。飼育、繁殖もとても容易に楽しめる。

コリドラスの1種"イルミネーショングリーン"
Corydoras sp.

分布：ペルー（アマゾン川）
体長：6cm
水温：25〜27℃
水質：弱酸性〜中性
水槽：36cm以上
エサ：人工飼料、生き餌
飼育難易度：やや難しい

"イルミナートゥス"とも呼ばれているコリドラス。蛍光色のラインの美しさから、改良品種と勘違いする人もいるが、本種に自然の川から採取されたものである。イルミネーションと呼ばれる魚にはグリーンやゴールドなどの数タイプのカラーバリエーションが知られている。

アルビノイルミネーショングリーン
Corydoras sp.

分布：改良品種
体長：6cm
水温：25〜27℃
水質：弱酸性〜中性
水槽：36cm以上
エサ：人工飼料、生き餌
飼育難易度：ふつう

前種のイルミネーショングリーンのアルビノ個体。アルビノ個体なので全体的にオレンジの体色に、蛍光色のラインが残る美しい発色が魅力。オリジナル種より飼育は難しくなく、一般的なコリドラスと同様に飼育できる。

コリドラスの1種"ベネズエラオレンジ"
Corydoras sp.

分布：ベネズエラ（オリノコ川）
体長：4cm
水温：25〜27℃
水質：弱酸性〜中性
水槽：36cm以上
エサ：人工飼料、生き餌
飼育難易度：やさしい

オレンジ色の可愛いコリドラス。アエネウスの近縁種の中では、古くから輸入されており、養殖個体も多く見られる。オリノコ水系産のワイルド個体の輸入も見られる。あまり大きくならないコリドラスなので、小型種との混泳が向いている。

コリドラスの1種"ベネズエラブラック"
Corydoras sp.

分布：ベネズエラ（オリノコ川）
体長：5cm
水温：25〜27℃
水質：弱酸性〜中性
水槽：36cm以上
エサ：人工飼料、生き餌
飼育難易度：ふつう

独特の体色を持つコリドラス、その通称名の通り、全身真っ黒と言って良いほどの、非常に深い体色を持つコリドラス。他のコリドラスとは動き方が異なり、すぐに物陰に隠れようとする行動を見せる。静かな環境で飼育したい魚だ。

コリドラス・エクエス
Corydoras eques

分布：ブラジル　　体長：6cm
水温：25～27℃　　水質：弱酸性～中性
水槽：36cm以上　　エサ：人工飼料、生き餌
飼育難易度：ふつう

　オレンジ色の発色の美しいコリドラスで、アエネウスやラバウティに似たカラーパターンを持つが、グリーンの部分が広く、グラデーションにならずにくっきりしているのが特徴。"スーパーエクエス"という呼称で販売されているのが本種である。

コリドラス・ラバウティ
Corydoras rabauti

分布：ブラジル　　体長：6cm
水温：25～27℃　　水質：弱酸性～中性
水槽：36cm以上　　エサ：人工飼料、生き餌
飼育難易度：やさしい

　幼魚と成魚でまったく異なる体色を持った面白いコリドラス。安価で買える古くからのポピュラー種だ。しかし、その美しさは侮れず、状態が良いと深い飴色になり美しい。成長とともに体高も高くなって頭部は丸みを増していく。飼育は難しくなく、人工飼料もよく食べてくれる。

コリドラス・ジガートゥス
Corydoras zygatus

分布：ペルー　　体長：6cm
水温：25～27℃　　水質：弱酸性～中性
水槽：36cm以上　　エサ：人工飼料、生き餌
飼育難易度：やさしい

　C.ラバウティに良く似ているが、ラバウティよりも頭部が細く、体色が薄めなので見分けられる。古くから知られているが、輸入量はあまり多くない。飼育は容易だが、輸入状態が悪いことが多いので注意が必要。比較的大きく成長するコリドラスだ。

コリドラス・ワイツマニー
Corydoras weitzmani

分布：ペルー（ウルバンバ川）　体長：6cm
水温：23～26℃　　水質：弱酸性～中性
水槽：36cm以上　　エサ：人工飼料、生き餌
飼育難易度：ふつう

　深い飴色の体色が美しい種類で、初輸入されるまでは論文に掲載された図のみが知られる幻のコリドラスであった。独特の斑紋が特徴的な種類だ。標高の高い場所に生息しているようだが、水温の適応性も高く、飼育は難しくない。現在では輸入量も増えている。

コリドラス・オイアポクエンシス
Corydoras oiapoquensis

分布：フランス領ギアナ（オイアポク川）
体長：5cm　水温：24～27℃
水質：弱酸性～中性　水槽：36cm以上
エサ：人工飼料、生き餌　飼育難易度：やや難しい

　フランス領ギアナ産コリドラス。以前は幻のコリドラスだったが、現在ではブリード、ワイルドともにコンスタントに輸入されている。水質にはやや敏感で、すぐに肌が荒れてしまうので、こまめな水換えが必要だ。尾びれの模様が独特なコリドラスだ。

ロングフィンパンダ
Corydoras panda var.

分布：改良品種　体長：5cm
水温：24～27℃　水質：弱酸性～中性
水槽：36cm以上　エサ：人工飼料、生き餌
飼育難易度：ふつう

　前種のコリドラス・パンダのロングフィンタイプ。養殖の過程で出現したロングフィンの個体を固定したもので、各ヒレがかなり伸長する。ややコリドラスのイメージではなくなってしまうが、ひらひらと泳いでくれるので存在感がある。飼育はオリジナル種と同様で、輸入状態に注意したい。

コリドラス・メタエ
Corydoras metae

分布：コロンビア（メタ川）　体長：5cm
水温：24～27℃　水質：弱酸性～中性
水槽：36cm以上　エサ：人工飼料、生き餌
飼育難易度：ふつう

　コロッとした体形と、可愛らしい体色を持つ、古くからのポピュラー種。輸入量も多く、ショップで見かける機会も多い。餌は何でもよく食べ、飼育も容易なので、ビギナーにもお勧めできる種類である。

コリドラス・パンダ
Corydoras panda

分布：ペルー　体長：5cm
水温：24～27℃　水質：弱酸性～中性
水槽：36cm以上　エサ：人工飼料、生き餌
飼育難易度：ふつう

　数多いコリドラスの中でも、特に人気の高い種類。最近は流通するほとんどがブリード個体で、安価で購入できる。現地採集個体は、輸入直後は状態が大変不安定で、落ち着くまで多少時間がかかる。一度落ち着いてしまえば飼育は難しくない。

コリドラス・ポタロエンシス
Corydoras potaroensis

分布：ガイアナ（ポタロ川）　体長：4cm
水温：24～27℃　水質：弱酸性～中性
水槽：36cm以上　エサ：人工飼料、生き餌
飼育難易度：ふつう

　輸入量の少ない稀種だが、比較的最近になって輸入された。ポタロ川に生息している種類で、アイバンドとブラックトップが特徴的な小型種だ。状態があがってくると、ブラックトップの範囲が広がっていく。

コリドラス・メリニ
Corydoras melini

分布：コロンビア（オリノコ川）　体長：5cm
水温：24～27℃　水質：弱酸性～中性
水槽：36cm以上　エサ：人工飼料、生き餌
飼育難易度：やや難しい

　メタエに似ているが、体側に多少の模様が入るのが両者の違い。コンスタントな輸入があるが、個体数はあまり多くない。水質に敏感な面があり、やや飼いにくい。全体的に以前より輸入量が少なくなっていて、背ビレの大きな個体の人気が高いが入荷量は少ない。

コリドラス・ロクソゾヌス
Corydoras loxozonus

分布：コロンビア（メタ川）　体長：5cm
水温：24〜27℃　水質：弱酸性〜中性
水槽：36cm以上　エサ：人工飼料、生き餌
飼育難易度：やや難しい

　メリニとアクセルロディを合わせたような体色の、コロンビアに生息するコリドラス。背ビレから尾ビレに直角的に入るラインが特徴的で、背ビレの伸長する個体群の人気が高い。また、ジャンクション付近に入るスポット模様が細かいと、「てんてんアクセル」と呼ばれるコリドラスと近い体色になる。輸入状態が悪いと立ち上げが難しいが、飼育自体は難しくない。

コリドラス・デビッドサンズィ
Corydoras davidsandsi

分布：ブラジル（ネグロ川）　体長：6cm
水温：24〜27℃　水質：弱酸性〜中性
水槽：36cm以上　エサ：人工飼料、生き餌
飼育難易度：ふつう

　ラインの入り方が似ているために"ニューメリニ"の名で呼ばれることがあるが、状態の良い個体は鮮やかなオレンジ色を発色する。丈夫で飼いやすいコリドラスで、これらの仲間の中ではビギナー向き。

コリドラス・ヴァージニアエ
Corydoras virginiae

分布：ペルー（ウカヤリ川）　体長：6cm
水温：24〜27℃　水質：弱酸性〜中性
水槽：36cm以上　エサ：人工飼料、生き餌
飼育難易度：ふつう

　吻部がやや突出するセミロングノーズ・タイプのコリドラスの1種で、体高のある体形と独特の体色を持つ人気種。"ザンガマ"という通称で古くから知られていたが、最近はその輸入が不定期になっており、入手が困難なこともある。飼育は難しくなく、人工飼料もよく食べる。

コリドラスの1種"ショートノーズスーパービコロール"
Corydoras sp.

分布：コロンビア、ペルー　体長：6cm
水温：24〜27℃　水質：弱酸性〜中性
水槽：36cm以上　エサ：人工飼料、生き餌
飼育難易度：ふつう

　コロンビアから輸入される、独特の体色を持つコリドラス。初入荷当時はとても高価であったが、輸入量が多くなって購入しやすくなっている。最大の特徴の背ビレや背ビレ基部にある模様は個体群によってバリエーションが見られ、輸入された便によって違いが見られて面白い。

コリドラス・バーゲシィ
Corydoras burgessi

分布：ブラジル（ネグロ川）　体長：5cm
水温：24〜27℃　水質：酸性〜弱酸性
水槽：36cm以上　エサ：人工飼料、生き餌
飼育難易度：ふつう

　ネグロ川水系産の白いコリドラスを代表する種類。最近では輸入量が少なくなっている。採集地などにより地域バリエーションも多く、中には他種と中間的な特徴を持った個体も輸入されるのが興味深い。輸入状態が良いと飼育は容易だ。

コリドラス・アドルフォイ
Corydoras adolfoi

分布：ブラジル（ネグロ川）　体長：5cm
水温：24〜27℃　水質：酸性〜弱酸性
水槽：36cm以上　エサ：人工飼料、生き餌
飼育難易度：ふつう

　肩に明るいオレンジ色を発色する美しいコリドラスで、その後のコリドラスブームを引き起こすきっかけとなった種類でもある。最近では飼育しやすいブリード個体が多く見られるが、たまに輸入されるワイルド個体は特に酸性の水質を好む。

コリドラス・デュプリカレウス
Corydoras duplicareus

分布：ブラジル（ネグロ川）　体長：5cm
水温：24〜27℃　水質：酸性〜弱酸性
水槽：36cm以上　エサ：人工飼料、生き餌
飼育難易度：ふつう

　かつてはアドルフォイのバリエーションとされ"ハイバンドアドルフォイ"等の名称で呼ばれていたが、背部の黒バンドの面積が太く、頬が赤く透けている点、生息地が異なるなどの違いがあり、別種として記載された。

コリドラス・イミテーター
Corydoras imitator

分布：ブラジル（ネグロ川）　体長：7cm
水温：24〜27℃　水質：酸性〜弱酸性
水槽：36cm以上　エサ：人工飼料、生き餌
飼育難易度：やや難しい

　頭部がオレンジ色に染まるコリドラスで、生息地ではアドルフォイと混棲しており、『イミテーター』＝擬態の意味を種名に持つアドルフォイのセミロングノーズ種。軟水の酸性の水を好み、輸入直後は水質に気を遣ってやりたい。

コリドラス・クリプティクス
Corydoras crypticus

分布：ブラジル（ネグロ川）　体長：7cm
水温：24〜27℃　水質：酸性〜弱酸性
水槽：36cm以上　エサ：人工飼料、生き餌
飼育難易度：やや難しい

　イミテーターに似るが、本種は体全体に細かいスポット模様を持ち、背ビレの基部のみが黒いことで区別することができる。入荷量は他のネグロ川産のコリドラスに比べて少なく、見かける機会は多くない。

コリドラス・セラートゥス
Corydoras serratus

分布：ブラジル（ネグロ川）　体長：8cm
水温：24〜27℃　水質：弱酸性〜中性
水槽：36cm以上　エサ：生き餌
飼育難易度：ふつう

　アドルフォイと似た模様を持ったロングノーズタイプで、以前はアドルフォイに混じって輸入されるだけだった。最近は本種のみでの輸入が多い。体色はアドルフォイほどの鮮やかさはない。

コリドラス・エベリナエ
Corydoras evelynae

分布：ブラジル（ソリモエンス川）
体長：6cm
水質：弱酸性～中性
エサ：人工飼料、生き餌
水温：24～27℃
水槽：36cm以上
飼育難易度：ふつう

　以前は単独で輸入されることのあまりない、輸入量の少ないレアなコリドラスの代表種だった。他種に数匹が混ざって輸入される程度で、きわめて希少で、入手はとても難しかったが、近年では少数ながら単独で輸入されるようになった。飼育自体は難しくない。

コリドラスの1種 "エベリナエⅡ"
Corydoras sp.

分布：ペルー（ソリモエンス川）
体長：6cm
水質：弱酸性～中性
エサ：人工飼料、生き餌
水温：24～27℃
水槽：36cm以上
飼育難易度：ふつう

　他種にはない独特の大理石模様を持つコリドラスで、入荷量は以前に比べれば増えてきたがそれでも現物を見かける機会は少ない人気の高い珍コリの代表種。模様の変化が顕著で飼育しながら模様の変化を楽しむことができる。

コリドラスの1種 "ロングノーズエベリナエ"
Corydoras sp.

分布：ペルー（ウカヤリ川）
体長：7cm
水質：弱酸性～中性
エサ：人工飼料、生き餌
水温：24～27℃
水槽：36cm以上
飼育難易度：ふつう

　ペルーからごく少数が輸入される珍種で、コリドラス・ベサナエの近縁種と思われる。高価で、入手は難しいが入荷を待ち望んでいるコリドラス愛好家が多い人気種だ。模様には個体差があり、好みの模様の個体を探す楽しみもある。

コリドラス・アークアトゥス
Corydoras arcuatus

分布：ペルー
水温：24～27℃
水槽：36cm以上
飼育難易度：やさしい
体長：5cm
水質：弱酸性～中性
エサ：人工飼料、生き餌

　アーチ状の模様が特徴のコリドラスで、アークの名で古くから親しまれているポピュラー種。コンスタントに輸入されているが、採集地の違いなどによるバリエーションも見られる他、本種に似たマニアックな種類も多く、コリドラスマニアへの入り口的存在と言える。飼育は容易だ。

コリドラス・ベサナエ
Corydoras bethanae

分布：ペルー　　　　　体長：7cm
水温：24～27℃　　　水質：弱酸性～中性
水槽：36cm以上　　　エサ：人工飼料、生き餌
飼育難易度：ふつう

"ロングノーズアークアトゥス"の名前で呼ばれる。古くから知られていたが、2021年に記載され学名が付けられた。以前は珍コリの代名詞的存在でマニア垂涎の種類だったが、現在ではまとまって輸入されるようになり、入手は容易になった。とても丈夫なコリドラスで、飼育は容易である。

コリドラスの1種 "スーパーアークアトゥス"
Corydoras sp.

分布：ブラジル（プルス川）　体長：10cm
水温：24～27℃　　　水質：弱酸性～中性
水槽：40cm以上　　　エサ：人工飼料、生き餌
飼育難易度：ふつう

コリドラスの常識を覆した大型種で、アークアトゥスの体色はそのままに、巨大化させたようなコリドラスだ。大型種だが成長はそれほど早くない。最初から大きな個体が輸入されることが多い。飼育は難しくないが、性質はやや臆病な面がある。

コリドラス・ナルキッスス
Corydoras narcisus

分布：ブラジル（プルス川）　体長：12cm
水温：24～27℃　　　水質：弱酸性～中性
水槽：40cm以上　　　エサ：生き餌
飼育難易度：ふつう

コリドラス人気の火付け役となったコリドラス。10cmを超える大型種だが、成長はそれほど速くない。ロングノーズのコリドラスは人工飼料を好まないが、本種もその例に漏れず生き餌を好む。素晴らしいフォルムのロングノーズコリドラスだ。

コリドラスの1種 "ペルーナルキ"
Corydoras sp.

分布：ペルー　　　　　体長：10cm
水温：24～27℃　　　水質：弱酸性～中性
水槽：40cm以上　　　エサ：生き餌
飼育難易度：ふつう

ペルーに生息するコリドラスで、前種のナルキッススに似ていることからこの名で輸入れた。輸入される個体群によっては、セミアクィルスに近い体色の魚も見られて面白い。輸入はコンスタントではなく、2～3年に一度輸入される程度。飼育自体は難しくなく、動物性の餌を好む。

コリドラス・ソロックス
Corydoras solox

分布：ブラジル（アマパリ川）体長：8cm
水温：24～27℃　　　水質：弱酸性～中性
水槽：45cm以上　　　エサ：生き餌
飼育難易度：ふつう

ロングノーズコリドラスの魅力を凝縮したようなカッコよさがあり、コリドラスマニアに人気の高いロングノーズコリドラスの代表種。最近は輸入量も比較的多くなり、入手しやすくなった。状態よく飼うと、オスは胸ビレが発達して素晴らしい個体へと育ってくれる。

コリドラス・サラレエンシス
Corydoras sarareensis

分布：ブラジル（グァポレ川）体長：7cm
水温：24～27℃　　　水質：弱酸性～中性
水槽：45cm以上　　　エサ：生き餌
飼育難易度：

胸ビレの棘条が黄色く染まるロングノーズのコリドラスで、オス同士では縄張り争いをすることがある。体のスポット模様にはバリエーションがあり、輸入されるロットごとに微妙に模様が異なるのが面白い。

コリドラス・フォウレリィ
Corydoras fowleri

分布：ペルー（アマゾン川）
水温：24～27℃
水槽：36cm以上
飼育難易度：やや難しい
体長：10cm
水質：弱酸性～中性
エサ：生き餌

　マニア好みのロングノーズコリドラスで、バリエーションや近縁種が多い。水質が悪化すると体色が白っぽくなり、泳ぎがふらつくようになるので、こまめな水換えを心がけたい。餌は動物性を好む。

コリドラス・セミアクィルス "ブラックバタフライ"
Corydoras sp.

分布：ペルー（ウカヤリ川）
水温：24～27℃
水槽：36cm以上
飼育難易度：やや難しい
体長：10cm
水質：弱酸性～中性
エサ：生き餌

　尾ビレにバンド模様を持つタイプのセミアクィルスの近縁種で、大型になる。産地ごとに模様や特徴が異なり、飼い込むと模様の黒の面積が多くなり、輸入直後と比べると別の魚のような姿に変化する様子が楽しめる。

コリドラスの1種 "トレイトリー"
Corydoras sp.

分布：ペルー（アマゾン川）
水温：24～27℃
水槽：36cm以上
飼育難易度：やや難しい
体長：10cm
水質：弱酸性～中性
エサ：生き餌

　本種は"トレイトリー"の名前で販売・流通するが、学名の付けられている、いわゆる"本物"のコリドラス・トレイトリーは日本未入荷である。尾ビレ、背ビレに模様はなく、グレーの体色を持つロングノーズタイプの未記載種である。

コリドラス・カウディマクラートゥス
Corydoras caudimaculatus

分布：ブラジル（グァポレ川）
水温：24～27℃
水槽：36cm以上
飼育難易度：やさしい
体長：5cm
水質：弱酸性～中性
エサ：人工飼料、生き餌

　丸みのある体形と、尾柄部の大きな黒いスポットが可愛らしいコリドラスの人気種。養殖個体が数多く輸入されており、ポピュラーな種類となっている。ただ、輸入直後は状態を落としていることが多く、注意が必要。基本的には丈夫な魚なので、普通に飼っていれば問題なく飼育できる。

コリドラス・グァポレ
Corydoras guapore

分布：ブラジル（グァポレ川）　体長：5cm
水温：24～26℃　水質：弱酸性～中性
水槽：36cm以上　エサ：人工飼料、生き餌
飼育難易度：やや難しい

　カワディマクラートゥスとほぼ同様の体色を持った、エレガンスグループのコリドラス。生息地でも混棲しているらしい。水質に少々敏感な面があり、古い水を嫌うのでこまめな水換えが必要である。

コリドラス・シミリス
Corydoras similis

分布：ブラジル（ジャル川）　体長：5cm
水温：24～27℃　水質：弱酸性～中性
水槽：36cm以上　エサ：人工飼料、生き餌
飼育難易度：ふつう

　カウディマクラートゥスに似たカラーパターンだが、尾柄部のスポットが大きく、紫がかっていることで区別できる。飼育は難しくないが、体色を引き出すのは難しい。現在は養殖個体がメインとなっている。

コリドラスの1種 "シミリスⅣ"
Corydoras sp.

分布：ブラジル（プルス川）　体長：6cm
水温：24～27℃　水質：弱酸性～中性
水槽：36cm以上　エサ：人工飼料、生き餌
飼育難易度：ふつう

　シミリスには複数のタイプが輸入されており、本種は輸入量が少ない珍しいタイプ。尾筒のグラデーションの面積が広く、頭部のスポット模様はミスト状の個体が多いが個体差があり、バリエーションを楽しめるマニア好みのコリドラスである。

コリドラス・オウラスティグマ
Corydoras ourastigma

分布：ブラジル（アクレ州）　体長：8cm
水温：24～27℃　水質：弱酸性～中性
水槽：36cm以上　エサ：生き餌
飼育難易度：ふつう

　尾柄部のスポット模様が特徴的な、シミリスに近い体色のロングノーズコリドラス。一般的にオウラスティグマと呼ばれる魚は未記載種で、本種の方が吻部が長く、頭部や尾ビレにスポット模様が見られる。動物性の餌を好み、飼育は難しくない。

コリドラスの1種 "ミラグロ"
Corydoras sp.

分布：ブラジル（ユルエナ川）　体長：5cm
水温：24～27℃　水質：弱酸性～中性
水槽：36cm以上　エサ：人工飼料、生き餌
飼育難易度：ふつう

　ロレトエンシスタイプの体型を持つ入荷量の少ないコリドラスで、過去の入荷から10年以上入荷がなく、2024年に久しぶりに輸入された。アイバンドと体側後部の模様が特徴で、他種にはない独特の雰囲気を持ったコリドラスである。

コリドラス・ギアネンシス
Corydoras guianensis

分布：スリナム　体長：5cm
水温：24～27℃　水質：弱酸性～中性
水槽：36cm以上　エサ：人工飼料、生き餌
飼育難易度：ふつう

　スリナムに生息する、比較的最近になって輸入されるようになったコリドラス。成長とともに体高が高くなる独特の体形が特徴。状態よく飼うと体色が飴色になり、体全体に細かいスポットが入る。

コリドラス・ポリスティクトゥス
Corydoras polystictus

分布：パンタナル周辺	体長：4cm
水温：24〜27℃	水質：弱酸性〜中性
水槽：36cm以上	エサ：人工飼料、生き餌
飼育難易度：やさしい	

　コロコロとした体形が可愛い。数匹を一緒に飼育すると群れを作って泳ぐ姿が観察できる。水質が悪くなると食が細くなって痩せてくるので、しっかり餌が食べられるよう水質管理に努めたい。

コリドラス・アトロペルソナートゥス
Corydoras atoropersonatus

分布：エクアドル	体長：4cm
水温：24〜27℃	水質：弱酸性〜中性
水槽：36cm以上	エサ：人工飼料、生き餌
飼育難易度：やや難しい	

　アイバンドがとても目立つ、白い体色が美しいコリドラス。水槽での長期飼育では体色が黒ずんでしまうことがあるため、こまめな水換えで良好な水質を維持したい。あまり丈夫ではなく、長生きしにくい。

コリドラス・シクリ
Corydoras sychri

分布：ペルー	体長：6cm
水温：24〜27℃	水質：弱酸性〜中性
水槽：36cm以上	エサ：人工飼料、生き餌
飼育難易度：ふつう	

　アトロペルソナートゥスのロングノーズタイプ。現地でも同じ地域に混棲しているので、混じって輸入されることもある。アトロペルソナートゥスよりアイバンドが太いので、簡単に見分けられる。

コリドラス・コロッスス
Corydoras colossus

分布：ブラジル（タパジョス川）	体長：7cm
水温：24〜27℃	水質：弱酸性
水槽：36cm以上	エサ：人工飼料、生き餌
飼育難易度：ふつう	

　体高が高く、背ビレも伸長することから、より体高が高く見える独特な体形の持ち主で、最近人気が高まりつつある種類だ。状態が良くなると黒っぽい体色になる。飼育は難しくないが、水質が悪くなると肌荒れを起こすので要注意。輸入量は少なく、"レセックス"の名称で流通する。

コリドラスの1種 "ロングノーズレセックス"
Corydoras sp.

分布：ブラジル（タパジョス川）
体長：7cm
水質：弱酸性
エサ：人工飼料、生き餌
水温：24〜27℃
水槽：36cm以上
飼育難易度：ふつう

　コロッススのセミロングノーズタイプで、鮮やかな頭部のオレンジ色が美しい人気種で、近年は比較的見かける機会も増えてきた。飼育はコロッススに準じる。長く飼育して落ち着いてくると体色がやや黒みを帯びる。

コリドラス・ステルバイ
Corydoras sterbai

分布：グァポレ川
水温：24〜27℃
水槽：36cm以上
飼育難易度：やさしい
体長：6cm
水質：弱酸性〜中性
エサ：人工飼料、生き餌

　胸ビレ周辺に発色するオレンジ色の美しい色彩と、飼いやすさで人気のコリドラス。現地採集個体も輸入されるが、最近では養殖個体が中心となっている。最近ではアルビノを固定した品種も見られる。

コリドラス・ハラルドシュルツィ
Corydoras haraldschultzi

分布：グァポレ川
水温：24〜27℃
水槽：36cm以上
飼育難易度：やさしい
体長：7cm
水質：弱酸性〜中性
エサ：人工飼料、生き餌

　ステルバイのロングーズタイプとして知られるコリドラス。前種のステルバイと同じ、ブラジルのグァポレ川に生息する。飼育は難しくなく、人工飼料も食べてくれるので混泳水槽でも容易に飼育できる。ステルバイと同じく胸ビレ周辺がオレンジに発色する。

コリドラス・ゴッセイ
Corydoras gossei

分布：ブラジル（マモレ川）
水温：24〜27℃
水槽：36cm以上
飼育難易度：ふつう
体長：6cm
水質：弱酸性〜中性
エサ：人工飼料、生き餌

　背ビレの棘条にもオレンジを発色する。その美しさから急速にポピュラー種となったコリドラス。ワイルド、ブリードの両方が流通している。ただし、ワイルド個体は輸入状態が悪いことが多く、痩せてしまうことが多いので注意が必要だ。

コリドラス "ファインスポットゴッセイ"
Corydoras gossei

分布：ブラジル（マモレ川）
水温：24〜27℃
水槽：36cm以上
飼育難易度：ふつう
体長：8cm
水質：弱酸性〜中性
エサ：人工飼料、生き餌

　ワイルドの大型個体は非常に重厚感があり、体色も美しいため人気が高い。通常のゴッセイよりも頭部が大きく見え、目の位置にも違いがある。入荷量は通常のゴッセイよりも少なく、人気が高い。

コリドラス・セウシィ
Corydoras seussi

分布：ブラジル（マモレ川）
水温：24〜27℃
水槽：40cm以上
飼育難易度：ふつう
体長：8cm
水質：弱酸性〜中性
エサ：人工飼料、生き餌

　ゴッセイのセミロングノーズタイプで、ロングノーズ・ゴッセイの名で知られている。神経質な性質で、やや大きくなるので、大きめの水槽で静かに飼いたい。オレンジ色の発色はゴッセイよりも濃いようだ。

コリドラス・スペクタビリス
Corydoras spectabilis

分布：ブラジル（グァポレ川）
水温：24〜27℃
水槽：36cm以上
飼育難易度：ふつう
体長：7cm
水質：弱酸性〜中性
エサ：人工飼料、生き餌

　比較的最近になって輸入されたコリドラスで、その輸入は少量が不定期に行われている程度。色々な特徴を持っている面白いコリドラスで、最初は自然下での交雑種だと考えられていたが、独立した種であることが判明し、学名が付けられた。飼育は容易で、人工飼料も喜んで食べる。

コリドラス・シュワルツィ
Corydoras schwartzi

分布：ブラジル（プルス川）
水温：24〜27℃
水槽：36cm以上
飼育難易度：やさしい
体長：5cm
水質：弱酸性〜中性
エサ：人工飼料、生き餌

　輸入量の多いショップで常に見ることができるポピュラーなコリドラスだが、奥の深い魅力を持つ。体色や模様には地域変異や個体差が多く、マニアックな楽しみ方ができる。ラインの揃った個体を選びたい。大切に飼うと、背ビレが伸長し、見事な美魚となる。

コリドラス "スーパーシュワルツィ"
Corydoras schwartzi

分布：ブラジル（プルス川）	体長：6cm
水温：21〜27℃	水質：弱酸性〜中性
水槽：35cm以上	エサ：人工飼料、生き餌
飼育難易度：ふつう	

　シュワルツィの近縁種で、シュワルツィよりも体側のラインの間隔が広くて太いのが特徴だ。このラインが美しい個体は特に人気が高く、ランクがつけられることもある。少々痩せやすいので注意。

コリドラスの1種 "ロングノーズスーパーシュワルツィ"
Corydoras sp.

分布：ブラジル（プルス川）	体長：8cm
水温：24〜27℃	水質：弱酸性〜中性
水槽：36cm以上	エサ：人工飼料、生き餌
飼育難易度：ふつう	

　プルケールにも似るが、本種は2本体側に黒いラインが入ることや、吻先にスポット模様を持つことで見分けることができる。飼い込まれた本種の背ビレの第一軟条は、クリーム色を帯びた黄色になり、長く伸長しとても美しい姿となる。

コリドラス・プルケール
Corydoras pulcher

分布：プルス川	体長：7cm
水温：24〜27℃	水質：弱酸性〜中性
水槽：36cm以上	エサ：人工飼料、生き餌
飼育難易度：ふつう	

　プルス川に生息するコリドラスには、背ビレの美しい種が多いが、本種はその代表種。体側中央部分に太い黒色ラインが入り、そのラインが整っている個体は特に人気が高く、競争率が高くなる。太い背ビレ棘条はクリーム色に発色し、軟条もよく伸長し、その先端が白くなり美しい。

コリドラス・ビファスキアートス
Corydoras bifasciatus

分布：ブラジル（タパジョス川）	体長：7cm
水温：24〜27℃	水質：弱酸性〜中性
水槽：40cm以上	エサ：人工飼料、生き餌
飼育難易度：ふつう	

　ブラジルのタパジョス水系に生息するセミロングノーズタイプのコリドラスで、最近まで標本写真などしか見られなかった幻の種類。最近になってロングノーズタイプも輸入されるようになっていて、それらの関係性も興味深い。輸入量は多くなっている。

コリドラスの1種 "ショートノーズ ビファスキアートゥス"
Corydoras sp.

分布：ブラジル（タパジョス川）　体長：5cm
水温：24〜27℃　水質：弱酸性〜中性
水槽：40cm以上　エサ：人工飼料、生き餌
飼育難易度：ふつう

　ビファスキアートゥスと同時に輸入された、ショートノーズタイプ。残念ながら、パラレルスとは無関係にもかかわらず、スーパーパラレルスの名で呼ばれている。飼育は他のコリドラスと同様で問題ない。

コリドラス・パラレルス
Corydoras parallelus

分布：ネグロ川　体長：5cm
水温：25〜27℃　水質：弱酸性
水槽：36cm以上　エサ：人工飼料、生き餌
飼育難易度：ふつう

　"コルレア"の名で古くから知られている大変美しいコリドラスで、トップクラスの人気を誇っている。しかし、輸入量は少ないため、入手は競争率が高く、困難である。国内養殖個体が比較的入手しやすい。

コリドラス・ロブストゥス
Corydoras robustus

分布：プルス川　体長：12cm
水温：24〜27℃　水質：弱酸性〜中性
水槽：40cm以上　エサ：人工飼料、生き餌
飼育難易度：ふつう

　コリドラスとは思えぬ大きさに成長する種類で、10cmを超える。非常に迫力があるコリドラスだが、大きさだけでなく伸長する背ビレを持つ美魚でもある。大型種ながら性質は臆病で、物陰に隠れてしまう。

コリドラス・ビコロール
Corydoras bicolor

分布：スリナム　体長：5cm
水温：24〜27℃　水質：弱酸性〜中性
水槽：36cm以上　エサ：人工飼料、生き餌
飼育難易度：ふつう

　スリナム産のコリドラスが輸入されるようになってお目見えした種類で、以前は幻のコリドラスだったが、最近では少量ながら輸入されるようになっている。状態がいいと、肩口のオレンジ色が強くなる。

コリドラスの1種 "アンチェスター"
Corydoras sp.

分布：ブラジル（タパジョス川）　体長：7cm
水温：24～27℃　水質：弱酸性～中性

　"セルパ"の名称でも呼ばれる本種は、独特の模様と大きな口が最大の特徴で、産地により模様のバリエーションが知られており、近年ではブリード個体も流通している。ワイルドの大型個体は重量感があり、存在感のあるコリドラスである。

コリドラス・コンコロール
Corydoras concolor

分布：ベネズエラ　体長：6cm
水温：24～27℃　水質：弱酸性～中性
水槽：36cm以上　エサ：人工飼料、生き餌
飼育難易度：ふつう

　オレンジとグレーの2色に染め分けられた独特の体色を持つ美魚で、初心者からマニアまで、幅広い飼育者に好まれる種類。最近は養殖個体が多いが、大型に成長した採集個体の輸入も見られる。

コリドラス・バデリ
Corydoras baderi

分布：ブラジル、スリナム　体長：5cm
水温：24～27℃　水質：弱酸性～中性
水槽：36cm以上　エサ：人工飼料、生き餌
飼育難易度：ふつう

　スリナムに生息する珍しいコリドラスで、輸入量に少ない。最近では国内ブリード個体も出回っており、写真の個体もそれに当たる。体側中央部を横切るライン模様が特徴的だ。飼育は難しくない。

コリドラス・ボンディ
Corydoras bondi

分布：ベネズエラ　体長：5cm
水温：24～27℃　水質：弱酸性～中性
水槽：36cm以上　エサ：人工飼料、生き餌
飼育難易度：ふつう

　スポット模様が美しい人気種で、採集個体が比較的多く輸入されており、比較的安価で入手できる。体表がやや弱く、寄生虫が付きやすいので注意。性質はおとなしく、混泳する魚種には気を使いたい。

コリドラス・コペナメンシス
Corydoras coppenamensis

分布：スリナム（コッペナム川）　体長：5cm
水温：24～27℃　水質：弱酸性～中性
水槽：5cm以上　エサ：生き餌
飼育難易度：ふつう

以前は、ボンディの亜種として扱われていた種で、体側のジャンクション上の太い一本ラインは一度見たら忘れない個性的な模様である。輸入量は少なく、一時は20年間近く輸入が途絶えていたが、近年再入荷があり注目を集めた種である。

コリドラスの1種 "ゼブリーナ"
Corydoras sp.

分布：ブラジル（不明）　体長：6cm
水温：24～27℃　水質：弱酸性～中性
水槽：45cm以上　エサ：生き餌
飼育難易度：やや難しい

各ヒレが伸長し、ゼブラ模様が美しい未記載種で2015年に初入荷したコリドラス。模様は荒いものから細かいものまで様々で、好みのタイプを探す楽しみがある。最近はワイルド個体よりもブリード個体が流通している。

コリドラス・レイノルジィ
Corydoras reynoldsi

分布：コロンビア　体長：5cm
水温：24～27℃　水質：弱酸性～中性
水槽：36cm以上　エサ：人工飼料、生き餌
飼育難易度：やや難しい

独特の体型を持ったコリドラスだが、輸入状態の悪さが難点で、少々飼育の難しい種類だ。輸入状態の良い個体を選ぶのはもちろん、少々痩せやすいので、餌切れには十分な注意が必要だ。輸入量は少ない。

コリドラス・ボエセマニー
Corydoras boesemani

分布：スリナム　体長：5cm
水温：24～27℃　水質：弱酸性
水槽：36cm以上　エサ：人工飼料、生き餌
飼育難易度：ふつう

コリドラスマニアが長らく輸入を待ち望んでいた種類。輸入量は少なくとても高価だが、最近では国内養殖個体もみられるようになっており、そちらなら比較的安価で購入できる。少々痩せやすいので注意が必要。

コリドラス・フィラメントーススス
Ccrydoras filamentosus

分布：スリナム（コランタイン川）
体長：7cm
水質：弱酸性
水温：24～27℃
水槽：36cm以上
エサ：人工飼料、生き餌
飼育難易度：ふつう

　かつては標本写真のみが知られる幻のコリドラスであった。スリナム産のロングノーズタイプのコリドラスは吻が短く独特の顔つきをしている種が多い。背ビレの軟条がフィラメント条に伸長することからこの学名が付けられた。

コリドラス・トゥッカーノ
Corydoras tukano

分布：ブラジル（ネグロ川）
体長：5cm
水温：24～27℃
水質：弱酸性～中性
水槽：36cm以上
エサ：人工飼料、生き餌
飼育難易度：やや難しい

　レイノルジィに近縁な"アッシャー"と呼ばれるコリドラス。体側の独特の斑紋が可愛さを引き立てている。痩せやすいので注意が必要だ。輸入直後はデリケートな面があるので、トリートメントが欠かせない。

コリドラス・オルテガイ
Corydoras ortegai

分布：ペルー（プトゥマヨ川）
体長：5cm
水温：24～27℃
水質：弱酸性～中性
水槽：36cm以上
エサ：人工飼料、生き餌
飼育難易度：ふつう

　ロレトエンシスのような体型に、尾ビレ付け根にはコリドラス・パンダのような黒いスポットが入ることから、"ロレト・パンダ"の名で輸入されたコリドラス。不定期で、数は少ないがコンスタントに輸入されている。小型種なのでこまめな給餌と、混泳魚の選定には気を使いたい。

コリドラス・ロレトエンシス
Corydoras loretoensis

分布：ペルー
体長：4cm
水温：24～27℃
水質：弱酸性～中性
水槽：36cm以上
エサ：人工飼料、生き餌
飼育難易度：ふつう

　透明感のある白い体に、コショウを振ったような多くのスポットが入る。古くから輸入されている小型のポピュラー種だが、やや水質に敏感な面がある。混泳水槽では餌にありつけないことが多いので要注意。

コリドラスの1種 "旧アルマートゥス"
Corydoras sp.

分布：ペルー 体長：5cm
水温：24〜27℃ 水質：弱酸性〜中性
水槽：36cm以上 エサ：人工飼料、生き餌
飼育難易度：ふつう

　かつてアルマートゥスと思われていたコリドラスで、今でもその名で販売されていることが多い。食が細いので、給餌はこまめに行いたい。採集地によるものなのか、体色にはかなりバリエーションがある。

コリドラス・アルマートゥス
Corydoras armatus

分布：ペルー 体長：5cm
水温：24〜27℃ 水質：弱酸性
水槽：36cm以上 エサ：人工飼料、生き餌
飼育難易度：やや難しい

　伸長する背ビレが特徴的な、他には見られない独特の体型を持った種類。性質は臆病で、混泳には向かず、飼育も簡単とは言い難い。近縁種がペルーだけでなく、ブラジルにも生息しているのが興味深い。

コリドラス・オステオカルス
Corydoras osteocarus

分布：ベネズエラ 体長：4cm
水温：24〜27℃ 水質：弱酸性〜中性
水槽：36cm以上 エサ：人工飼料、生き餌
飼育難易度：ふつう

　一時期輸入が止まっていたが、最近になってまた、少量が輸入されたようだ。以前はコンスタントな輸入があったコリドラスだ。細かいスポット模様を持つ可愛らしい種類だが、小型なので混泳は向かない。

コリドラス・ハブロススス
Corydoras habrosus

分布：ベネズエラ 体長：3cm
水温：24〜27℃ 水質：弱酸性〜中性
水槽：36cm以上 エサ：人工飼料、生き餌
飼育難易度：ふつう

　3種類ある極小コリドラスのひとつで、その中では一番コリドラスらしい体形をしており、生活スタイルも他の2種が遊泳性が強いのに対し、本種はコリドラスらしい。その他の小型コリドラスと比べてもかなり小さいので、混泳では餌を食べられないことが多い。輸入量は多く安価。

コリドラス・ピグマエウス
Corydoras pygmaeus

分布：ペルー	体長：3cm
水温：24〜27℃	水質：弱酸性〜中性
水槽：36cm以上	エサ：人工飼料、生き餌
飼育難易度：ふつう	

　ハブロースス、ハスタートゥスと並ぶ、もっとも小さいコリドラスの1種。コリドラスとしてはかなり泳ぐ方で、そのため、数匹以上で飼うと連れだって泳ぐ様子を観察できる。飼育は難しくないが、餌にありつけなくなる可能性が高いので、普通サイズの種類との混泳には向いていない。

コリドラス・ハスタートゥス
Corydoras hastatus

分布：ブラジル（パラグアイ川）	体長：3cm
水温：24〜27℃	水質：弱酸性〜中性
水槽：36cm以上	エサ：人工飼料、生き餌
飼育難易度：ふつう	

　最小種のひとつだが、その小ささに反して遊泳力が強く、中層付近を群れで泳ぐというコリドラスらしからぬ生活をしている。本種もかなりの小型種なので、やはり他のコリドラスとの混泳には向かない。

コリドラス・レティクラートゥス
Corydoras reticulatus

分布：ペルー	体長：5cm
水温：24〜27℃	水質：弱酸性〜中性
水槽：36cm以上	エサ：人工飼料、生き餌
飼育難易度：やさしい	

　ネットワークコリドラスの名で親しまれている、とても古くから輸入されているポピュラー種。丈夫で餌も選り好みせずに何でもよく食べ、性質もおとなしい。他種とは雰囲気の異なる顔つきが魅力。

コリドラス・ソダリス
Corydoras sodalis

分布：ペルー	体長：5cm
水温：24〜27℃	水質：弱酸性〜中性
水槽：36cm以上	エサ：人工飼料、生き餌
飼育難易度：やさしい	

　前種のレティクラートゥスに近縁のエレガンスグループのコリドラス。レティクラートゥスとは模様も含めよく似ているが、本種の方が背ビレのブラックトップが薄い。おとなしく、飼育も容易。

コリドラス・パンタナルエンシス

Corydoras pantanalensis

分布：ボリビア　体長：10cm
水温：24〜27℃　水質：弱酸性〜中性
水槽：40cm以上　エサ：人工飼料、生き餌
飼育難易度：やさしい

　ボリューム感のある体つきの、大型コリドラス。以前はラトゥスの名で流通していたが、ラトゥスは別の魚である。状態がいいと、飴色の体にメタリックグリーンが乗り、とても美しくなる。飼育は容易だ。

コリドラス・エレガンス

Corydoras elegans

分布：ペルー　体長：4cm
水温：24〜27℃　水質：弱酸性〜中性
水槽：36cm以上　エサ：人工飼料、生き餌
飼育難易度：やさしい

　ネズミのような独特の顔つきや、遊泳性が強く、水槽内をよく泳ぎ回る行動など、他のコリドラスとは違っていて面白い、エレガンスグループの代表種。このグループのコリドラスは雌雄差がわかりやすく、状態の良い成熟したオスは美しい。飼育の容易なポピュラー種でもある。

コリドラス・パレアートゥス

Corydoras paleatus

分布：アルゼンチン、パラグアイ
体長：6cm　水温：23〜25℃
水質：中性　水槽：36cm以上
エサ：人工飼料、生き餌　飼育難易度：やさしい

　アエネウス、白コリと並ぶ三大メジャーコリドラスのひとつで、古くからのポピュラー種。東南アジアで養殖されたものが大量に輸入されているが、稀にワイルド個体の輸入もみられる。飼育は容易だ。

アルビノパレアートゥスロングフィン

Corydoras paleatus var.

分布：改良品種　体長：6cm
水温：23〜25℃　水質：中性
水槽：36cm以上　エサ：人工飼料、生き餌
飼育難易度：やさしい

　コリドラスの仲間は東南アジアで盛んに養殖されており、多くの改良品種も作出されている。本品種もそのひとつで、パレアートゥスのアルビノ個体、しかもロングフィンタイプを固定したものだ。

"コリドラス" バルバートゥス
Scleromystax barbatus

分布：ブラジル（パラ川）	体長：12cm
水温：21～23℃	水質：中性～弱アルカリ性
水槽：45cm以上	エサ：人工飼料、生き餌
飼育難易度：やや難しい	

　コリドラス属からスクレロミスタックス属へと移行された大型種のひとつ。大型のオス個体の発色は素晴らしい。高水温に弱く、夏場の管理が難しい。餌にイトミミズなどの動物性のものを好んで食べる。

"コリドラス" マクロプテルス
Scleromystax macropterus

分布：ブラジル（パラナ川）	体長：7cm
水温：21～23℃	水質：弱酸性～中性
水槽：45cm以上	エサ：人工飼料、生き餌
飼育難易度：やや難しい	

　背ビレ、胸ビレが非常に長く伸びる種で、学名の意味は『最大ヒレ』を意味する。低水温を好み、高水温では酸欠に陥りやすく呼吸が荒くなったりするので夏場は25℃を超えないように気を使ってやりたい。

"ブロキス" スプレンデンス
Corydoras splendens

分布：ペルー（アマゾン川）	体長：9cm
水温：25～27℃	水質：弱酸性～中性
水槽：36cm以上	エサ：人工飼料、生き餌
飼育難易度：やさしい	

　以前はブロキス属としてコリドラス属とは別属として扱われていたが、現在ではコリドラス属に含まれている。古くは"エメラルドグリーンコリドラス"とも呼ばれていたポピュラーな種で、飼いやすく初心者でも飼育しやすい。

フラッグテールポートホールキャット
Dianema urostriatum

分布：アマゾン川流域	体長：9cm
水温：25～27℃	水質：中性
水槽：40cm以上	エサ：人工飼料、生き餌
飼育難易度：やさしい	

　コリドラスを細長くしたような印象の魚で、行動パターンや生活スタイルもよく似ている。黒と白の模様が入った尾ビレを持つことからフラッグテールの名前があるが、この模様がないポートホールキャットも知られている。飼育もコリドラスと同様でよく、混泳などの条件も変わらない。

ストライプラファエル
Platydoras costatus

分布：アマゾン川　体長：20cm
水温：25～27℃　水質：中性
水槽：40cm以上　エサ：人工飼料、生き餌
飼育難易度：やさしい

チョコレートキャット、ホワイトライントーキングなどの名前でも知られるポピュラー種。網ですくったりするとギーギーと音を出す。どこかに隠れてしまいなかなか姿を見せないが、丈夫で長命。おとなしいが意外と大きくなり、小魚などは知らない内に食べられてしまったりすることがある。

チャカ・チャカ
Chaca chaca

分布：インド　体長：30cm
水温：25～27℃　水質：弱酸性～中性
水槽：40cm以上　エサ：生き餌
飼育難易度：ふつう

枯れ葉のような姿をした姿が特徴的なナマズ。同属のバンカネンシス種も同じくチャカチャカの名前で販売されており、後者の方が輸入量が多くより一般的。砂に潜って獲物を待ち伏せるという生態から、水槽内でもほとんど動かない。飼育は潜れるよう砂を敷いてやると良い。

ピクタス
Pimelodus pictus

分布：ペルー、ベネズエラ　体長：12cm
水温：25～27℃　水質：中性
水槽：45cm以上　エサ：人工飼料、生き餌
飼育難易度：やさしい

黒いスポット模様を持った銀色の体に長いヒゲを持った小型ナマズの1種。可愛らしい顔と水槽内を元気に泳ぎ回る姿が人気の定番種のひとつ。飼育も容易で何でも食べるが、10cmを超えると小魚なども食べてしまうことがあり、小型魚の混泳水槽などでは注意が必要な場合がある。

バンジョーキャット
Bunocephalus coracoideus

分布：アマゾン川　体長：12cm
水温：25～27℃　水質：弱酸性～中性
水槽：36cm以上　エサ：生き餌
飼育難易度：ふつう

丸みを帯びた体に細長い尾部が付いた体型が楽器のバンジョーを思わせることからこの名がある。砂に潜る習性があり、明るい時間帯はほとんど潜っていて姿を見せない。もともとあまり動き回る魚ではないが、環境に慣れてくると明るくても餌を食べに出てくるようになる。

トーキングキャット
Amblydoras hancockii

分布：アマゾン川　体長：12cm
水温：25～27℃　水質：弱酸性～中性
水槽：40cm以上　エサ：生き餌
飼育難易度：ふつう

その名の通り"鳴く魚"として有名なナマズで、網で掬ったりすると胸ビレ付け根の骨をこすり合わせて「ギーギー」と音を出す。音を出すナマズは本種だけではないが、トーキングキャットというと本種を指すのが一般的だ。隠れて見えなくなることが多い。

トランスルーセントグラスキャット
Kryptopterus bicirrhis

分布：東南アジア　体長：8cm
水温：25～28℃　水質：中性
水槽：36cm以上　エサ：人工飼料、生き餌
飼育難易度：ふつう

全身透き通った体を持つ小型ナマズで、古くからの人気種。飼育は容易で性質もおとなしいことから、小型魚との混泳も可能。明るくても活動し、中層を群れになって泳ぐことが多いが、水草水槽などで飼うと周囲に溶け込むように目立たなくなり、透明な体の効果を実感できる。

ナマズの仲間

191

オキシドラス
Oxydoras niger

　水族館などでも見掛ける機会の多い有名な大型ドラス。10cm程度の幼魚が輸入されてくるが、成長速度は速く、すぐに大きな水槽が必要になる。きわめて丈夫で餌も何でも食べるが、太りやすいので与え過ぎに注意したい。おとなしいので混泳も可能。この仲間としてはよく動く。

分布：アマゾン川
体長：100cm
水温：24～28℃
水質：中性
水槽：150cm以上
エサ：人工飼料、生き餌
飼育難易度：やさしい

バクーペドラ
Lithodoras dorsalis

分布：アマゾン川　体長：80cm
水温：24～28℃　水質：中性
水槽：120cm以上　エサ：人工飼料、生き餌
飼育難易度：やさしい

　大きな鱗板に覆われた体から海外ではロックドラスとも呼ばれる大型ドラス。頑強そうな見た目に反して、可愛らしい顔つきをしている。餌は何でも食べ、丈夫で飼いやすい。性質はおとなしく、混泳も可能。成長速度も比較的速いが、あまり動かないこともあり太りやすい。

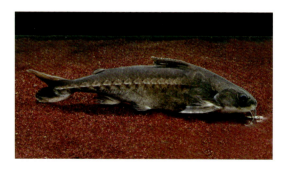

カイヤン
Pangasianodon hypophthalmus

分布：メコン川　体長：60cm以上
水温：25～27℃　水質：中性
水槽：90cm以上　エサ：人工飼料、生き餌
飼育難易度：やさしい

　古くから知られている遊泳性のナマズで、荒いものが多い東南アジアの大型ナマズの中にあって、珍しくおとなしい。養殖された幼魚がコンスタントに輸入されている。本来は1mを超える大型種だが、水槽内ではなかなか大きく育ちにくい。アルビノ個体もいる。飼育は容易。

サカサナマズ
Synodontis nigriventoris

分布：コンゴ川　体長：8cm
水温：25〜27℃　水質：弱酸性〜中性
水槽：36cm以上　エサ：人工飼料、生き餌
飼育難易度：ふつう

　腹を上にして泳ぐ習性で有名な魚。シノドンティスには本種以外にも逆さ泳ぎをする種類があるが、もっともポピュラーなのが本種である。シノドンティスの仲間の多くは、同種、他種問わずナマズ類との相性が悪いものが多いが、本種はおとなしく、群れで飼うことが可能だ。

シノドンティス・ムルティプンクタートゥス
Synodontis multipunctatus

分布：タンガニーカ湖　体長：15cm
水温：25〜27℃　水質：弱アルカリ性
水槽：45cm以上　エサ：人工飼料、生き餌
飼育難易度：ふつう

　白地に黒いスポットが入るタンガニーカ湖産のシノドンティスの人気種。よく似た姿形のペトリコラなどの近縁種もおり、それらを含め輸入されている。養殖もなされており、ごく小さな可愛らしい幼魚が輸入されてくる。シクリッドに托卵して繁殖する習性がよく知られている。

デンキナマズ
Malapterurus electricus

分布：アフリカ　体長：40cm以上
水温：25〜27℃　水質：中性
水槽：60cm以上　エサ：人工飼料、生き餌
飼育難易度：ふつう

　有名な発電魚のひとつで、古くから知られている。コロンとした体型が可愛らしい。ロングノーズタイプほど大きくならず、ジッとしていることが多いので、そういう意味でも飼いやすい。丈夫で飼育は容易だが、強い電気を出すので水換え時など取り扱いには注意が必要だ。

ロングノーズデンキナマズ
Malapterurus microstoma

分布：アフリカ　体長：70cm以上
水温：25〜27℃　水質：中性
水槽：90cm以上　エサ：人工飼料、生き餌
飼育難易度：ふつう

　水槽内でも60cm前後まで成長する大型種。飼育者にも馴れ、餌をねだるようになるが、不用意に触れると痛い目を見るので要注意。餌は何でもよく食べ、成長も速い。飼いやすいが、意外と活発で動き回るので大きな水槽が必要で、かつ混泳にも向かないのでその点は留意が必要。

その他の魚たち

　カラシンやコイ、シクリッドなどとは違い、流通する種類数が少ないなど観賞魚としては少数派となるものをここに掲載している。汽水魚や二次淡水魚など変わった生態や特徴を持つ種類が多く並ぶ、注目の掲載群だ。当然ながら人気種も多く、観賞魚として定番となっているものも少なくない。紙面の都合上、掲載種はこれだけとなっているが、掲載していないものにも興味深いものはまだまだ多くいることだけはお伝えしておきたい。

バタフライレインボー
Pseudomugil gertrudae

　小型美魚と呼ばれる魚に必ず挙げられる、小型レインボーフィッシュの代表種。体色や胸鰭の色彩により、イエロータイプやホワイトタイプに分けられているが、その要素は不確定だ。一見弱そうに見えるが、見た目に反して丈夫で飼育は容易。水草を多く植えた水槽でじっくり飼いたい。

分布：オーストラリア、ニューギニア島
体長：4cm
水温：25〜27℃
水質：弱酸性〜中性
水槽：36cm以上
エサ：人工飼料、生き餌
飼育難易度：ふつう

バタフライレインボー アルー IV
Pseudomugil gertrudae 'AruIV'

分布：インドネシア
体長：4cm
水温：25〜27℃
水質：弱酸性〜中性
水槽：36cm以上
エサ：人工飼料、生き餌
飼育難易度：ふつう

　一般的なバタフライレインボーがニューギニア島に生息するのに対し、本種はアルー諸島に生息している個体群。これまで海外の専門書などでしか見ることができなかったが、最近はコンスタントに輸入されている。バタフライレインボーとの大きな違いは、尻鰭の軟条が伸長すること。

シュードムギル・"ティミカ"
Pseudomugil luminatus

分布：ニューギニア島
体長：4cm
水質：弱酸性〜中性
エサ：人工飼料、生き餌
水温：25〜27℃
水槽：36cm以上
飼育難易度：ふつう

　全身がオレンジ色のバタフライレインボーといった印象の魚で、比較的最近になって紹介されたレインボーフィッシュ。飼育はバタフライレインボーと同様で難しくないが、水質は弱酸性の軟水、やや色付いた水で飼育するとオレンジの発色が強くなる。ブリード個体が輸入されて入手は容易。

シュードムギル・パスカイ
Pseudomugil paskai

分布：パプアニューギニア
体長：4cm
水質：中性
エサ：人工飼料、生き餌
水温：25〜27℃
水槽：36cm以上
飼育難易度：ふつう

　パプアニューギニアに生息するバタフライレインボーの近縁種で、腹部がうっすら紫色に染まる美種。ヨーロッパからブリード個体が輸入されたが、その後の輸入はほとんどなく入手は困難。飼育自体はバタフライレインボーと同様で難しくなく、輸入された際は系統維持が望まれる。

シュードムギル・メリス
Pseudomugil mellis

分布：オーストラリア北東部
体長：4cm
水質：中性〜弱アルカリ性
エサ：人工飼料、生き餌
水温：25〜27℃
水槽：36cm以上
飼育難易度：ふつう

　ヒレの先が白く縁取られたように発色するシュードムギル属のレインボーフィッシュ。国内ブリード個体が見られたこともあったが、現在はそれもほぼなくなっている状況。飼育はその他の同属他種と同様で構わないが、同居魚や、与える餌のサイズなど、小型種ならではの注意点に気を使いたい。

シュードムギル・イワントソフィ
Pseudomugil ivantsoffi

分布：パプアニューギニア
体長：4cm
水質：中性
エサ：人工飼料、生き餌
水温：25〜27℃
水槽：36cm以上

　パプアニューギニアに生息する小型美魚。背ビレが赤褐色に発色する個体と、背ビレ全体が黄色く発色する個体が見られる。光の当たる角度によって発色する背部のブルーが美しい。餌は生き餌だけでなく、人工飼料も食べてくれるので、見た目よりも飼育は容易。小型水槽で問題なく飼育できる。

シュードムギル・シアノドーサリス
Pseudomugil cyanodorsalis

分布：オーストラリア北部
体長：4cm
水質：中性〜弱アルカリ性
エサ：人工飼料、生き餌
水温：25〜27℃
水槽：36cm以上
飼育難易度：やや難しい

　伸長するヒレが美しい、小型のレインボーフィッシュ。飼育はやや難しく、長期飼育にはコツが必要。弱アルカリ性の水質を好むため、長期飼育、繁殖まで目指すのなら塩分濃度を少々高めにするとよい。輸入は多くなく、稀にブリード個体が見られる程度なので、専門店をこまめにチェックしたい。

シュードムギル・ペルシドゥス
Pseudomugil pellucidus

分布：ニューギニア島　体長：6cm
水温：25～27℃　水質：中性
水槽：36cm以上　エサ：人工飼料、生き餌
飼育難易度：やや難しい

　細身でやや大きく成長するシュードムギル。透明感のある体色と、可愛らしいヒレが魅力的。痩せやすい魚で飼育がやや難しいが、一度落ち着いてしまえば小型水槽でも繁殖が可能。餌は生き餌を好むが、慣れれば人工飼料も食べてくれる。入荷は不定期で、稀に輸入される程度なので入手は比較的難しい。

シュードムギル・コンニエ
Pseudomugil connieae

分布：パプアニューギニア
体長：6cm　　　　　　水温：25～27℃
水質：中性～弱アルカリ性　水槽：36cm以上
エサ：人工飼料、生き餌　飼育難易度：ふつう

　前種のポポンデッタレインボーの近縁種。ポポンデッタレインボーが黄色味が強い体色なのに対して、本種は淡いブルーの発色が特徴的。以前はコンスタントに輸入されていたが、近年はまったく輸入されなくなり幻の魚となってしまった。輸入された際は系統維持を心がけたい。

セレベスレインボー
Telmatherina ladigesi

分布：スラウェシ島　体長：6cm
水温：25～27℃　水質：中性～弱アルカリ性
水槽：36cm以上　エサ：人工飼料、生き餌
飼育難易度：ふつう

　透明感のある体にブルーのラインが入り、黄色い伸長するヒレがとても美しいレインボーフィッシュ。スラウェシ島が原産地だが、販売されているものは東南アジアで養殖された個体のため中性前後の水で問題なく飼育できる。人工飼料も何でもよく食べ、飼育の容易なポピュラー種。

ポポンデッタレインボー
Pseudomugil furcatus

分布：パプアニューギニア
体長：6cm
水質：中性～弱アルカリ性　水槽：36cm以上
エサ：人工飼料、生き餌　飼育難易度：やさしい
水温：25～27℃

　以前はポポンデッタ属として扱われていたため、この名が定着している。シュードムギル属のレインボーフィッシュとしては、もっとも輸入量の多いポピュラーな種類で、東南アジアで養殖された個体を容易に入手できる。飼育も容易で、混泳水槽などでも存在感がある美魚だ。

ニューギニアレインボー
Iriatherina werneri

分布：オーストラリア、ニューギニア島
体長：6cm　　　　　　水温：25～27℃
水質：中性～弱アルカリ性　水槽：36cm以上
エサ：人工飼料、生き餌　飼育難易度：ふつう

　独特の伸長するヒレが特徴のレインボーフィッシュのポピュラー種。東南アジアで養殖された個体が盛んに輸入されていて、熱帯魚店で常に見ることができる魚だ。飼育は容易だが、口が小さいので餌の工夫と、ヒレを齧られないよう注意したい。水草レイアウト水槽にも適している。

ダイヤモンドレインボー
Rhadinocentrus ornatus

分布：オーストラリア　体長：8cm
水温：25～27℃　水質：弱酸性～中性
水槽：36cm以上　エサ：人工飼料、生き餌
飼育難易度：ふつう

　黒く縁取られた鱗と、青く美しい体色が魅力的な小型レインボーフィッシュ。体色には青みの強い個体群と、赤みの強い個体群が知られている。輸入量は少なく、希少性も手伝ってやや高価である。飼育自体は難しくないが、痩せやすいのでこまめに餌を与えることが大切だ。

ハーフオレンジレインボー
Melanotaenia boesemani

分布：パプアニューギニア	体長：15cm
水温：25〜27℃	水質：中性
水槽：60cm以上	エサ：人工飼料、生き餌
飼育難易度：やさしい	

　レインボーフィッシュの代表的な仲間がメラノタエニア属。その代表種が本種で、10cm以上に成長するため大型の水草水槽で群泳させると見栄えがする。水草を食べないのも魅力で、もっと注目されても良い魚だ。性質もおとなしく、混泳も問題ない。飼育も容易な素晴らしい魚だ。

メラノタエニア・パルバ
Melanotaenia parva

分布：インドネシア	体長：15cm
水温：25〜27℃	水質：中性
水槽：60cm以上	エサ：人工飼料、生き餌
飼育難易度：ふつう	

　インドネシア領、クルモイ湖に生息するレインボーフィッシュ。鮮やかなオレンジ色を発色する美魚で、成長とともに深みのある体色に変化していく。メラノタエニアの仲間は、水槽サイズを大きくするほど大型に成長するので、迫力の体型を楽しみたいのであれば大きな水槽を用意したい。

メラノタエニア・オーストラリス
Melanotaenia australis

分布：オーストラリア北西部	
体長：15cm	水温：25〜27℃
水質：中性	水槽：60cm以上
エサ：人工飼料、生き餌	飼育難易度：ふつう

　赤と青の発色、ブラックラインのバランスが美しいレインボーフィッシュ。オーストラリアからの輸入は稀で、東南アジアやヨーロッパから養殖個体が輸入される。飼育は難しくなく、人工飼料を食べてくれる。できれば90cmクラスの水草水槽で飼うと、本種の魅力が十分に発揮される。

ブルーレインボー
Melanotaenia lacustris

分布：パプアニューギニア	体長：13cm
水温：25〜27℃	水質：中性
水槽：45cm以上	エサ：人工飼料、生き餌
飼育難易度：やさしい	

　養殖個体がコンスタントに輸入されているメラノタエニア属のポピュラー種で、安価で購入できる。メタリックブルーの発色が美しく、成長とともに体高が高くなって迫力を増す。餌も好き嫌いすることなく、とても丈夫で飼育は容易。水草レイアウト水槽にもっとも適した熱帯魚のひとつだ。

コームスケールレインボー
Glossolepis incisus

分布：ニューギニア北部　　体長：18cm
水温：25〜27℃　　水質：中性
水槽：60cm以上　　エサ：人工飼料、生き餌
飼育難易度：やさしい

　深い紅葉のような独特の発色を見せるレインボーフィッシュで、古くから知られている。成長すると肩から後ろが著しく盛り上がり、体高の高い特徴的なフォルムとなる。また、部分的に輝くメタリックの鱗が美しい。飼育は難しくなく、性質は温和なので混泳も問題ないく楽しめる。

マックローチレインボー
Melanotaenia arfakensis

分布：オーストラリア北西部　　体長：10cm
水温：25〜27℃　　水質：中性
水槽：60cm以上　　エサ：人工飼料、生き餌
飼育難易度：やさしい

　同属の他種とはやや異なる雰囲気を持ったレインボーフィッシュ。ただし、この名で販売されている魚はひとつではなく、輸入状況によって違う個体群であることも多い。飼い込むと鮮やかな色を発色し、大変美しくなる。小型種として扱われることが多いが、そこそこのサイズに成長する。

メラノタエニア・ニグランス
Melanotaenia nigrans

分布：オーストラリア北西部　　体長：10cm
水温：25〜27℃　　水質：弱酸性〜中性
水槽：60cm以上　　エサ：人工飼料、生き餌
飼育難易度：ふつう

　メラノタエニア属の仲間の中では、かなり細身の体型が特徴。ド派手な発色の魚ではないが、ヒレなごのカラーバランスは美しい。飼育は難しくなく、中型の水草レイアウト水槽などで飼育するのが適している。比較的古くから知られている種だが、輸入量はあまり多くない。

メラノタエニア・カマカ
Melanotaenia kamaka

分布：オーストラリア　　体長：8cm
水温：25〜27℃　　水質：中性
水槽：60cm以上　　エサ：人工飼料、生き餌
飼育難易度：ふつう

　体全体に粉砂糖をふりかけたような白いスポットが浮かび上がり、体側中央部分にブルーのラインが入る大変美しい種。状態がよいと、ヒレに強い青を発色する。餌は何でも食べ、飼育は容易だ。輸入量は少なく、価格は求めやすいとは言えないが、以前よりは入手しやすくなっている。

ネオンドワーフレインボー
Melanotaenia praecox

分布：パプアニューギニア
水温：25～27℃
水槽：36cm以上
飼育難易度：やさしい
体長：6cm
水質：中性
エサ：人工飼料、生き餌

メラノタエニア属のレインボーフィッシュとしてはもっとも小さく、人気の高いポピュラー種。水草を食べず、それほど大きくならないので水草レイアウト水槽にピッタリの魚。成長とともに体高が出て、円に近い体型になった個体は迫力がある。丈夫で飼いやすい入門種的存在となっている。

パラドクスフィッシュ
Indostomus crocodilus

分布：タイ
水温：25～27℃
水槽：36cm以上
飼育難易度：難しい
体長：4cm
水質：中性
エサ：生き餌

姿形のまったく異なるタウナギ目に分類される珍魚で、この名前で3種が知られている。活発に泳ぎ回ることはなく、物陰に隠れていることが多い。とても口が小さいので、飼育にはブラインシュリンプの幼生が欠かせない。小型種のため飼育は難しいが、水槽内の繁殖例も聞かれる。

カラーラージグラス
Parambassis siamensis var.

分布：人工品種
水温：25～27℃
水槽：36cm以上
飼育難易度：ふつう
体長：7cm
水質：中性
エサ：人工飼料、生き餌

透明のラージグラスフィッシュに、職人技で着色した面白い魚。1匹ずつ手作業で色素を注射して着色し、カラーバリエーションは豊富で様々な色の魚が作られている。時間の経過とともに色素は抜けてしまうことが多く、普通のラージグラスフィッシュに戻ってしまう。飼育は基本種と同じで難しくない。

インディアングラスフィッシュ
Parambassis ranga

分布：ミャンマー、インド
水温：25～27℃
水槽：36cm以上
飼育難易度：ふつう
体長：5cm
水質：弱酸性～中性
エサ：人工飼料、生き餌

トランスルーセントグラスキャットと並び、骨格まで見える透き通った魚として人気が高いグラスフィッシュ。本種は古くから知られている小型種で、状態が良くなるとうっすらと褐色に色付きなかなかの美しさを楽しませてくれる。飼育は容易で、輸入量も多くショップで常に見ることができる。

ロングフィングラスエンゼル
Gymnochanda filamentosa

分布：インドネシア
水温：25～27℃
水槽：36cm以上
飼育難易度：ふつう
体長：4.5cm
水質：弱酸性～中性
エサ：人工飼料、生き餌

全身が透き通った体と、驚く程に伸長するヒレを持つ美しい魚。とにかく長く伸びたヒレが素晴らしく、それが人気の理由ともなっている。このヒレは輸入時にはすでに伸長している。他のグラスフィッシュと同様、飼育は難しくないが、ヒレを齧ってしまう魚との混泳は避けた方が良い。

アップルヘッドグラスフィッシュ
Parambassis pulcinella

分布：ミャンマー
水温：25～27℃
水槽：45cm以上
飼育難易度：ふつう
体長：13cm
水質：中性
エサ：人工飼料、生き餌

頭部が盛り上がってコブのようになるのが特徴の、大型のグラスフィッシュ。鱗のメタリック感が強いため体の透明感は少ない。飼育は難しくないが、こまめな水換えを心掛けたい。体表の粘膜が多めなので、網ですくうなど移動も極力避けた方が良い。動物性の餌を好むが、馴れれば人工飼料も食べる。

その他の魚たち

アーチャーフィッシュ
Toxotes jaculatrix

分布：東南アジア広域　体長：25cm
水温：25～27℃　水質：弱アルカリ性
水槽：60cm以上　エサ：人工飼料、生き餌
飼育難易度：ふつう

　トクソテス属には7種類が知られているが、一般的にアーチャーフィッシュやテッポウウオとして入荷するのが本種。東南アジアの熱帯域に広く分布し、日本の西表島にも生息している。飼育には塩分があった方が調子よく飼えるが、弱アルカリ性の水質なら塩分がなくても飼うことができる。

ゴールデンデルモゲニー
Dermogenys pusillus var.

分布：タイ、マレーシア　体長：5cm
水温：25～27℃　水質：中性
水槽：36cm以上　エサ：人工飼料、生き餌
飼育難易度：ふつう

　東南アジアでは水路や小川などでよく見られる、卵胎生の小型サヨリの1種。観賞魚としても古くから知られ、常に水面付近を漂うように泳いでいる。コンスタントに輸入され、入手、飼育ともに容易。デルモゲニーのゴールデンタイプだが、ノーマル種の輸入はほぼなく、本種の方がポピュラー。

スレッドフィンパラダイス
Polynemus paradiseus

分布：東南アジア　体長：40cm
水温：25～27℃　水質：弱アルカリ性
水槽：60cm以上　エサ：生き餌
飼育難易度：難しい

　東南アジアの河口から淡水域に生息するツバメコノシロの仲間で、軟条が長く伸長する胸鰭を持った幼魚が輸入される。軟条が7本の本種が一般的だが、同じ名前で15本の軟条を持つ別種が輸入されてくることもある。移動に弱く、落ち着くまでは不安定。飼育には塩分があった方がよい。

リーフフィッシュ
Monocirrhus polyacanthus

分布：アマゾン川　体長：10cm
水温：25～27℃　水質：弱酸性～中性
水槽：45cm以上　エサ：生き餌
飼育難易度：やや難しい

　名前通り枯れ葉のような色、形をしている驚きの熱帯魚。頭を下に向けてジッとしていることが通常で、積極的に泳ぎ回ることはあまりない。餌は生きた小魚を好み、近づいたものを瞬時に吸い込むように食べる。攻撃的な魚ではないが、泳ぎ回る魚や、小さな魚との混泳はできない。

ブラックゴースト
Apteronotus albifrons

分布：南米広域　体長：30cm
水温：25〜27℃　水質：中性
水槽：60cm以上　エサ：人工飼料、生き餌
飼育難易度：ふつう

　デンキウナギ目に分類される南米産ナイフフィッシュの代表的な種類で、その特徴的な姿形や真っ黒の体色から人気のある観賞魚だ。幼魚がコンスタントに輸入されている。丈夫で飼育は容易だが、成長に伴い同種間での争いが激しくなるため、同種、近縁種との混泳は難しい。

アフリカンスキャット
Scatophagus tetracanthus

分布：東アフリカ沿岸　体長：30cm
水温：25〜27℃　水質：弱酸性〜中性
水槽：60cm以上　エサ：生き餌、人工飼料
飼育難易度：ふつう

　アフリカのケニアに生息するスキャットの仲間。グリーンスキャットなど、他の仲間が汽水域に生息するのに対し、本種は純淡水での飼育が可能。飼育は難しくないが、性質は荒く、特に同種間では激しく争うことが多い。そのため基本的には単独飼育が望ましいが、他種には無関心なこともある。

ライオンフィッシュ
Allenbatrachus grunniens

分布：タイ、マレーシア　体長：20cm
水温：23〜25℃　水質：弱アルカリ性
水槽：45cm以上　エサ：生き餌
飼育難易度：ふつう

　古くからポピュラーなガマアンコウの仲間。半分砂に埋もれるなど、周辺の環境に擬態し、網ですくったときなどに鳴くことでも知られる。慣らせば淡水でも飼えるが、肌荒れを起こしやすくなるため、飼育には塩分があった方が調子が良い。待ち伏せ型の捕食者で、かなりの大きさのものでも食べてしまう。

バンブルビーフィッシュ
Brachygobius doriae

分布：東南アジア　体長：3cm
水温：25〜27℃　水質：中性〜弱アルカリ性
水槽：36cm以上　エサ：生き餌、人工飼料
飼育難易度：ふつう

　小さな体と可愛らしい色彩で、古くから親しまれている熱帯性のハゼの仲間。汽水魚として非常にポピュラーな存在で人気も高い。そのため、塩分濃度をやや上げた方が調子良く飼育できる。同種同士ではかなり激しく争う気性の荒さがあり、飼育は広い水槽で飼うか、隠れられる場所を多く作るとよい。

その他の魚たち

グラスゴビー
Gobiopterus chuno

分布：タイ、マレー半島、インド
体長：3cm
水質：中性
エサ：生き餌、人工飼料
水温：25～27℃
水槽：30cm以上
飼育難易度：やや難しい

　全身が透き通った体を持つ、成長しても3cmほどにしかならない小型ハゼ。性質もおとなしいので、おとなしい小型種のみで飼育するのが良い。だが、混泳水槽で飼育するといつの間にかいなくなってしまうことが多いので注意したい。餌は生き餌を好み、ブラインシュリンプの幼生がもっとも適している。

ドワーフピーコックガジョン
Tateurndina ocellicauda

分布：タイ、マレー半島、インド
体長：8cm
水質：中性
エサ：生き餌、人工飼料
水温：25～27℃
水槽：30cm以上
飼育難易度：ふつう

　ハゼの仲間の中でも特に美しい体色を持った種類で、小型美魚として知られている。かつてはやや高価だったが、現在ではブリード物が出回り、比較的安価で入手することができる。メスはオスほど鮮やかではないので雌雄の判別も簡単だ。餌は何でも食べて丈夫で飼いやすく、水槽内で繁殖まで楽しめる。

パープルスポッテッドガジョン
Mogurnda adspersa

分布：オーストラリア　体長：15cm
水温：25～27℃　水質：中性
水槽：45cm以上　エサ：生き餌、人工飼料
飼育難易度：ふつう

　オーストラリアに生息する、鮮やかな美しい体色を持ったカワアナゴの仲間。飼育自体は難しくないがテリトリー意識が強く、同種間では特に激しく争うので混泳にはあまり向いていない。基本的に餌は生き餌を好むが、口に入るものは何でも食べようとするため人工飼料にも餌付きやすい。

バディス・バディス
Badis badis

分布：インド　体長：7cm
水温：25～27℃　水質：弱酸性～中性
水槽：36cm以上　エサ：生き餌
飼育難易度：ふつう

　古くから知られるバディスの代表種。平常時は地味な印象のある魚だが、同種間の闘争時など興奮状態の時の鮮やかさは驚くほどだ。東南アジアで養殖された個体が輸入されるので、飼育や入手は難しくないが、人工飼料に餌付かせるのは難しく、冷凍アカムシなどの生き餌を中心に与える。

フレイムドットバディス
Badis sp.

分布：インド
水温：25 〜 27℃
水槽：36cm以上
飼育難易度：ふつう
体長：7cm
水質：弱酸性〜中性
エサ：生き餌

全身に入る赤いスポット模様が美しいバディスの仲間。スカーレットジェムなどのダリオの仲間と比べて大きく成長する。輸入量はあまり多くなく、インドの魚がまとまって輸入される時に時折輸入される程度。人工飼料はほとんど食べないので、冷凍赤虫などの生き餌を与える。

スカーレットジェム
Dario dario

分布：インド
水温：25 〜 27℃
水槽：36cm以上
飼育難易度：ふつう
体長：3cm
水質：中性
エサ：生き餌

1999年に日本へ紹介された小型種で、その美しさから大きな話題となった。当時は高価だったものの、すぐに人気種となり、現在は価格も入手しやすいものとなっている。成長しても2〜3cmほどと小さく、そのサイズで繁殖行動を行う。餌はブラインシュリンプの幼生などを与える。

レッドアイパファー
Carinotetraodon lorteti

分布：タイ、マレーシア、ベトナム
体長：5cm
水質：弱酸性〜中性
エサ：生き餌
水温：25 〜 27℃
水槽：36cm以上
飼育難易度：ふつう

「アカメフグ」としてカリノテトラオドン属のフグとしてはもっとも古くから知られる同属の代表種だが、日本の海にも同じ名前の別種のフグがいるため、英名呼称で区別される。その名の通り、眼の縁が赤く彩られ、背ビレなども赤く染まり綺麗になるが、気が荒く、混泳は難しい。

ブラックフェイスジェム
Dario tigris

分布：ミャンマー
水温：25 〜 27℃
水槽：36cm以上
飼育難易度：ふつう
体長：3cm
水質：中性
エサ：生き餌

2008年頃に紹介された美しいダリオの仲間。初めはダリオ・ヒスギノンに混じって輸入された。タイガーやゼブラなどの名で流通しているが、ここでは最初に紹介されたブラックフェイスジェムで掲載する。飼育は同属他種と同様だが、人工飼料にはほぼ餌付かないので、生き餌を与える。

レッドベリーダリオ
Dario kajal

分布：インド
水温：25 〜 27℃
水槽：36cm以上
飼育難易度：ふつう
体長：3cm
水質：中性
エサ：生き餌

インドに生息する美しいダリオの仲間。背ビレ前方の黒色のスポットと、強い赤を発色する体色が最大の特徴。平常時はピンク色だが、個体間の闘争時など、興奮すると素晴らしい赤を発色する。飼育自体は難しくないが、この仲間らしく餌は生き餌を好み、人工飼料はほとんど食べない。

レッドテールアカメフグ
Carinotetraodon irrubesco

分布：インドネシア
水温：25 〜 27℃
水槽：36cm以上
飼育難易度：ふつう
体長：5cm
水質：弱酸性〜中性
エサ：生き餌

その名の通り、尾が赤く染まる小型の淡水フグ。カリノテトラオドン属としては性質もおとなしく、他種よりも丈夫で飼いやすい。混泳も可能だが、ただし、フグは個体による性格の差が大きく、中には狂暴な個体もいる。隠れ家があると落ち着くので、用意してやると良い。繁殖も狙える。

ボルネオアカメフグ
Carinotetraodon borneensis

分布：ボルネオ島　　体長：5cm
水温：25〜27℃　　水質：弱酸性〜中性
水槽：36cm以上　　エサ：生き餌
飼育難易度：ふつう

　模様の柄の違いなどで雌雄の見分けが可能。オスは腹部が赤く染まり、美しくなる。6cmほどにしかならない小型の可愛らしいフグだが、性質は荒く、混泳は不向き。同種同士でも激しく噛み合う。輸入量はごく少なく、入手は困難。時折、国内でブリードされた個体が流通することがある。

カリノテトラオドン・サリヴァトール
Carinotetraodon salivator

分布：ボルネオ島　　体長：6cm
水温：25〜27℃　　水質：弱酸性〜中性
水槽：40cm以上　　エサ：生き餌
飼育難易度：ふつう

　独特の縞模様からゼブラフグなどと呼ばれることもある美しい小型淡水フグ。縞模様の向きの違いなどから雌雄の見分けも容易で、国内での繁殖例もある。そのためか、ペア売りされることも多かった。飼育は比較的容易で同種同士の混泳も可能だが、近年、日本への輸入は途絶えていて、入手は困難。

アベニーパファー
Carinotetraodon travancoricus

分布：インド　　体長：4cm
水温：25〜27℃　　水質：弱酸性〜中性
水槽：30cm以上　　エサ：生き餌
飼育難易度：ふつう

　フグとしては世界最小種。その小さくて可愛らしい姿から人気になった。飼育に塩分は必要ないため、水草水槽で飼育できる。小さくてもフグなので、水草水槽では貝類の抑制にも役立ってくれる。性質はフグとしてはおとなしく、同種、他種との混泳が可能。繁殖を狙うこともできる。

パオ・アベイ
Pao abei

分布：タイ、ラオス、ミャンマー　　体長：10cm
水温：25〜27℃　　水質：弱酸性〜中性
水槽：40cm以上　　エサ：生き餌
飼育難易度：ふつう

　メコン川に生息する小型の淡水フグ。体側のスポット模様にまばらに混じるオレンジ色が目を引きつける。性質は荒く混泳は難しい。特に同種同士などフグ同士ではしばしば争うが、隠れ家を多く用意するなどすれば不可能ではない。餌はエビなどの甲殻類を特に好む。

パオ・バイレイ
Pao baileyi

分布：タイ、ラオス、ミャンマー　　体長：15cm
水温：25〜27℃　　水質：弱アルカリ性
水槽：40cm以上　　エサ：生き餌
飼育難易度：ふつう

　体表表面に毛羽だったような皮弁が毛のように見えることから"毛フグ"と呼ばれることもある淡水フグ。弱アルカリ性の清浄な水を好み、水質悪化に弱い。あまり動き回らず、物陰に隠れるのを好むため、隠れ家を入れてやるとよい。性質は荒く、混泳は難しい。餌は小魚などを好む。

インドシナレオパードパファー
Pao palembangensis

分布：インドネシア、マレーシア　　体長：20cm
水温：25〜27℃　　水質：弱酸性〜中性
水槽：45cm以上　　エサ：生き餌
飼育難易度：ふつう

　その名の通りヒョウ柄模様を持った淡水フグで、大きな目が可愛らしい。やや神経質な面がある種類で、普段は砂に埋もれるようにジッとしていることが多い。砂や隠れ家を用意してやるといいだろう。小魚やエビをよく食べるが、水質悪化に弱いので水換えはしっかり行うようにしたい。

テトラオドン・スバッティ
Tetraodon suvattii

分布：タイ、ラオス　体長：15cm
水温：25～27℃　水質：弱アルカリ性
水槽：40cm以上　エサ：生き餌
飼育難易度：ふつう

　砂に潜るのを好み、ほとんどの時間を砂に埋もれて過ごしている。上向きの口や、潜った時に周囲に溶け込みやすい模様や色など、砂に潜るのに適した体つきをしている。あまり動き回らないが、性質は狂暴で同種、他種ともに混泳はできない。飼育にはしっかり砂を敷いてやるとよい。

ナイルフグ
Tetraodon miurus

分布：コンゴ川　体長：15cm
水温：25～30℃　水質：弱酸性～中性
水槽：　　　　　エサ：生き餌
飼育難易度：ふつう

　種小名からミウルスの名前で流通することも多いアフリカ産淡水フグ。体色にバリエーションが多く、赤みが強い個体の人気が高い。砂に潜っていることが多く、あまり動き回らない。砂を深めに敷いてやると落ち着くようだ。性質は荒く、餌も魚を好むため、同種、他種ともに混泳はできない。

テトラオドン・リネアートゥス
Tetraodon lineatus

分布：アフリカ中部広域　体長：40cm
水温：24～26℃　水質：中性
水槽：90cm以上　エサ：生き餌
飼育難易度：ふつう

　かつての種小名から「ファハカ」の名前で流通するよく知られたアフリカ産淡水フグ。黄色いライン模様と、黄色く色づく腹部が美しいが、性質は荒く、魚食性が強いため混泳は不可。大型になり、人にもよく慣れるため、単独飼育でも十分楽しめる。10cm未満の幼魚が輸入されてくる。

クロスリバーパファー
Tetraodon pustulatus

分布：ナイジェリア　体長：40cm
水温：25～27℃　水質：中性
水槽：90cm以上　エサ：生き餌
飼育難易度：ふつう

　かつては幻ともいわれた珍しい淡水フグで、近年になり少数ながら輸入されるようになった。最大で40cmほどとされているが、知られていないことも多く、巨大化するとも言われている。性質は狂暴で混泳には向かない。輸入量が限られていることもあり、入手は難しく、かなり高価だ。

その他の魚たち

テトラオドン・ムブ
Tetraodon mbu

分布：タンガニーカ湖、コンゴ川
水温：25〜27℃
水槽：90cm以上
飼育難易度：ふつう
体長：70cm
水質：中性
エサ：生き餌

　100cmを超えるとされる最大の淡水フグ。成長すると尾ビレが長く伸長し、印象的な姿となる。性質は比較的穏やかで、魚類を食べるのを好まない個体も多いことから、他種との混泳も可能なことが多い。ザリガニや貝類を好み、歯の伸びすぎ予防の意味でも硬い餌を与えるようにしたい。

ハチノジフグ
Dichotomyctere ocellatus

分布：タイ、インドネシア
水温：25〜27℃
水槽：60cm以上
飼育難易度：ふつう
体長：10cm
水質：弱アルカリ性
エサ：生き餌

　ミドリフグと並ぶポピュラーな淡水フグで、背中に数字の8のような模様があるのが名前の由来。ただし、綺麗な8を探すと意外といない。飼育はミドリフグと同様でよいが、やはり塩分が必要。ミドリフグより神経質で攻撃的なので、混泳には向かない。貝類を好んで食べる。

ミドリフグ
Dichotomyctere nigroviridis

分布：東南アジア
水温：25〜27℃
水槽：60cm以上
飼育難易度：ふつう
体長：15cm
水質：弱アルカリ性
エサ：生き餌

　淡水フグとして売られているものとしてはもっともメジャーかつ古くから知られている種類。ただし、淡水フグとはいっても本種は純淡水では調子を崩しやすく、飼育には塩分が必要。また、同種、他種との混泳も不可能ではないが、ヒレなどを噛み合うことがある。エビや貝類を好んで食べる。

ブロンズパファー
Auriglobus modestus

分布：東南アジア
水温：25〜27℃
水槽：40cm以上
飼育難易度：ふつう
体長：13cm
水質：弱酸性〜中性
エサ：生き餌

　メタリックな体色のポピュラー種で、背ビレと臀ビレをパタパタ動かしながら水槽内を泳ぎ回る姿がマンボウを連想させるといわれている。この名で輸入されるものには複数種が含まれており、体色に違いが見られるのはそのため。歯が伸びやすい傾向があり、定期的に硬いものを与えたい。

マミズフグ
Dichotomyctere fluviatilis

分布：インド、スリランカ
水温：25〜27℃
水槽：60cm以上
飼育難易度：ふつう
体長：20cm
水質：中性
エサ：生き餌

　同属のミドリフグやハチノジフグに似た姿形をしているが、体側のスポット模様や体色に違いが見られる。名前はマミズ（真水）だが、生息地では海で暮らしており、純淡水での飼育には向かず、塩分があった方がよい。性質はおとなしいとされるが、混泳には注意が必要だ。

メガネフグ
Takifugu ocellatus

分布：中国	体長：20cm
水温：25～27℃	水質：弱アルカリ性
水槽：60cm以上	エサ：生き餌
飼育難易度：ふつう	

　中国沿岸域に生息するフグで、背中のオレンジの眼鏡模様が美しい。輸入されてくる幼魚の頃は淡水域にも侵入するが、成長に伴い海に降る。そのため、飼育には塩分が必要。海水での飼育は可能。活発に泳ぎ回るが、砂に潜って休息する。観賞魚としての流通はごく稀。最近はあまり見掛けない。

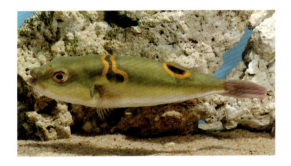

南米汽水フグ
Colomesus psittacus

分布：ブラジル、ベネズエラ	体長：30cm
水温：25～27℃	水質：弱アルカリ性
水槽：60cm以上	エサ：生き餌
飼育難易度：ふつう	

　南米淡水フグとして販売される同属のアセルス種とよく似た色、柄をしているが、こちらの方が大きくなる。また、性質にも違いが見られ、本種は気が荒く混泳に向かない。飼育には塩分も必要となる。見掛ける機会は少ないが、アセルス種と間違わないように注意が必要だ。

ダトニオイデス・プルケール
Datnioides pulcher

分布：タイ、ラオス、カンボジア	体長：60cm
水温：25～27℃	水質：中性
水槽：120cm以上	エサ：人工飼料、生き餌
飼育難易度：ふつう	

　黄色い体に黒のバンド模様、体高が高く分厚い体と、非常に見栄えのする大型魚。幼魚は大きなよく動く目でこちらを覗き込むような仕草を見せ、とても可愛らしいと魅力が多い魚だ。タイ産が珍重されるが、生息数が減少しているため、その価格は超高価なものになっている。

ダトニオイデス・ミクロレピス
Datnioides microlepis

分布：インドネシア	体長：60cm
水温：25～27℃	水質：中性
水槽：120cm以上	エサ：人工飼料、生き餌
飼育難易度：ふつう	

　インドネシアに生息するダトニオイデスの1種で、プラスワン、リアルバンド、生息地からボルネオタイガー、スマトラタイガーなどの呼称で販売されることもある。産地によって体色の色味に差が見られる。プルケール種に比べると流通量も多く、価格は上昇傾向ながらまだ現実的だ。

ダトニオプラスワン
Detnioides microlepis

分布：インドネシア　体長：60cm
水温：25〜27℃　水質：中性
水槽：120cm以上　エサ：人工飼料、生き餌
飼育難易度：ふつう

　インドネシア産のミクロレピス種の1タイプ。プルケール種など多くのダトニオは6本のバンド模様を持つが、本タイプは1本多い7本のバンドを持つ。そのためプラスワンの呼称がある。体色は黄色味が強く、また比較的大型化しやすい。大きくなった個体は大変見応えがある。

ニューギニアダトニオ
Datnioides campbelli

分布：ニューギニア　体長：50cm
水温：25〜27℃　水質：中性〜弱アルカリ性
水槽：120cm以上　エサ：人工飼料、生き餌
飼育難易度：ふつう

　その他のダトニオとは逆となる黒地に黄色いバンド模様が入るという特徴的な体色を持つ。体色は機嫌がいいと鮮やかさが際立つ。輸入されてくるものは幼魚が多いが、成魚とは違った鮮やかさがあり人気がある。比較的混泳がうまくいきやすい魚で、混泳水槽でもよく見掛ける。

バラムンディ（アルビノ）
Lates calcarifer

分布：東南アジア〜オーストラリア　体長：100cm
水温：20〜27℃　水質：中性〜弱アルカリ性
水槽：180cm以上　エサ：人工飼料、生き餌
飼育難易度：ふつう

　食用としてオーストラリアや東南アジアなどで幅広く養殖されており、その一部が観賞魚として輸入される。写真の個体のようなプラチナやアルビノなどの変異個体も作出されている。人工飼料もよく食べ、この仲間としては丈夫で飼いやすいものの、長生きさせるのは意外と簡単ではない。

アカメ
Lates japonicus

分布：高知県、宮崎県　体長：100cm
水温：15〜27℃　水質：中性〜弱アルカリ性
水槽：180cm以上　エサ：人工飼料、生き餌
飼育難易度：やや難しい

　日本固有のパーチ。高知県、宮崎県が生息地としてよく知られている。汽水域に侵入する幼魚が観賞魚として流通する。基本的には海の魚なので、pHの低下に弱く、調子を崩しやすい。混泳水槽などでは頻繁な水換えが求められる。人工飼料はあまり好まないが、餌付けることは可能。

古代魚

　出現した時代のままの姿を今に残す古代魚類。そう呼ばれるものには肺魚やポリプテルス、ガーなど古い形質を色濃く残す、"生きた化石"と呼ばれるものから、観賞魚趣味の最高峰として君臨するアジアアロワナなどがおり、特徴的な生態はもちろん、似たものがない姿形が多くのアクアリストを魅了し、憧れとなっている。大型になるものが多く、家庭で飼いにくいものも少なくないが、そこもまたこれらの魚たちの魅力となっている。

アジアアロワナ
Scleropages formosus

　熱帯魚の頂点といっていい魚で、高級、高価などの部分がよく知られている。ワシントン条約で取引が制限されている魚なので、流通するのは特例で認可されたブリードもののみ。そのため、マレーシアやインドネシアなどの原産国では多くのブリーダーが競うように魚の質を日々高めており、素晴らしい魚が作出され続けている。

分布：マレーシア、インドネシア
体長：60cm以上
水温：25〜28℃
水質：中性
水槽：120cm以上
エサ：生き餌、人工飼料
飼育難易度：ふつう

ウルトラF4
　スプレーで着色したようなベタ赤をきわめて強く発色することで有名な系統。ファンならずとも飼育してみたいと思わされるが、とても高価である。人気の高い紅系アロワナのひとつ。

ウルトラF5

　ウルトラF4でも究極といえるクオリティを実現していたが、クオリティの追求は休みなく続き、遂に第5世代へ。これほど赤い魚は他にいないと思わせるほど、体中のすべてが濃い紅に包まれる。

メタルレッドF4

　文句の付けようがないほどの紅を発色している。メタルレッドは真っ赤な体色はもちろんだが、ただ赤いだけではなくフォルムの素晴らしさも魅力のアロワナで、長い胸ビレが美しい。

エンパンレッド

　エラ蓋がベッタリと紅を発色し、紅を発色していない部分の白さも際立ち、そのメリハリがとても美しく印象的だ。非常に高いクオリティのアロワナで、体高のある迫力の体形が素晴らしい個体だ。

血紅龍

　アジアアロワナ趣味の分野でリードしていた台湾での呼び名で、日本へも広まった。インドネシアの特定の水系の個体をルーツに持つ系統。安定した高いクオリティと定番的人気を誇る。

メタルレッドF4ショートボディ

　メタルレッドのショートボディ個体。通常個体のように大きくならないが、相対的に胸鰭が長く、体高も高く見え、独特な迫力を醸し出している。違和感なく短くなった個体は希少。

藍底過背金龍

　過背金龍とは金系のもので、背中まで金色が乗るタイプのこと。写真はブルーの発色が素晴らしい藍底タイプ。藍底とは、鱗の中心部に青を発色するもののことで、ファン憧れの存在だ。

過背金龍
フルゴールド

　背中まで金色が乗る過背金龍の中でも、背中の一番上まで金が乗り、全身が金色に輝く個体。過背金龍は金の部分が広く、豪華な美しさがあるが、それでもこのレベルの個体はなかなかいない。

アルビノ過背金龍

　過背金龍のアルビノ個体。変異個体としては比較的よく目にする機会がある。全身が白いアルビノながら、金属光沢を帯びており、金龍のアルビノであることがちゃんとわかる。

黄変過背金龍

　いくつか作出されている過背金龍の変異個体のひとつで、独特な色合いから人気がある。出現数が少なく、非常に希少。

高背金龍

　過背金龍ほど金が巻かないが、紅尾金龍よりは高い位置まで金を発色するものが高背金龍と呼ばれている。過背金龍ほど高価ではないが、十分な美しさを見せてくれる魚に育つ。

紅尾金龍

　アジアアロワナとしては比較的安く買えるタイプで、十分満足できる美しさも備えているため、アジアアロワナの入門種存在としても人気がある。性質も穏やかな個体が多い印象だ。

シルバーアロワナ
Osteoglossum bicirrhosum

分布：ブラジル、ギアナ　体長：100cm以上
水温：25〜28℃　　　　水質：中性
水槽：120cm以上　　　 エサ：人工飼料、生き餌
飼育難易度：ふつう

　もっとも安価で飼うことができる一般的なアロワナにして、最大種。アジアアロワナと比べると安価なため、下に見られがちなところもあるが、綺麗に育て上げるのは案外難しく、美しく仕上がった大型個体は珍重される。他種ほど攻撃的ではないため、同種、他種との混泳もうまくいきやすい。

アルビノシルバーアロワナ
Osteoglossum bicirrhosum var.

分布：改良品種　　　　体長：100cm以上
水温：25〜28℃　　　　水質：中性
水槽：120cm以上　　　 エサ：人工飼料、生き餌
飼育難易度：ふつう

　シルバーアロワナの変異個体のひとつ。当初は数も少なく高価だったが、今では定番化し、変異個体としてはもっとも入手しやすいものになっている。体色は黄色っぽいものが多いが、白いものもおり、そちらの方が人気が高い。飼育に関してはノーマル体色のものと変わらない。

ブラックアロワナ
Osteoglossum ferreirai

分布：ネグロ川　　　　体長：70cm以上
水温：25〜28℃　　　　水質：弱酸性〜中性
水槽：120cm以上　　　 エサ：人工飼料、生き餌
飼育難易度：やや難しい

　シルバーアロワナによく似ているが、やや線が細く、最大サイズもシルバーアロワナほど大きくならない。輸入されてくる幼魚は、黄色い線が入った名前通りの黒い体をしているが、成長に伴い白っぽい色へと変化していく。20cmを超えれば丈夫だが、幼魚はやや飼いにくい面がある。

プラチナブラックアロワナ
Osteoglossum ferreirai var.

分布：ネグロ川　　　　体長：70cm以上
水温：25〜28℃　　　　水質：弱酸性〜中性
水槽：120cm以上　　　 エサ：人工飼料、生き餌
飼育難易度：やや難しい

　ブラックアロワナの有名な変異個体。希少性とその美しさから人気が高いが、その価格も非常に高価で羨望の存在となっている。ノーマル個体同様、幼魚で輸入されてくることが多いが、ノーマル個体に輪をかけて虚弱な印象で、その育成には非常に気を使う。単独飼育されることが多い。

ノーザンバラムンディ
Scleropages jardinii

分布：オーストラリア、パプアニューギニア
体長：60cm以上　　水温：25〜27℃
水質：中性　　エサ：人工飼料、生き餌
飼育難易度：ふつう

　ニューギニアやオーストラリア北部に生息するアロワナ。金属的な光沢のある濃い体色に赤いスポットがちりばめられた体色が美しい。輸入されてくるのはニューギニア産の幼魚が中心だが、時折、オーストラリア産の個体が輸入される。アロワナとしては小型だが、性質は荒く攻撃的だ。

スポッテッドバラムンディ
Scleropages leichardti

分布：オーストラリア北東部　　体長：60cm以上
水温：25〜27℃　　水質：中性
エサ：人工飼料、生き餌
飼育難易度：ふつう

　オーストラリア産のアロワナで、ノーザンバラムンディとともに現地では「サラトガ」と呼ばれている。白銀色の体はオレンジ色を帯び、美しく育つが、性質は攻撃的で混泳向きとはいいにくい。また、活発で体の柔軟性に欠ける面があるのでなるべく広い水槽で飼いたい。飛び出しにも注意が必要だ。

ヘテロティス
Heterotis niloticus

分布：東アフリカ、ナイル川　　体長：80cm以上
水温：25〜28℃　　水質：中性
水槽：120cm以上　　エサ：人工飼料、生き餌
飼育難易度：やや難しい

　ナイルアロワナとも呼ばれるが、分類上はアロワナよりピラルクーに近い。コイの仲間のような顔つきをしており、食性もその他のアロワナ類とは異なり、底砂の中の細かな餌を食べている。幼魚が輸入されてくるが、赤虫などを大量に与えないとすぐに痩せる。大きくするのはやや難しい。

ピラルクー
Arapaima gigas

分布：アマゾン河　　体長：200cm以上
水温：25〜27℃　　水質：中性
水槽：300cm以上　　エサ：人工飼料、生き餌
飼育難易度：難しい

　世界最大の淡水魚（のひとつ）として有名。10cmほどの幼魚が輸入されてくるが、30cmを超えれば丈夫で、あっという間に1mを超えるほど成長速度も速い。体が大きい分、力も超強力でその飼育には少なからず危険も伴う。そうしたことから、家庭での飼育はお勧めできない魚だ。

古代魚

ターポン
Megalops atlanticus

分布：中〜南米、アフリカ大西洋沿岸域
体長：200cm
水温：25〜27℃
水質：中性〜弱アルカリ性
水槽：180cm以上
エサ：人工飼料、生き餌
飼育難易度：ふつう

　メタリックに輝く銀色の体が魅力的な大型魚。古い形質を持った古代魚のひとつでもある。海で暮らす魚だが、淡水での飼育も可能。口に入らない魚には無関心なので混泳もしやすい。飼育もpHの低下にさえ気を付ければ難しくないが、家庭で飼う魚としては大きくなりすぎるのが難点。

バタフライフィッシュ
Pantodon buchholzi

分布：ニジェール川、ザンベジ川
体長：15cm
水質：弱酸性〜中性
エサ：人工飼料、生き餌
水温：25〜27℃
水槽：60cm以上
飼育難易度：ふつう

　水面直下に浮かび、水面に落ちてくる虫などを捕食する。小さいがアロワナやピラルクーと近縁で、その顔つきはアロワナを彷彿とさせる。小さい体に見合わない跳躍力を持っていて、しばしば水槽から飛び出してしまうので注意が必要だ。餌は水面に漂うようなものを好む。

アフリカンナイフ
Xenomystus nigri

分布：コンゴ、西アフリカ
水温：25〜27℃
水槽：60cm以上
飼育難易度：ふつう
体長：20cm
水質：中性
エサ：人工飼料、生き餌

　可愛らしい印象のある小型のナイフフィッシュで、よく知られた東南アジア産のナイフフィッシュとは大きく印象が異なる。背ビレがなく、体には模様もない。性質はおとなしく、口に入らないサイズの魚なら同種、他種ともに混泳は可能。小型のポリプテルスなどと飼われているのをよく見掛ける。

ロイヤルナイフ
Chitala blanci

分布：メコン川
水温：25〜27℃
水槽：90cm以上
飼育難易度：ふつう
体長：80cm
水質：中性
エサ：人工飼料、生き餌

　スポッテッドナイフと並び、古くから人気のある代表的なナイフフィッシュ。スポッテッドナイフのスポット模様に対し、本種は黒い細かい模様が入るのが特徴で、最大サイズもより大きくなる。性質や飼い方などもほぼ同様で、夜行性。同種同士の混泳は難しいが、日本国内で水槽内繁殖例がある。

スポッテッドナイフ
Chitala ornata

分布：メコン川
水温：25〜27℃
水槽：90cm以上
飼育難易度：ふつう
体長：80cm
水質：中性
エサ：人工飼料、生き餌

　もっともよく知られたナイフフィッシュで、体側に大きなスポットが並ぶ。原産地では主に食用目的として養殖もなされており、白変やアルビノ、スポットの数が多いものなどの変異個体も作出されている。飼育は容易だが、同種や近縁種との混泳では喧嘩が起こることも多く注意が必要。

エレファントノーズ
Gnathonemus petersii

分布：中央アフリカ　体長：20cm
水温：25～27℃　水質：弱酸性～中性
水槽：45cm以上　エサ：生き餌
飼育難易度：ふつう

　近縁種の多いグループの中で、もっとも知名度が高いのが本種だ。長く突き出た特徴的な下顎からエレファントノーズと呼ばれているが突き出ているのは鼻ではない。水槽内では大きくなりにくく、大きな水槽でなくても飼えてしまうことが多い。同種、近縁種との混泳は難しい。

ドンキーフェイス
Campylomormyrus spp.

分布：コンゴ、アンゴラ　体長：25cm以上
水温：25～27℃　水質：弱酸性～中性
水槽：60cm以上　エサ：生き餌
飼育難易度：ふつう

　吻が真下に向かって伸びた顔つきがロバを連想させるためにこの名がある。この名前で輸入されるものには複数種がある。種類によってはかなり大きくなるが、輸入されるものはいずれも10cm前後のものが多く、それを大型化させるのは難しい。性質は種類差、個体差があり、やや神経質。

プロトプテルス・ドロイ
Protopterus dolloi

分布：ザイール　体長：80cm
水温：25～27℃　水質：中性
水槽：120cm以上　エサ：人工飼料、生き餌
飼育難易度：ふつう

　もっとも安価で買えるアフリカ産の肺魚で、10cm未満の幼魚が輸入されてくる。他種に比べると細身で、80cmほどになるにもかかわらずやや小ぶりに見える。アフリカ肺魚にしては性質もおとなしめだが、同種、他種との混泳は基本的に不可。アフリカ肺魚は単独飼育が基本だ。

プロトプテルス・エチオピクス
Protopterus aethiopicus

分布：スーダン、ザイール　体長：100cm以上
水温：25～27℃　水質：中性
水槽：150cm以上　エサ：人工飼料、生き餌
飼育難易度：ふつう

　アフリカ産肺魚の代表種ともいうべき種類で、大型化する。3亜種あり、輸入されてくるものはコンギクス亜種が多い。きわめて丈夫で飼育も容易だが、歯が強く、かつ気性も荒いため同種、他種ともに混泳はできない。肺魚としては活発でよく動く。飛び出しにも注意が必要だ。

古代魚

プロトプテルス・アネクテンス
Protopterus annectens

分布：アフリカ広域	体長：70cm
水温：25～27℃	水質：中性
水槽：90cm以上	エサ：人工飼料、生き餌
飼育難易度：ふつう	

　アフリカ肺魚は夏眠することで知られているが、その習性がもっともよく見られるのが本種。輸入されてくるのは20～30cmほどの若魚で、その体色はバラエティに富んでおり、自分好みの個体を探す楽しみもある。強健で飼育は容易だが、同種、他種との混泳は基本的に不可。

ポリプテルス・セネガルス
Polypterus senegalus

分布：スーダン、セネガル	体長：40cm
水温：25～27℃	水質：中性
水槽：60cm以上	エサ：人工飼料、生き餌
飼育難易度：やさしい	

　もっともポピュラーなポリプテルスで養殖された幼魚が大量かつ安価で流通している。養殖ものはあまり大きくならず、大きな水槽でなくても繁殖まで楽しめる。少数ながらワイルド個体も輸入されており、高価だが顔つきやサイズ（大きくなる）が養殖ものと大きく違うなどの差がある。

オーストラリア肺魚
Neoceratodus forsteri

分布：オーストラリア	体長：100cm以上
水温：23～27℃	水質：中性
水槽：150cm以上	エサ：人工飼料、生き餌
飼育難易度：ふつう	

　シーラカンスと並ぶ古い形質を持った古代魚。肺魚の中でもとりわけ原始的で、肺機能もその他の種類ほど発達していない。性質はおとなしく、他種との混泳も可能だが、動きがゆっくりなので餌が行き渡らなくなることがある。輸入されてくるものはブリード個体に限られている。

アルビノセネガルス
Polypterus senegalus var.

分布：改良品種	体長：40cm
水温：25～27℃	水質：中性
水槽：60cm以上	エサ：人工飼料、生き餌
飼育難易度：ふつう	

　養殖が盛んなセネガルスはアルビノやそのロングフィン、ショートボディなど、様々な改良品種も作出されている。変異個体は一般的に高価なものだが、セネガルスではそれらもお手頃。古代魚のポピュラー種として幅広い楽しみ方ができる点も本種ならではの魅力と言える。

ポリプテルス・オルナティピンニス
Polypterus ornatipinnis

分布：ザイール、タンザニア	体長：60cm
水温：25〜27℃	水質：中性
水槽：60cm以上	エサ：人工飼料、生き餌
飼育難易度：ふつう	

　大型になるポリプテルスは下顎が突出する特徴があるが、本種は下顎が突出しないタイプの最大種で、60cmほどになる。養殖ものを中心に流通しているが、体型や体色などワイルド個体との差が少ないのも本種ならではだ。成長に伴い模様は細かさを増していくが、幼魚は色のメリハリがはっきりしている。

ポリプテルス・エンドリケリー
Polypterus endlicherii

分布：スーダン、コートジボアール	体長：60cm
水温：25〜27℃	水質：中性
水槽：90cm以上	エサ：人工飼料、生き餌
飼育難易度：ふつう	

　大型種だがポリプテルスの代表種と言っていいほどの人気を誇る。安価な養殖もの、クオリティを追及したブリードもの、ワイルドものの3タイプが流通しており、それぞれ違った魅力があり、幅広い楽しみ方ができる。60cm以上に成長するが、水槽内で大型化させるのは簡単ではない。

ポリプテルス・ビキール・ビキール
Polypterus bichir bichir

分布：ナイル川	体長：80cm
水温：23〜25℃	水質：中性
水槽：90cm以上	エサ：人工飼料、生き餌
飼育難易度：ふつう	

　ポリプテルス最大種。入手が難しくなくなった現在でも"究極"とされるポリプテルスの最高峰的存在だ。現在でも現地採集個体は高価だが、比較的手頃なブリードものも流通するようになっている。大型ポリプテルスにしては活発でよく泳ぐ。水槽内で大型化させるのは難しい。

ポリプテルス・ビキール・ビキール（国内ブリード）
Polypterus bichir bichir

分布：国内繁殖個体	体長：80cm
水温：23〜25℃	水質：中性
水槽：90cm以上	エサ：人工飼料、生き餌
飼育難易度：ふつう	

　ポリプテルスは古代魚類の中では比較的繁殖の成功率が高いため、養殖ものやブリードものも多く流通している。ビキールも例外ではなく、国内でブリードされた個体が流通しており、個体クオリティと、比較的飼いやすい価格とのバランスから人気が高い。大型化させるのは野生個体以上に難しい。

ポリプテルス・デルヘッツィ
Polypterus delhezi

分布：ザイール	体長：40cm
水温：25〜27℃	水質：中性
水槽：60cm以上	エサ：人工飼料、生き餌
飼育難易度：ふつう	

　体側に入るバンド模様が印象的な人気種。模様は個体差も大きいが、近年はブリードも盛んに行われており、より美しいバンド模様を持った個体が多く作出されている。安価な養殖もの、高品質なブリードもの、大型化が狙えるワイルドものと、自分好みのものを探す楽しみも多い種類だ。

ポリプテルス・レトロピンニス
Polypterus retropinnis

分布：ザイール、コンゴ川	体長：30cm
水温：25〜27℃	水質：中性
水槽：60cm以上	エサ：人工飼料、生き餌
飼育難易度：ふつう	

　最大でも30cmほどにしかならない小型種。近縁種と混同され、度々流通名が変わるなど混乱の歴史があった。おとなしく、活発な種類ではないが、成長すると頭から背中にかけてまぶしたような緑色を発色し、美しくなる。混泳も可能だが、大型種との混泳には向かない。

ロングノーズガー
Lepisosteus osseus

分布：カナダ〜メキシコ	体長：100cm以上
水温：20〜27℃	水質：中性
水槽：150cm以上	エサ：人工飼料、生き餌
飼育難易度：やや難しい	

　レピソステウス属の最大種だが、全体的に細長い体つきをしているためか実際の体長よりも大きく見えにくい。吻も細長いため、大きな餌を食べるのが得意ではない。日本へは主に東南アジアで養殖された幼魚が輸入されていたが、60〜70cmくらいで成長が鈍化することが多かった。

スポッテッドガー
Lepisosteus oculatus

分布：アメリカ中南部	体長：50cm
水温：20〜27℃	水質：中性
水槽：90cm以上	エサ：人工飼料、生き餌
飼育難易度：やさしい	

　ロングノーズガーと並び、古くから観賞魚として流通していた小型種。ワイルド個体もごく少数輸入されていたが、一般的だったのは養殖ものの幼魚。それらは40〜50cmで成長が止まってしまうことが多かった。模様や体色は個体差が大きく、コレクション性も高かった。

マンファリ
Atractosteus tristoechus

分布：キューバ　体長：150cm
水温：24〜27℃　水質：中性
水槽：150cm以上　エサ：人工飼料、生き餌
飼育難易度：ふつう

　キューバとその周辺の島のみに生息する固有種で、キューバンガーとも呼ばれる。かつては幻の存在だったためか、人気の高い種類だった。日本でも繁殖例があり、国産個体が出回ったこともあった。最大2mと言われていたが、飼育下では70cm程度で止まってしまうことが多かった。

トロピカルジャイアントガー
Atractosteus tropicus

分布：メキシコ、グアテマラ　体長：100cm
水温：20〜27℃　水質：中性
水槽：150cm以上　エサ：人工飼料、生き餌
飼育難易度：ふつう

　メキシコ南部から中米コスタリカにかけて生息する種類で、産地によって体型、模様、サイズなどが異なる様々なタイプがいることが知られている。一般的に流通していたのは養殖ものだが、ごく少数、野生由来の個体も輸入され、そうした個体の一部は1m級に成長したものもいた。

アリゲーターガー
Atractosteus spatula

分布：ミシシッピ川、メキシコ　体長：100cm以上
水温：20〜27℃　水質：中性
水槽：200cm以上　エサ：人工飼料、生き餌
飼育難易度：ふつう

　ガーの現生種としては最大。原産地では2mを超えるものがいるほど巨大化する。成長も圧倒的に早く、水槽内では半年で50cm程度になった例もあった。心ない飼育者によって遺棄されたものが野外で見つかる例もあり、ガー類が特定外来生物に指定されることにもつながってしまった。

プラチナアリゲーターガー
Atractosteus spatula var.

分布：変異個体　体長：100cm以上
水温：20〜27℃　水質：中性
水槽：200cm以上　エサ：人工飼料、生き餌
飼育難易度：ふつう

　金属的な輝きを放つ、大変美しい白変個体。当初は養殖過程で偶発的に出現するものだったため、数も少なく、奇形も多かったが、その後、固定化が進んだのか、クオリティの高い個体が定期的に入荷するようになった。性質はノーマル体色のものよりも控えめとされるが、巨大化するのは同じだ。

古代魚

アマゾン淡水エイ
Potamotrygon histrix

分布：アマゾン川　体長：40cm
水温：25〜27℃　水質：弱酸性〜中性
水槽：30cm以上　エサ：人工飼料、生き餌
飼育難易度：難しい

　南米産の淡水エイとしてはもっとも古くから知られている種類で、アマゾン淡水エイと言えば一般的に本種を指す。比較的安価で流通していたが、その飼育は困難で、長期飼育例は少ない。難しさから敬遠されるようになったのか、近年ではほとんど見掛ける機会がなくなっている。

モトロ
Potamotrygon motoro

分布：アマゾン川　体長：45cm
水温：25〜27℃　水質：弱酸性〜中性
水槽：90cm以上　エサ：人工飼料、生き餌
飼育難易度：ふつう

　オレンジ色のスポット模様が美しいポピュラーな南米淡水エイ。飼育、繁殖ともに比較的容易で、国内繁殖したものも流通している。輸入されるものはペルー産が多いが、柄が美しく大型化するコロンビア産も人気が高い。ペルー産のものは価格もお手頃で、入門種的存在となっている。

ポルカドットスティングレイ
Potamotrygon leopoldi

分布：シングー川　体長：60cm
水温：25〜27℃　水質：弱酸性〜中性
水槽：120cm以上　エサ：人工飼料、生き餌
飼育難易度：ふつう

　美しく人気の高い種類。原産地の保護政策で現地から輸入されるものは激減しているが、東南アジアや国内でブリードされたものが流通しており、今でも入手が可能。ブリード個体が中心となったことで、より飼いやすくなっているが、人気の中心はダイヤモンドに取って代わられつつある。

ダイヤモンドポルカ
Potamotrygon sp. cf. leopoldi

分布：ブラジル　体長：60cm
水温：25〜27℃　水質：弱酸性〜中性
水槽：120cm以上　エサ：人工飼料、生き餌
飼育難易度：ふつう

　白く大きなスポットや、特徴的な柄を持つ美しいポルカ系淡水エイがこの名で流通している。親の組み合わせ、クオリティの追求など、品種改良に近い作業を経て、驚くほど綺麗な色、柄の個体が作出されている。基本的にすべてブリード個体なので飼いやすいのも大きな魅力である。

スモールスポットポルカ
Potamotrygon albimaculata

分布：タパジョス川　体長：60cm
水温：25〜27℃　水質：弱酸性〜中性
水槽：120cm以上　エサ：人工飼料、生き餌
飼育難易度：やや難しい

　タパジョス水系に生息するスポット系淡水エイが本種で、他水系のものよりも細かいスポットを持つことからこの名で呼ばれる。初輸入の頃は神経質で飼いにくい印象のある種類だったが、現在、この名で流通する個体はほぼブリードものなのでかつての飼いにくさはなくなっている。

マンチャデオーロ
Potamotrygon henlei

分布：トカンチンス川　体長：60cm
水温：25〜27℃　水質：弱酸性〜中性
水槽：120cm以上　エサ：人工飼料、生き餌
飼育難易度：やや難しい

　ポルカドットスティングレイとほぼ同じ時代に日本に紹介されたトカンチンス川産のスポット系淡水エイ。ポルカドットよりも地色が明るく、体色は茶色。スポットも個体によってはピンクがかったものがいた。現在は輸入が途絶えており、滅多に見掛けない種類となってしまった。

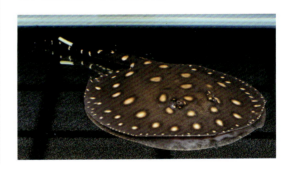

クロコダイルスティングレイ
Potamotrygon jabuti

分布：タパジョス川　体長：60cm
水温：25〜27℃　水質：弱酸性〜中性
水槽：120cm以上　エサ：人工飼料、生き餌
飼育難易度：ふつう

　モトロに近縁のタパジョス水系産の淡水エイ。飼育、繁殖ともに簡単な部類で、多産なこともあり、現在流通しているものは国産か東南アジアでブリードされたもの。アルビノなどの変異個体も流通している。ブリード個体が中心となったことで、より飼いやすい種類になっている。

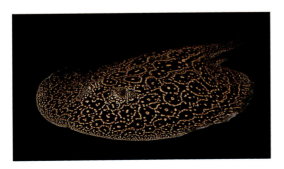

タイガースティングレイ
Potamotrygon tigrina

分布：ペルー　体長：1m
水温：25〜27℃　水質：弱酸性〜中性
水槽：120cm以上　エサ：人工飼料、生き餌
飼育難易度：やや難しい

　その名の通りトラを思わせる黄色と黒の鮮やかなネットワーク模様を持つ美しいエイ。かなり大型になる種類で、長い尾を含めると軽く1mを超える。輸入量は少なく、今ではほとんど見掛ける機会がない。輸入直後はやや神経質だが、落ち着けばその他のエイと同じように飼える。

古代魚

エビ・貝の仲間

(十脚目／腹足綱)

　観賞魚飼育趣味の世界ではエビや貝の仲間も語れずにはいられない存在だ。水草水槽のコケ取り要員として馴染み深いヤマトヌマエビやイシマキガイなど古くから親しまれてきたものに加え、爆発的なブームをきっかけにレッドビーやスラウェシ産のエビなど、エビそのものの飼育、繁殖を楽しむという人も増え、アクアリウム界の一大カテゴリーとなっている。無脊椎動物つながりで、アクアリウムで楽しむ貝類もここに掲載している。

レッドビーシュリンプ

改良品種

分布：改良品種
体長：2.5cm
水温：23〜26℃
水質：中性
水槽：36cm以上
エサ：人工飼料
飼育難易度：やさしい

　アクアリウムで飼育する生物の中でもエビの仲間は人気が高いが、とりわけレッドビーシュリンプの人気は群を抜いている。専用のソイルや餌など専用機材の充実によって、誰にでも楽しめるようになった。繁殖が容易になったこともあり愛好家による改良も日進月歩で進み、バンド、日の丸、モスラなど数多くの魅力的な品種が次々と作出されている。水質にはある程度適応力があるが、急激な変化には弱いので、水槽をセットしてすぐではなく水草がある程度成長を始めた頃に水槽へ導入すれば失敗が少ない。

バンド

　バンドタイプのレッドビーシュリンプは最近また見直され始め、赤と白のはっきりした美しいものも多く作出されている。

バンド

　赤い体に白いバンドが入るレッドビーシュリンプの基本的な体色。ショップで見かけることが一番多い、もっともポピュラーなのがこのタイプ。値段も手頃で、初めてレッドビーシュリンプを飼育する人でも手に入れやすい。

バンド

　足にまで発色が見られる個体は、クオリティーが高く珍重されている。

日の丸

　白い部分が広がって連結し、上から見ると背中に日の丸のような模様に見えるためにこの名で呼ばれている。レッドビーシュリンプの中でもポピュラーな品種なので、ショップでも多く見ることができる。

日の丸

赤い丸の模様は個体により、大きいものからモスラと呼ばれるタイプに近いものまで様々。好みの個体を選び出すのも楽しみのひとつだ。

日の丸

入手しやすいポピュラーな日の丸タイプ。レッドビーシュリンプの入門種としてお勧めのグレードといえる。

進入禁止

日の丸の赤い円の中に白いラインが入るタイプ。その模様が道路標識の進入禁止のマークに似ていることから、進入禁止がタイプ名となっている。

進入禁止

進入禁止の模様はくっきりとした模様で、赤と白のバランスがいいのも魅力だ。

マロ

頭の部分に2つの白い点がある個体で、これはマロと呼ばれている。多くの個体から選別して、よい個体を作り出したい。

モスラ

バンドタイプから白の面積が広く美しいのが、このモスラタイプ。作出された当初は高値だったが、最近は流通量も増え、値段も落ち着いている。

モスラ

白の発色が良い個体は、現在でもレッドビーシュリンプの中ではとても人気が高くスター的存在。足にまで白の入る個体は素晴らしい。

ブラックビー

レッドビーと同様の改良が加えられ、日の丸タイプやモスラなどのレッドビーでも人気の高いタイプが作出されている。やはり、白と黒の発色が濃い個体が好まれる。

シャドーシュリンプ

改良品種

台湾のブリーダーによって作出されたと言われる改良品種で、メタリック感のある体色を持つ。発色も濃く、当初はかなり高価であったが、近年では価格も求めやすくなって人気のシュリンプとなっている。飼育、繁殖に関してはレッドビーシュリンプと同様で問題ないが、水質などにややデリケートな面がある。

分布：改良品種
体長：2.5cm
水温：23〜26℃
水質：中性
水槽：36cm以上
エサ：人工飼料
飼育難易度：ふつう

レッドシャドーパンダ

シャドーシュリンプのバンドタイプはパンダと呼ばれている。

エビ・貝の仲間

レッドシャドー日の丸

レッドシャードーの日の丸タイプ。

レッドシャドーモスラ

メリハリのある発色が素晴らしいレッドシャドーのモスラタイプ。

レッドシャドーキングコング

写真のような体色はキングコングと呼ばれている。

ブラックシャドーパンダ

ブラックシャドウのパンダタイプ。

ブラックシャドー日の丸

濃い体色が魅力のブラックシャドーの日の丸タイプ。

ブラックシャドーモスラ

ややブルーの発色があるブラックシャドーのモスラタイプ。

ブラックシャドー キングコング

ブラックシャドウのキングコングタイプ。

ブラックシャドー ブルーパンダ

白い部分にブルーの発色を見せるブルーパンダ。

ブラックシャドー ブルーモスラ

ブラックシャドーブルーのモスラタイプ。

ターコイズブルー

シャドーシュリンプと同じく台湾で作出された品種で、ブラックシャドーの作出過程で発生した青い個体を選別したもの。

ピントシュリンプ

改良品種

ピントシュリンプの最大の特徴は、頭部のスポット模様。ピントは「まだら」の意味で、頭部のスポット模様からこの名で呼ばれている。シャドーシュリンプなどと同様に、レッドとブラックの両方を見ることができる。

分布：改良品種　体長：2.5cm
水温：23〜26℃　水質：中性
水槽：36cm以上　エサ：人工飼料
飼育難易度：ふつう

ピントブラック

黒と白のコントラストが美しいピントシュリンプ。頭部のスポット模様も、体に入る白い模様も発色が濃くて素晴らしい。

ピントレッド

赤の発色が素晴らしいピントシュリンプ。頭部のスポット模様はもちろんだが、体の色の入り具合も個体によって様々なので、見ていて飽きないシュリンプだ。

チェリーレッドシュリンプ

Neocaridina davidi var.

赤の発色が素晴らしいヌマエビの1種で、ミナミヌマエビ"レッド"などの名前でも流通している。飼育、繁殖ともに容易で、初心者にも勧められる飼いやすいエビだ。日本のヌマエビとも交雑してしまうので、系統維持の面からも混泳は避けた方が良い。

分布：台湾　体長：3cm
水温：23〜26℃　水質：中性
水槽：36cm以上　エサ：人工飼料
飼育難易度：やさしい

チェリーレッドシュリンプ

選別交配され、赤の発色が強くなってきた個体。

チェリーレッドシュリンプ

透明感のある個体。

レッドファイアーシュリンプ

改良品種

分布：改良品種	体長：3cm
水温：23〜26℃	水質：中性
水槽：36cm以上	エサ：人工飼料
飼育難易度：やさしい	

　台湾から輸入される、チェリーレッドシュリンプのハイグレード個体。当初は極美蝦などとも呼ばれていた。赤い面積を増やす方向で改良され、透明感は薄れてしまったが真っ赤なヌマエビに作出された。

ルリーシュリンプ

改良品種

分布：改良品種	体長：3cm
水温：23〜26℃	水質：中性
水槽：36cm以上	エサ：人工飼料
飼育難易度：やさしい	

　体の一部が透明で、メリハリのある面白い体色のヌマエビ。チェリーレッドシュリンプから改良された品種と言われているが、他のヌマエビなどが交雑されているかなどの詳細は不明。本品種を含め、エビの仲間は農薬にとても弱いので、安売りされている水草には注意が必要。

ファンシータイガーシュリンプ

改良品種

分布：改良品種	体長：2.5cm
水温：23〜26℃	水質：中性
水槽：36cm以上	エサ：人工飼料
飼育難易度：ふつう	

　ピントシュリンプと同様にドイツから導入されたシュリンプ。ビーシュリンプとタイガーシュリンプの要素を併せ持った魅力的なシュリンプだ。一匹として同じ個体がいないような個体差が大きいのも面白さのひとつだろう。

イエローストライプシュリンプ

改良品種

分布：改良品種	体長：3cm
水温：23〜26℃	水質：中性
水槽：36cm以上	エサ：人工飼料
飼育難易度：やさしい	

　透明感のある黄色い体色に、背中に入る白いラインが特徴のヌマエビ。本品種も大型卵なので水槽内での繁殖が可能。輸入量は多く、比較的安価で購入できるので混泳水槽でも飼育できる。ただし、小型のエビは他の魚に食べられやすいので、そこには注意が必要。

インドグリーンシュリンプ
Caridina sp.

分布：インド 体長：3cm
水温：23〜26℃ 水質：中性
水槽：36cm以上 エサ：人工飼料
飼育難易度：やさしい

インドやミャンマーに生息する美しいエビの仲間。透明感のあるグリーンの発色が素晴らしく、アクアリウムで人気となっている。地域差や個体差も多く、体色には様々なバリエーションが見られるのも面白い。大型卵なので水槽内の繁殖も楽しめる。

ゼブラシュリンプ
Neocaridina sp.

分布：中国 体長：2.5cm
水温：23〜26℃ 水質：中性
水槽：36cm以上 エサ：人工飼料
飼育難易度：やさしい

その名の通り、縞模様が美しい小型のエビ。状態がよいと透明感のある体が褐色となり、さらに美しくなる。体は小さいがコケをよく食べてくれるので、水草レイアウト水槽でも重宝する。大型卵のヌマエビの仲間なので、水槽内での繁殖も可能だ。

ミナミヌマエビ
Neocaridina denticulata

分布：静岡県以西 体長：5cm
水温：15〜26℃ 水質：中性
水槽：36cm以上 エサ：人工飼料
飼育難易度：やさしい

日本の静岡県以西から、台湾や朝鮮半島に生息するヌマエビ。水槽内でも繁殖が可能で、アクアリウムのコケとりのエビとして親しまれてきたが、他のカラフルなエビの人気が高くなり見る機会が少なくなっている。また、関東などでも外来種のシナヌマエビが多くなっていることが危惧されている。

ビーシュリンプ
Neocaridina sp.

分布：香港 体長：2.5cm
水温：23〜26℃ 水質：中性
水槽：36cm以上 エサ：人工飼料
飼育難易度：やさしい

多くの改良品種の元となった香港に生息する小型の淡水エビ。とは言われているが、アクアリウムホビーの世界ではポピュラー種ながら、原産地やその正体など現在でもわかっていない点も多い。飼育、繁殖は容易で、水槽内での繁殖が可能なために一気に人気種となった。

ヤマトヌマエビ
Caridina japonica

分布：日本 体長：5cm
水温：15〜26℃ 水質：中性
水槽：36cm以上 エサ：人工飼料
飼育難易度：やさしい

コケを食べてくれるエビとして、アクアリウムでもっともポピュラーなエビ。水草レイアウト水槽などでとても重宝される存在だ。熱帯魚ショップで販売されているが、日本の渓流域に生息するヌマエビの1種。飼育は難しくないが、レッドビーシュリンプなどと違って小型卵なので、水槽内で繁殖させることはできない。

ミゾレヌマエビ
Caridina leucosticta

分布：千葉県以西 体長：5cm
水温：15〜26℃ 水質：中性
水槽：36cm以上 エサ：人工飼料
飼育難易度：やさしい

日本産のヌマエビの仲間で、コケ取り能力がとても高い。本種としての販売は少なく、アロワナなどの餌として売られているスジエビに混じっていることもある。よく見るととても美しいエビで、本種を求める水草レイアウターも多い。日本産淡水魚に強いショップで販売されていることが多いエビだ。

オニテナガエビ
Macrobrachium rosenbergii

分布：東南アジア　体長：30cm
水温：23〜26℃　水質：弱酸性〜中性
水槽：60cm以上　エサ：人工飼料、生き餌
飼育難易度：ふつう

　東南アジアなどに生息する、もっとも大型になるテナガエビの仲間。タイなどの東南アジアでは食用として人気の高いエビで、稚エビを捕獲して盛んに養殖されている。それらがアクアリウムの商業ルートで輸入され、稀に販売されていることがある。大型になり魚食性も強いので単独飼育が必要。

ヌカエビ
Paratya improvisa

分布：近畿地方から東北　体長：5cm
水温：15〜26℃　水質：中性
水槽：36cm以上　エサ：人工飼料
飼育難易度：やさしい

　本州北部に生息する日本産のヌマエビの仲間。都市部では生息地が少なくなって、絶滅危惧種として扱っている県などもあるので、採集などには注意が必要。淡水での飼育、繁殖が可能だが、日本産淡水魚のショップなどで稀に輸入がある程度。

ロックシュリンプ
Atyopsis moluccensis

分布：東南アジア　体長：8cm
水温：23〜26℃　水質：弱酸性〜中性
水槽：36cm以上　エサ：人工飼料、生き餌
飼育難易度：ふつう

　見た目、生態ともに個性的な古くから知られている淡水エビ。第一・第二脚の毛をネット状に広げて、水中のプランクトンをかき集めて食べるという摂餌方法が興味深い。小魚なども食べてしまいそうだが、その逆で、混泳水槽では餌を取れなくなるので本種だけでの飼育が理想だ。

ホロホロシュリンプ
Halocaridina rubra

分布：ハワイ諸島　体長：1.5cm
水温：21〜25℃　水質：弱アルカリ性
水槽：15cm以上　エサ：人工飼料（極少量）
飼育難易度：やさしい

　ハワイ原産の、アクアリウムの世界でもっとも小型のエビ。汽水域に生息しているため、飼育には人工海水を使用するとよい。人工海水とミネラル分などを添加すれば、小瓶などでも長期飼育ができてしまうほどだ。自然発生したコケや微生物を食べて繁殖してしまう面白いエビ。

ドワーフクラブ
Geosesarma spp.

分布：東南アジア　体長：3cm
水温：20〜25℃　水質：中性〜弱アルカリ性
水槽：30cm以上　エサ：人工飼料、生き餌
飼育難易度：やや難しい

　バンパイアクラブやレッドデビルクラブなど、東南アジアに生息する魅力的な色彩の小型のカニ。マレーシアやインドネシアなどから様々な色彩の種類が輸入されていて、テラリウムなどの飼育生物として人気となっている。状態よく飼育できれば、サワガニなどと同じ大型卵なので水槽内での繁殖も可能。

スラウェシ島産のエビ

分布：スラウェシ島
水温：20～25℃
水槽：36cm以上
飼育難易度：難しい
体長：2cm
水質：弱アルカリ性
エサ：人工飼料、生き餌

　2008年頃から輸入されている、スラウェシ島の湖に生息する個性豊かなエビたち。一見、海のエビのような素晴らしい色彩を持ち、多くのアクアリストを魅了した。だが、飼育は少々難しく、スラウェシ島産のほとんどの種類が弱アルカリ性の水質を好み、岩陰に隠れる性質も観察や状態の把握に影響する。

トゥティビューティーシュリンプ
Caridina wolterekae

ハーレクインシュリンプとも呼ばれる、スラウェシ島産のエビで最初に輸入された種。トゥティ湖に生息する。

ダイナソー
Caridina glaubrechti

スラウェシ島のマサビ湖やマリリ湖群に生息する美種。バリエーションもみられ、ブルーの発色が強い個体や赤の発色が強い個体もいる。

イエローブロッサム
Caridina spinata

真っ赤な体に黄色のスポット模様が美しい人気種。比較的大きく成長するので、水槽内でもよく目立つ。トゥティ湖に生息する。

ブラッディーマリー
Caridina sp.cf.spinata

ポソ湖やマリリ湖群に生息する美種。深い赤を発色する体色に、白いヒゲが美しく、それが動く姿が目を引く。

ホワイトグローブ
Caridina dennerli

名前の通り白いグローブを付けているように見える。スポット模様も美しく、色彩はかなり派手。マタノ湖やマリリ湖群に生息する。

232

貝の仲間

エビと同じく、コケ対策要員として導入されることが多い貝類。水草水槽では水草を食害する厄介者のイメージもあるが、イシマキガイなどは草への影響も少なく、コケをしっかり食べてくれるため人気がある。エビのように貝類だけの飼育を楽しむという人は多くないが、アクアリウムホビーの世界にいなくてはならない存在であることは間違いない。

イシマキガイ
Clithon retropictus

分布：日本、台湾
水温：15〜27℃
水槽：36cm以上
飼育難易度：ふつう
体長：3cm
水質：中性
エサ：人工飼料、コケ

関東南部以南に分布するアマオブネガイの仲間。コケ対策のために水槽に投入される代表的な生き物で、とても古くから親しまれている。爆発的に殖えるスネールの類とはまったく異なり、水槽内では繁殖することはない。ガラス面などに産卵はしてしまうが孵化はしない。

カバクチカノコガイ
Neritina pulligera

分布：奄美大島以南
水温：18〜27℃
水槽：36cm以上
飼育難易度：やさしい
体長：4cm
水質：中性
エサ：人工飼料、コケ

イシマキガイよりも大型で4cmにも成長し、コケ取り能力が高いために人気がある。環境が安定していれば長期の飼育が可能なのも人気の要因。ただし、入荷量が少なく入手がやや難しいのが難点だ。

シマカノコガイ
Vittina turrita

分布：奄美大島以南
水温：15〜27℃
水槽：36cm以上
飼育難易度：ふつう
体長：3cm
水質：中性
エサ：人工飼料、コケ

南太平洋沿岸の河川に生息する縞模様の美しい貝の仲間。インドネシアなどから輸入される個体と、日本産の個体が見られる。高水温と酸性の水質を苦手としている。縞模様には個体差があって面白い。

イガカノコガイ
Clithon corona

- 分布：南太平洋
- 水温：15〜27℃
- 水槽：30cm以上
- 飼育難易度：ふつう
- 体長：2.5cm
- 水質：中性
- エサ：人工飼料、コケ

棘のような突起物が特徴の貝で、カラーサザエなどと呼ばれることもある。とてもカラフルで、水槽内のマスコット的存在になってくれる。コケもよく食べてくれるが、酸性の水では長生きしないことが多い。やや小型の種なので、コケ取りの効果を得るためには、ある程度の数を飼育したい。

フネアマガイ
Septaria porcellana

- 分布：日本、東南アジア
- 水温：15〜27℃
- 水槽：36cm以上
- 飼育難易度：ふつう
- 体長：3cm
- 水質：中性
- エサ：人工飼料、コケ

日本の紀伊半島以南、東南アジアの河口域に広く分布する貝。一見、平べったい何の変哲もない貝なのだが、コケ取りの能力はとても高く、アクアリウムの脇役として人気がある。ガラス面などに張り付く力が強く取るのに苦労するが、傷つけてしまうので無理に剥がさないようにしたい。

ゴールデンアップルスネイル
Pomacea canaliculata var.

- 分布：改良品種
- 体長：8cm
- 水温：15〜27℃
- 水質：中性
- 水槽：36cm以上
- エサ：人工飼料、コケ
- 飼育難易度：やさしい

スクミリンゴガイのゴールデンタイプを固定した品種。飼育は容易だが、かなり大きくなりレイアウト内で目立ってしまうことに加え、水草を強烈に食害するので水草水槽では飼育できない。ベアタンクなどで魚を飼育する時の残餌の掃除屋さんとして飼育されることが多い。

レッドラムズホーン
Indoplanorbis exustus var.

- 分布：インド
- 水温：15〜27℃
- 水槽：36cm以上
- 飼育難易度：やさしい
- 体長：2.5cm
- 水質：中性
- エサ：人工飼料、コケ

インドヒラマキガイの赤の発色が強い個体で、コケ取りとしてよりも残餌の処理に使われることが多い。特にグッピーなどの小型種をベアタンクで飼育する時に重宝する。繁殖力が非常に強いので、殖えないように1匹だけ投入するのが無難だ。水槽内のカルシウム分が不足すると、殻が脆くなってしまう。

ブルーラムズホーン

ラムズホーンの突然変異個体を固定したもの。神秘的なブルーの発色が美しく、水槽内でもよく目立つ。

ピンクラムズホーン

ラムズホーンを改良した品種。ピンクに見えるが、貝殻自体は透明感のある乳白色なために透けてピンクに見えている。

水　草

　魚の引き立て役だった時代も今は昔。アクアリウムホビーの世界において、水草は絶対的な立ち位置を築いている。水草レイアウトは魚好き、生き物好きだけに限らず、"生きたインテリア"として注目され、幅広い層に人気を集めている。育成のための周辺機材の充実や、入手できる草種も増えたこともあり、草そのものの育成を楽しむ人や、珍しい水草をコレクションする人など、水中で育てる植物のマニアの人も今や少なくない。

ハイグロフィラ・ゴールドブラウン
Hygrophila polysperma var.

分布：インド
高さ：20～50cm
水温：20～28℃
水質：弱酸性～弱アルカリ性
光量：20W×2
育てやすさ：やさしい

　ハイグロフィラ・ポリスペルマのバリエーション。やや赤みのある褐色になるためこの名で流通している。水槽内にグリーンだけでは物足りなくなった時に使用すると、レイアウトにメリハリが出る。

ハイグロフィラ・ポリスペルマ
Hygrophila polysperma

分布：東南アジア　　高さ：20〜50cm
水温：20〜28℃　　　水質：弱酸性〜弱アルカリ性
光量：20W×2　　　　育てやすさ：やさしい

ショップで常に見ることができる、もっともポピュラーな有茎水草のひとつ。とても丈夫で育成しやすく、成長したものは挿し戻しを行えばすぐに新芽を出す。ただし、光量が少ないと間延びしやすい。

ハイグロフィラ・ピンナティフィダ
Hygrophila pinnatifida

分布：インド　　　　高さ：15〜40cm
水温：20〜28℃　　　水質：弱酸性〜弱アルカリ性
光量：20W×3　　　　育てやすさ：やさしい

葉に独特な切れ込みがあるのが特徴の、ハイグロフィラの変わり種。流木などに巻きつけると、根が隙間に入り込んである程度固定されるので、レイアウトで広く使用できる。茶褐色の発色を出すには、強い光と液体肥料が効果的。

ハイグロフィラ・ロザエネルビス
Hygrophila polysperma 'Rosanervis'

分布：改良品種　　　高さ：20〜50cm
水温：20〜28℃　　　水質：弱酸性〜弱アルカリ性
光量：20W×2　　　　育てやすさ：やさしい

色彩のメリハリが強い、赤味の強いハイグロフィラ。ハイグロフィラ・ポリスペルマの突然変異株を固定した品種で、葉に入る斑がピンク色のコントラストがとても美しい。レイアウト内に赤味が欲しい時にお勧めだ。鉄分など肥料分が不足すると葉のピンク色が薄れてしまう。

ハイグロフィラ・ロザエネルビス・サンセットウェーブ
Hygrophila polysperma 'Rosanervis Sunsetwave'

分布：突然変異種　　高さ：20〜50cm
水温：20℃〜28℃　　水質：弱酸性〜弱アルカリ性
光量：20W×2　　　　育てやすさ：やさしい

前種のロザエネルビスより葉脈の白が太く、ピンクも強く出るために豪華な印象。ロザエネルビスと同様、海外の水草ファームで突然変異で作出された品種。強い光量と肥料分が多いと発色が良くなり美しく育生できる。

ハイグロフィラ・ポリスペルマ'ブロードリーフ'
Hygrophila polysperma 'Broad-Leaf'

分布：タイ　　　　　高さ：20〜50cm
水温：20〜28℃　　　水質：弱酸性〜弱アルカリ性
光量：20W×2　　　　育てやすさ：やさしい

ポリスペルマの地域変異と考えられていて、ポリスペルマ種より大きくなり、成長とともに葉幅が広くなるためこの名がある。多めの光量とCO_2の添加が効果的。中・大型水槽での育成が一般的。

ラージリーフハイグロフィラ
Hygrophila corymbosa 'Stricta'

分布：タイ　　　　　高さ：20〜50cm
水温：20〜28℃　　　水質：弱酸性〜弱アルカリ性
光量：20W×2　　　　育てやすさ：やさしい

やや大型に成長するため、大型レイアウト水槽で後景に使用されることが多い水草。根張りがよく底床に多くの肥料を必要とし、不足すると白化現象を起こすことがある。成長が早いため、こまめなトリミングが必用。

ツーテンプル
Hygrophila corymbosa 'Angustifolia'

- 分布：東南アジア
- 水温：20〜28℃
- 光量：20W×2
- 高さ：20〜50cm
- 水質：中性〜弱アルカリ性
- 飼育難易度：やさしい

細長い葉が特徴のハイグロフィラの仲間。ひとつの節から2枚の葉を出すためにこの名がある。CO_2などの育成条件が良いと大きく成長し、見応えのある姿となる。レイアウトにまとまったボリュームを出したい時に使用すると良い。

テンプルプラント
Hygrophila corymbosa

- 分布：東南アジア
- 水温：20〜28℃
- 光量：20W×2
- 高さ：20〜50cm
- 水質：中性〜弱アルカリ性
- 飼育難易度：やさしい

葉幅の広い大きな葉を持つハイグロフィラの仲間。ライトグリーンの水中葉はレイアウト内でも存在感がある。水上葉で販売されていることが多いので、しっかり水中葉に移行して楽しみたい水草。

ミニテンプルプラント
Hygrophila corymbosa 'Compact'

- 分布：突然変異種
- 水温：20〜28℃
- 光量：20W×2
- 高さ：10〜15cm
- 水質：中性〜弱アルカリ性
- 飼育難易度：やさしい

テンプルプラントの矮小化から生じた突然変異種。そのため、レイアウトでは主に前景に使用されることが多い。小型水槽にもお勧めのハイグロフィラの仲間だ。子株を使用すると、さらに小型の水草としても楽しめる。

ウォーターウィステリア
Hygrophila difformis

- 分布：東南アジア
- 水温：20〜28℃
- 光量：20W×2
- 高さ：20〜50cm
- 水質：中性〜弱アルカリ性
- 育てやすさ：やさしい

ギザギザした葉が特徴の有茎水草。育成条件によって丸葉からギザギザした切れ込みのある葉へと変化する。丈夫で初心者にも容易に育成することができるが、光量が足りないと新芽部分が萎縮する。

ホワイトウィステリア
Hygrophila difformis var.

- 分布：突然変異種
- 水温：20〜28℃
- 光量：20W×2
- 高さ：20〜50cm
- 水質：中性〜弱アルカリ性
- 育てやすさ：やさしい

ウィステリアの葉の葉脈に沿って白い筋が入る「斑入り」品種。ただし、オリジナル種のウィステリアに比べると育生がやや難しい。強い光量によって美しい斑の草体に育成できる。

スタウロギネSP.ビハール
Staurogyne sp. 'Bihār'

- 分布：インド
- 水温：20〜28℃
- 光量：20W×2
- 高さ：20〜50cm
- 水質：中性〜弱アルカリ性
- 育てやすさ：ふつう

大型に成長する有茎水草。水中葉はギザギザの葉になるのが特徴的で、状態が良くなると褐色に色つく。かなりボリュームがあるので、レイアウトでは後景に適している。

ロタラ・ロトンディフォリア
Rotala rotundifolia

分布：東南アジア　高さ：20～50cm
水温：20～28℃　水質：弱酸性～中性
光量：20W×2　育てやすさ：やさしい

細かい葉が密に付き美しい、とてもポピュラーな水草。近年では水草レイアウト水槽に多用され、美しい繁茂が見られる。水質に左右されず、茶褐色の葉の特徴が現れる。産地別のバリエーションが販売されているのも人気の秘密。

グリーンロタラ
Rotala rotundifolia 'Green'

分布：東南アジア　高さ：20～50cm
水温：20～28℃　水質：弱酸性～中性
光量：20W×2　飼育難易度：ふつう

ロタラ・ロトンディフォリアのグリーンタイプ。強光下では底床に這うように成長する特徴がある。そのため幅広くレイアウトで使用できるので人気が高い。多くのレイアウターが使用する水草だ。

ロタラ・インディカ
Rotala rotundifolia 'Indica'

分布：日本～東南アジア　高さ：20～50cm
水温：20～28℃　水質：中性
光量：20W×2　飼育難易度：ふつう

キカシグサの和名で知られる、日本の水田や湿地などにも自生する水草。東南アジアでも見ることができ、適応力の高い水草と言えるだろう。ロタラ・ロトンディフォリアと同様、レイアウト内で繁茂して美しい。

ロタラ・マクランドラ
Rotala macrandra

分布：インド　高さ：20～50cm
水温：20～28℃　水質：弱酸性
光量：20W×2　飼育難易度：やや難しい

レッドリーフバコパの名で古くから親しまれている赤系の有茎水草。水中葉は非常に柔らかく、傷つきやすいので取り扱いには気を使いたい。弱酸性の軟水で光を強めにし、二酸化炭素添加が育成のコツ。

ロタラ・マクランドラ'ナローリーフ'
Rotala macrandra 'Narrow-Leaf'

分布：インド　高さ：20～50cm
水温：20～28℃　水質：弱酸性
光量：20W×2　育てやすさ：やや難しい

ロタラ・マクランダの突然変異種で、暗紅色になる人気の高い有茎水草。育成はやや難しく、セッティングしたばかりの水槽ではうまく育成できないことが多く、落ち着いている水槽で育成することが大切。

ロタラ・ロトンディフォリア・ハラ
Rotala rotundifolia 'H'ra'

分布：ベトナム　高さ：20～50cm
水温：20～28℃　水質：弱酸性～中性
光量：20W×2　育てやすさ：やさしい

比較的新しく紹介されたロタラの仲間。赤みの強いロトンディフォリアのバリエーション。繁茂する草体が美しいため、近年レイアウトに多用されている。そのため、ショップで見る機会も多い。

ロタラ・ナンセアン
Rotala sp. 'Nanjean'

分布：東南アジア　　高さ：20〜50cm
水温：20〜30℃　　　水質：弱酸性〜弱アルカリ性
光量：20W×2　　　　育てやすさ：やさしい

繊細な葉が特徴のロタラの仲間。リスノシッポに似た草姿をした有茎水草で、水質にもあまりうるさくなく、葉が細かく密に付くために20〜30本を群生させることで美しい水景を作れる。脇芽からどんどん繁茂していく。

リスノシッポ
Rotala wallichii

分布：東南アジア　　高さ：20〜50cm
水温：20〜28℃　　　水質：弱酸性〜中性
光量：20W×2　　　　飼育難易度：やさしい

先端がピンク色になる非常に細かい葉がとても美しい水草で、リスの尾のように見えることからこの名で親しまれているポピュラー種。赤を強く出すには、鉄分を含んだ液体肥料の添加が効果的である。

アラグアイア・レッドロタラ
Cuphea anagalloidea

分布：南米　　　　　高さ：10〜20cm
水温：20〜28℃　　　水質：弱酸性
光量：20W×2　　　　飼育難易度：やさしい

主にブラジルに自生する、小型のロタラの仲間。そのため、小型のレイアウト水槽で使用しやすい。強光など状態が良いと赤みが出るので、レイアウトのアクセントになる。密に植えて楽しみたい水草。

ロタラ・メキシカーナ
Rotala sp.

分布：不明　　　　　高さ：20〜50cm
水温：20〜25℃　　　水質：弱酸性〜中性
光量：20W×2　　　　飼育難易度：やさしい

繊細な葉のロタラの仲間。本種も良い環境では真っ赤な美しい草体となってくれる。弱酸性の水質を好むため、ソイルでの育生が適している。メキシカーナと呼ばれているが、産地は諸説あり詳細は不明。

ロタラ・カンボジア
Rotala sp.

分布：東南アジア　　高さ：20〜50cm
水温：20〜28℃　　　水質：弱酸性〜中性
光量：20W×2　　　　飼育難易度：やさしい

カンボジアから輸入されたロタラの仲間。葉は黄色味のある緑で、育生していくにつれてオレンジがかってくる。とても細くて柔らかい葉を持っているが、ボリュームがあるのでレイアウト水槽内でもよく目立つ。

ミズスギナ
Rotala hippuris

分布：日本　　　　　高さ：20〜50cm
水温：20〜27℃　　　水質：中性
光量：20W×2　　　　育てやすさ：やさしい

紀伊半島、四国、九州に局所的に自生する有茎水草。アクアリウムに紹介された物が殖やされて流通している。基本的にはグリーンだが、葉裏がやや赤みのある物も知られている。

水草

ルドウィジア・インクリナータ
Ludwigia incrinata

分布：南米
水温：20〜28℃
光量：20W×2
高さ：20〜50cm
水質：弱酸性〜中性
育てやすさ：やさしい

オレンジ色の葉が美しいルドウィジア。強光下ではその赤みが特に強くなってくれる。水面で広がるように繁茂する特徴があり、レイアウトを上から見る時にも楽しめる。ソイル系の底床を使用すれば問題なく育成できるが、葉が柔らかいので注意。

ルドウィジア・レペンス
Ludwigia repens

分布：北米
水温：20〜28℃
光量：20W×2
高さ：20〜50cm
水質：弱酸性〜中性
育てやすさ：やさしい

レッド・ルドウィジアの名もある古くから知られるポピュラー種。水質や水温の適応性が広く育成しやすい。強光を好み、肥料も十分な環境では、赤みが強くなり、葉も大型化する。そのため、葉の変化が楽しめる水草だ。

アマニア・グラキリス
Ammannia gracilis

分布：西アフリカ
水温：25〜28℃
光量：20W×2
高さ：30〜50cm
水質：弱酸性〜中性
育てやすさ：やや難しい

アフリカ産の美しい有茎水草で、比較的大型になる。赤の発色が強く、レイアウト内でも素晴らしい発色を見せる。ポピュラー種なので入手は容易。育成自体はそれほど難しくないが、CO_2をしっかり添加したい。

イエローアマニア
Ammannia pedicellata

分布：タンザニア
水温：24〜28℃
光量：20W×2
高さ：15〜30cm
水質：弱酸性〜中性
育てやすさ：やや難しい

東アフリカに自生するアマニアの仲間。古くからヨーロッパで人気が高く、レイアウトなどで多く使用されている。水上葉から水中葉に移行する際に溶けやすく、また、低水温に弱く、高水温で維持した方が良い結果が得られる。

ヘテランテラ・ゾステリフォリア
Heteranthera zosterifolia

分布：南米　　　高さ：10〜20cm
水温：24〜28℃　水質：弱酸性
光量：20W×2　　育てやすさ：やさしい

　ショップで見る機会の多い、ポピュラーな有茎水草。我が国の観賞魚界でも古くから親しまれている。育成条件により這うように伸びたり、上へと伸びたりするが光量で調整できる。草体が柔らかいため取り扱いに注意が必用。

パールグラス
Micranthemum glomeratum

分布：北米　　　高さ：10〜20cm
水温：20〜25℃　水質：弱酸性〜中性
光量：20W×2　　育てやすさ：やさしい

　小さな葉が密に付く小型の繊細な水草で、レイアウト水槽になくてはならない程の人気がある。透明感のある緑色が魅力的。高光量でCO_2を添加すれば育成は容易。前景で使用する際はしっかりトリミングすることが大切。

ニューパールグラス
Micranthemum sp.

分布：北米　　　高さ：10〜20cm
水温：20〜25℃　水質：弱酸性〜中性
光量：20W×2　　飼育難易度：やさしい

　パールグラスと同様に強光下では這うように成長するため、レイアウトの前景に使用される有茎水草。パールグラスが3枚葉なのに対して、ニューパールグラスは対生（2枚葉）なのが特徴。

キューバパールグラス
Hemianthus callitrichoides

分布：中米　　　高さ：3〜5cm
水温：20〜25℃　水質：弱酸性〜中性
光量：20W×2　　飼育難易度：ふつう

　葉が2mm程度のきわめて微細な葉を持つパールグラスの仲間。パールグラスが透明感のある葉が特徴なのに対して、本種は強い緑色になる。絨毯のように繁茂するため、前種と同様にレイアウトの前景に使用される。繊細な水草のため、パウダー系のソイルを使用したい。

水草

オランダプラント
Pogostemon stellata

分布：東南アジア　高さ：20〜30cm
水温：25〜28℃　水質：弱酸性〜中性
光量：20W×2　育てやすさ：ふつう

　有茎水草を多用したレイアウト水槽に欠かせない水草で、独特の葉の付き方が美しい人気種。光量が弱いと成長不良をおこすことが多く、その際、頂芽が萎縮してしまうので注意が必要だ。

ミズネコノオ
Pogostemon stellatus

分布：日本、東アジア　高さ：20〜30cm
水温：20〜27℃　水質：中性
光量：20W×2　育てやすさ：ふつう

　日本の水田や湿地に自生する、一年生のシソ科の湿生植物。アクアリウムではイエローオランダプラントなどと呼ばれることもある。レイアウトでは、オランダプラントと同じような使用ができる。

ミズトラノオ
Pogostemon yatabeanus

分布：日本、東アジア　高さ：20〜30cm
水温：20〜27℃　水質：中性
光量：20W×2　育てやすさ：ふつう

　ミズネコノオと同じく日本の水田や湿地に自生する、多年生のシソ科の湿生植物。ミズネコノオとは違い、地下茎から茎が直立する。育成は比較的容易で、日本風なレイアウトはもちろん、熱帯魚の飼育にも使用できる。

ポゴステモン・ヘルフェリー
Pogostemon helferi

分布：タイ、ミャンマー　高さ：5〜10cm
水温：25〜28℃　水質：弱酸性〜中性
光量：20W×2　育てやすさ：ふつう

　独特のウエーブする葉が特徴の有茎水草で、他の水草にはない草姿で高い人気を誇る。自生地では流れの速い綺麗な川の岸際に密集している。成長してもレイアウトの前景草として適している。

エイクホルニア・ディベルシフォリア
Eichhornia diversifolia

分布：南米
水温：25～28℃
光量：20W×2
高さ：20～50cm
水質：弱酸性
育てやすさ：やや難しい

　ホテイアオイの仲間として知られる、エイクホルニア属の小型種。本来ハート型の浮き葉が特徴の水草だが、アクアリウムでは浮葉をトリミングしてしまい、カールする水中葉のみを楽しむことが主流。栄養が不足すると、黒くなり枯れてしまう。

エイクホルニア・アズレア
Eichhornia azurea

分布：南米
水温：25～28℃
光量：20W×2
高さ：20～50cm
水質：弱酸性
飼育難易度：やや難しい

　南米に自生する、エイクホルニア属の大型種。水中葉は、状態が悪いと捻れる傾向がある。光量不足やトリミング時に浮葉を出しやすく、美しい水中葉を維持したい際には注意したい。

バリスネリア・スピラリス
Vallisneria spiralis

分布：北半球
水温：20～30℃
光量：20W×2
高さ：30～80cm
水質：中性～弱アルカリ性
育てやすさ：やさしい

　透明感のあるテープ状の葉が特徴の後景水草。観賞魚界で古くから知られ、初心者からレイアウターにも親しまれている。地下ランナーによって横へと広がって殖えていく。

バリスネリア・ナナ
Vallisneria nana

分布：オーストラリア
水温：20～28℃
光量：20W×2
高さ：20～50cm
水質：中性～弱アルカリ性
育てやすさ：やさしい

　幅数ミリの細長い葉を持つバリスネリアの仲間。基本的には後景で使用される水草だが、レイアウト内でピンポイントのアクセントとして用いることもできる。育生はバリスネリア・スピラリスと同様に容易。

水草

スクリューバリスネリア
vallisneria asiatica var. *biwaensis*

分布：日本
水温：18〜30℃
光量：20W×2
高さ：10〜20cm
水質：中性
育てやすさ：やさしい

　透明感のある葉が、螺旋状にネジレて成長するのが特徴的な日本の水草。日本の琵琶湖の固有種で、琵琶湖水系の浅瀬で見ることができる。大型に成長するコークスクリュー・バリスネリアも輸入されているが、別種の水草だ。

ウォーターバコパ
Bacopa carorliniana

分布：北米
水温：25〜28℃
光量：20W×2
高さ：20〜50cm
水質：弱酸性〜中性
育てやすさ：やさしい

　古くからアクアリウムで使用されている大型の有茎水草。育生自体は容易だが、購入して水槽に馴染むまでにややデリケートな面がある。光量によって葉の色合いが変化するので、レイアウトする場所を工夫したい。まとめ植えして楽しみたい水草だ。

バコパ・オーストラリス
Bacopa australis

分布：南米
水温：25〜28℃
光量：20W×2
高さ：20〜50cm
水質：弱酸性〜中性
育てやすさ：やさしい

　ブラジルなどの南米に分布するバコパの仲間。育成は容易なので初心者にもお勧めできる水草。二酸化炭素を添加することでさらに美しい水景を作ることができる。水草レイアウト水槽に使用しやすい水草だ。

アルテルナンテラ・レインキー
Alternanthera reineckii

分布：南米
水温：25〜28℃
光量：20W×2
高さ：20〜50cm
水質：弱酸性〜中性
育てやすさ：ふつう

　赤系の水草の代表種で、ショップで見る機会が多いポピュラー種。ただし、水上葉からの育生はデリケートなので、できれば水中葉を購入することをお勧めしたい。水上葉はグリーンだが水中葉では濃い赤へと変化する。

アルテルナンテラ・リラキナ
Alternannthera reineckii 'Lilacina'

分布：南米	高さ：20〜50cm
水温：25〜28℃	水質：弱酸性〜中性
光量：20W×2	育てやすさ：ふつう

　レインキーが細い葉に対して、本種は広い葉に成長する。水上葉での販売が基本だが、水中葉に移行することによって美しい水草に変化する。肥料分が少ないと黄色い葉になってしまうので注意したい。

本カーナミン
Cardamine lyrata

分布：日本、中国	高さ：20〜50cm
水温：20〜28℃	水質：弱酸性〜弱アルカリ性
光量：20W×2	飼育難易度：やさしい

　古くから販売されているポピュラーな水草。丸い葉の基部に、深いくびれを持つ変わった水草だ。産地による変異があり、日本にも通年自生していてミズタガラシと呼ばれる。通常はグリーンだが、光が強いと赤く色づく。

ブリクサショートリーフ
Blyxa japonica

分布：東南アジア	高さ：10〜15cm
水温：25〜28℃	水質：中性
光量：20W×2	育てやすさ：ふつう

　とても柔らかい葉の有茎水草。小型種なのでレイアウトの前景に使いやすい。状態が悪くなると、葉の基部が溶けて葉が剥がれてしまうので注意したい。分岐繁殖で殖えていく。

ウォーターカーナミン
Clinopodium brownei

分布：東南アジア	高さ：20〜50cm
水温：20〜30℃	水質：中性〜弱アルカリ性
光量：20W×2	育てやすさ：やさしい

　カーナミンと呼ばれているものには数種類あり、ウォーターカーナミンの名で販売され、アクアリウムに欠かせなかった歴史ある水草。ハート型の葉が特徴的な水草で、葉や茎は独特のミントの香りがする。

アマゾンチドメグサ
Hydrocotyle leucocephala

分布：南米
水温：20～25℃
光量：20W×2
高さ：20～30cm
水質：弱酸性
育てやすさ：やさしい

いつでも購入できるポピュラーな水草。丸い葉をいくつも展開して成長する。育成は容易だが、肥料不足になると白化してしまう傾向があるので、肥料の添加が有効。レイアウトでは前景から中景で使われることが多いが、後景が適している。

ロベリア・カーディナリス
Lobelia cardinalis

分布：北米
水温：20～25℃
光量：20W×2
高さ：10～20cm
水質：弱酸性～中性
育てやすさ：やや難しい

育成しやすく初心者にもお勧めな、古くからレイアウト水槽に用いられてきた水草。ショップでは水上葉が販売されていて、水中化すると小さな丸い葉を形成する。小型種なので前景草として使われることが多いが、株の丈を常に低く保つためには、人為的に根を傷つけるような育成方法で行う。

ウォーターナスタチウム
Neobeckia aquatica

分布：ヨーロッパ
水温：15～25℃
光量：20W×2
高さ：10～15cm
水質：弱酸性～中性
育てやすさ：ふつう

大根の葉のような草姿の、ポピュラーなロゼット型の水草。水質の適応力が高く育成も容易だが、夏場の水温上昇には気をつけたい。水質や光量によって丸葉からギザギザの細葉まで、様々な変化を見せる。レイアウトのピンポイントで使用すると、特徴的な葉を楽しめる。

サウルルス
Saururus cernuus

分布：北米
水温：20～28℃
光量：20W×1
高さ：10～20cm
水質：弱酸性～中性
育てやすさ：やや難しい

アメリカハンゲショウと呼ばれる、独特な香りを持つハンゲショウの代表種。水上では葉長が10cmを超えるが、完全に水中化すると5cmにも満たない小さな草姿に仕上がる。そのため、レイアウトの前景部に使用することに適している。

ウォータースプライト
Ceratopteris cornuta

分布：日本、東南アジア　　高さ：20〜50cm
水温：20〜28℃　　水質：弱酸性〜弱アルカリ性
光量：20W×1　　育てやすさ：ふつう

　熱帯魚の繁殖に多く使用されてきた、水生シダ植物の代表種。日本にも自生していて、ミズワラビと言う和名が有名。育生は容易だが、販売されているものの多くが水上葉で、水中化する前に溶けてしまうことが多いので注意したい。一度水に浮かべて子株を取って使用すると良い。

ベトナムスプライト
Ceratopteris oblongiloba 'Vietnam'

分布：ベトナム　　高さ：20〜50cm
水温：20〜28℃　　水質：弱酸性〜中性
光量：20W×2　　育てやすさ：やさしい

　スプライトの仲間は広い分布域を持つが、本種はベトナムに自生する種で、ウォータースプライトより細かく柔らかい葉を持つ。浮かせても育生でき、丈夫で容易に育生できるので、初心者にもお勧めの水草だ。

ラオススプライト
Ceratopteris oblongiloba 'Laos'

分布：ラオス　　高さ：20〜50cm
水温：25〜28℃　　水質：弱酸性
光量：20W×2　　育てやすさ：やさしい

　ラオスに自生する、スプライトの仲間では新しくアクアリウムに紹介された種。この仲間の中ではもっとも細かな葉を持つ。現在では海外、国内の水草ファームで生産されているため、入手も容易になっている。

ホトニア・パルストリス
Hottonia palustris

分布：ヨーロッパ、アジア　　高さ：10〜15cm
水質：弱酸性〜中性　　水温：15〜25℃
光量：20W×2　　育てやすさ：やや難しい

　雪の結晶のような葉が特徴のとても美しい水草。育成が比較的難しい小型種で、水質がうまく合わないと溶けるようにして枯れてしまう。ある程度の水草育生経験が必要で、強い光量と液体肥料の添加が必要と言える。茎が斜め上に伸びてゆく性質がある。

水草

247

シペルス・ヘルフェリー
Cyperus helferi

- 分布：東南アジア
- 水温：20～26℃
- 光量：20W×2
- 高さ：20～30cm
- 水質：弱酸性
- 育てやすさ：やや難しい

　水生シペルスの仲間の中では、もっとも水中育生に向いている種。細長く先が尖る葉が繊細な水草だ。細い葉の縁には細かな鋸歯がある。育成にはCO_2の添加が不可欠で、低めの水温で液肥を添加するのも有効。レイアウトでは、サイドや後景に使用すると良い。

ピグミーチェーンサジタリア
Sagittaria subulata 'Pusilla'

- 分布：不明
- 水温：25～28℃
- 光量：20W×2
- 高さ：5～10cm
- 水質：弱酸性～中性
- 育てやすさ：やさしい

　前景草の代表種として古くから知られる水草。サジタリア属の最小種なので、水草レイアウト水槽ではとても重宝されている。水質の適応力が強いので育成も比較的容易だが底床の肥料分は必要。肥料不足になると黄色くなる。地下茎のランナーで増えていくので、育生していて楽しい。

ヘアーグラス
Eleocharis acicularis

- 分布：世界各地
- 水温：15～28℃
- 光量：20W×2
- 高さ：5～10cm
- 水質：弱酸性～中性
- 育てやすさ：やさしい

　ごく細く、針のような見た目のエレオカリス属の最小種。古くから水草レイアウトの前景草として人気が高く、本種のみのレイアウトも多く製作されているほど。ランナーで増えていくので、2～3株をピンセットで丁寧に植えていき、美しい緑の絨毯を楽しもう。

コブラグラス
Lilaeopsis novae-zelandiae

- 分布：オーストラリア
- 水温：15～25℃
- 光量：20W×2
- 高さ：5～15cm
- 水質：弱酸性
- 育てやすさ：ふつう

　前景草によく使われるポピュラー種で、葉の先端がコブラの鎌首に似ていることからこの名がある。ヨーロッパのアクアリウムでは前景部に多用される水草だ。多くはポットで輸入される。高光量とCO_2の添加、追肥を行いたい。

ピグミーアコルス
Acorus gramineus 'Pusillus'

- 分布：アジア諸国
- 水温：15～25℃
- 光量：20W×2
- 高さ：5～15cm
- 水質：弱酸性～弱アルカリ性
- 育てやすさ：ふつう

　セキショウの名も知られるアコルスの仲間で、その中では小型。テラリウム水槽などに向いているが、水中でも楽しめる。活着性が高いので、石などに活着させて使用できる。

ミニマッシュルーム
Hydrocotyle verticillata

- 分布：北米、南米
- 水温：15～25℃
- 光量：20W×2
- 高さ：5～10cm
- 水質：弱酸性～中性
- 育てやすさ：やや難しい

　前景に適した水草として人気が高く、地下茎から可愛らしい丸い葉を展開して繁茂する。光量が強いと低く成長し、光量が不足していると間伸びする傾向があるので、光量をしっかり確保したい。

グロッソスティグマ・エラチノイデス
Glossostigma elatinoides

分布：オーストラリア　　高さ：2〜3cm
水温：25〜28℃　　　　水質：弱酸性〜中性
光量：20W×2　　　　　育てやすさ：ふつう

豆のような小さな葉を密に付けて繁茂する水草。レイアウトのオープンスペースにはなくてはならない存在で、前景用としてアクアリウムでもっとも活用されている。CO_2の添加が効果的で、状態が良い時ほど適度なトリミングが大切。

ウィローモス
Taxiphyllum barbieri

分布：北半球　　　　　水温：25〜28℃
水質：弱酸性〜中性　　光量：20W×2
育てやすさ：やさしい

もっともポピュラーな水生のコケ。小型熱帯魚のブリーディングの産卵床としても古くから活用されてきた。育生が容易でよく殖えるため、頻繁にトリミングを行わなければならないが、流木や石などに活着できるため利用価値が高く、レイアウトにはなくてはならない存在。安価でいつでも購入できる。

南米ウィローモス
Vesicularia dubyana

分布：熱帯アジア　　水温：25〜28℃
水質：弱酸性　　　　光量：20W×2
飼育難易度：ふつう

先が三角形に成長していく、美しい水生ゴケの仲間。1990年代にアクアリウムの世界に紹介されていらい、もっとも人気の高いモスとして普及している。二酸化炭素と液体肥料を添加するのがとても効果的で、美しく成長してくれる。水上型でも楽しめるのが嬉しい。

ジャイアント南米ウィローモス
Taxiphyllum sp.

分布：東南アジア　　水温：25〜28℃
水質：弱酸性　　　　光量：20W×2
育てやすさ：ふつう

南米ウィローモスより大型に成長する水生苔。1990年代後期に紹介され、水草レイアウトはもちろん、ビーシュリンプのブリーディングを行う水槽で見かける機会も多い。活着させて使用できるが、成長が早いのでトリミングが大切。

バブルモス
Leptodictyum riparium

分布：日本、アジア諸国　水温：25〜28℃
水質：弱酸性　　　　　　光量：20W×2
飼育難易度：ふつう

ヤナギゴケの和名が知られるが、水中で酸素を多く出して気泡を付けるためにこの名で呼ばれる。日本では湧水地などで水中に見ることができる。光量が強いと這うように生長するが、弱いと上に伸びてしまう。気泡を多く付けるので、トリミングをしないと浮かんでしまうことがある。

フレイムモス
Taxiphyllum sp.

分布：不明　　　　　水温：25〜28℃
水質：弱酸性〜中性　光量：20W×2
育てやすさ：ふつう

炎のように立ち上がって成長するのが特徴の水生苔。流木や石に巻きつけて使用するのが一般的で、水草レイアウト水槽でもよく使用れている。栄養となる水中のミネラル分が不足すると、緑色から黒くなる傾向がある。

ウィーピングモス
Vesicularia ferriei

分布：日本、中国　**水温**：23〜28℃
水質：弱酸性〜中性　**光量**：20W×2
育てやすさ：ふつう

　和名はフクロハイゴケという、日本にも自生している水生ゴケ。流木や石に活着させて使用すると、垂れ下がるように成長する。微細な丸い葉が密に付くのが特徴的で、近年アクアリウムの世界で人気のモスとなっている。シュリンプの水槽で見かけることも多い。

プレミアムモス
Riccardia chamedryfolia

分布：東南アジア　**水温**：23〜28℃
水質：弱酸性〜中性　**光量**：20W×2
育てやすさ：やや難しい

　タイで発見されたスジゴケの仲間。他の水生ゴケとは違い、かなり手触りが硬いのが特徴。流木よりも、石灰質を含む石に活着させると状態良く育生できる。重なるように繁茂するが、すぐに剥がれてしまうので丁寧に扱うことが大切。

ウォーターフェザー
Fissidens fontanus

分布：アメリカ　**水温**：23〜28℃
水質：弱酸性〜中性　**光量**：20W×2
育てやすさ：やや難しい

　北米に自生する水生のホウオウゴケの仲間。活着力は弱いので、ラインなどを使用して流木や石に巻きつけて使用する。その際、非常に柔らかい葉を展開する種なので、取り扱いには注意したい。

リシア
Riccia fluituns

分布：北半球　**高さ**：2〜5cm
水温：20〜25℃　**水質**：弱酸性〜中性
光量：20W×2　**育てやすさ**：ふつう

　日本の水田や湿地、湧水地などに自生するウキゴケ科の水生ゴケ。浮く力がとても強いので流木や飼育に巻き付けて使用するが、水中に適用しやすく沈めても美しく繁茂する。二酸化炭素を添加すると、細かい泡を全体に付けてとても美しい。

モノソレニウム・テネルム
Monosolenium tenerum

分布：日本、東南アジア 　水温：20～25℃
水質：中性 　　　　　　光量：20W×2
育てやすさ：ふつう

　透明感のある葉が重なり合うようにして繁茂する、水生ゴケの仲間。活着力があるので、流木や石に活着させて使用すると良い。光量があまり強くなくても繁茂する。ビーシュリンプを飼育する水槽で見る機会が多い。

セレベスカーペットスター
Eriocaulon sp.

分布：スラウェシ島 　　高さ：5cm
水温：25～28℃ 　　　水質：中性
光量：20W×2 　　　　育てやすさ：やや難しい

　スラウェシ島の限られた湖に自生する小型のホシクサ。高さが低く、細い葉で絨毯を形成する。入手は難しく、輸入での入荷はないので、水草に強いショップで増やされたものを購入する。

ホシクサ・マットグロッソ
Eriocaulon sp.

分布：ブラジル 　　　　高さ：10～20cm
水温：25～28℃ 　　　水質：弱酸性
光量：20W×2～4 　　育てやすさ：ふつう

　南米ブラジル、マットグロッソの湿地に自生するホシクサの仲間。繊細な葉をいくつも展開して、全草が丸く仕上がっていく。育生には強い光量と液体肥料が効果的。とても存在感があり、数が少なくてもレイアウト内でとてもよく目立つ。

ホシクサ・ゴイヤススター
Eriocaulon sp.

分布：南米 　　　　　　高さ：10～20cm
水温：25～28℃ 　　　水質：弱酸性
光量：20W×2～4 　　育てやすさ：ふつう

　南米産のホシクサブームで人気種となったゴイヤス産のホシクサの仲間。見た目的にはイヌノヒゲの仲間と思われ、水中型では葉が螺旋状に広がっていく。ホシクサの仲間を多く扱っている専門店での購入となる。

トニナ
Syngonanthus macrocaulon

分布：南米　　高さ：20〜40cm
水温：25〜28℃　水質：弱酸性
光量：20W×2〜4　育てやすさ：ふつう

　日本のアクアリウムで最初に紹介されたトニナの仲間。独特の葉姿を持つ有茎水草で、カールする葉が特徴的。育生にはソイル系の底床が適していて、できるだけ新しいソイルを使用することが大切となる。

トニナ・フルビアティリス
Tonina fluviatilis

分布：南米　　高さ：10〜40cm
水温：25〜28℃　水質：弱酸性
光量：20W×3　　育てやすさ：ふつう

　葉幅のある'トニナ'の代表種。以前はマニア好みの種類だったが、近年は海外の水草ファームから多く輸入されるようになってポピュラーになっている。そのため、水草レイアウト水槽でも使用される頻度が高くなっている。この仲間はバリエーションも多く、コレクションも楽しい。

ミリオフィラム・マットグロッセンセ
Myriophyllum matogrossense

分布：南米、ブラジル　高さ：10〜30cm
水温：25〜28℃　水質：弱酸性〜中性
光量：20W×2　　育てやすさ：やや難しい

　南米のマットグロッソ州に自生する小型のミリオフィラム。繊細な葉が美しく、水草レイアウト水槽で多く使用されている有茎水草。グリーンの美しい水草だが、肥料が不足すると黄色く変化してしまうので注意が必要。

レッドミリオフィラム
Myriophyllum tuberculatum

分布：南米、ブラジル　高さ：10〜30cm
水温：25〜28℃　水質：弱酸性〜中性
光量：20W×2　　育てやすさ：やや難しい

　赤く細かい羽状の葉を茂らせる有茎水草。葉の色は育成条件によっても変化する。育生には強光、多めのCO_2、高めの肥料分濃度が好ましい。赤系の水草を多用したレイアウトにお勧めの水草だ。

アンブリア
Limnophila sessiliflora

- 分布：東南アジア、日本
- 水温：15～28℃
- 光量：20W×2～3
- 高さ：10～30cm
- 水質：弱酸性～中性
- 育てやすさ：やや難しい

ショップで常に販売されている、輪生有茎水草。キクモという和名も知られていて、日本にも自生している。ただし、ショップで見られるのは海外産のものが多く、キクモとは葉に違いが見られる。葉の色合いは光によって変化する。

ジャイアントアンブリア
Limnophila aquatica

- 分布：インド、スリランカ
- 水温：20～28℃
- 光量：20W×4
- 高さ：20～30cm
- 水質：弱酸性
- 育てやすさ：ふつう

輪径が10cmを超える、大型のリムノフィラの仲間。繊細で柔らかい葉を展開し、水草レイアウトないでも美しい繁茂を楽しめる。光量が弱いと、成長点が萎縮してしまうことがある。

カボンバ
Cabomba caroliniana

- 分布：北米、日本
- 水温：10～28℃
- 光量：20W×2
- 高さ：20～30cm
- 水質：弱酸性～中性
- 育てやすさ：やさしい

金魚藻として知られてるもっともポピュラーな水草。低温に強いため日本にも帰化している。金魚やメダカに使う人が多いが、熱帯魚の水草としても魅力的だ。水質は弱酸性に近い方が良い。

レッドカボンバ
Cabomba furcata

- 分布：南米
- 水温：20～25℃
- 光量：20W×2
- 高さ：15～30cm
- 水質：弱酸性～弱アルカリ性
- 育てやすさ：ふつう

古くからグリーンのカボンバと並んでポピュラーな水草。赤系の水草が少なかった時代、本種が使用されたことによってグリーンの多かった水槽が華やかになった歴史がある。光量不足になると間延びするので注意したい。

アナカリス
Egeria densa

- 分布：北米・日本
- 水温：10～28℃
- 光量：20W×2
- 高さ：30～50cm
- 水質：弱酸性～弱アルカリ性
- 育てやすさ：やさしい

金魚藻として売られている水草で、カボンバと並ぶポピュラー種。非常に丈夫で、水上型にはならない。日本の川や湖にも帰化しているので目にする機会は多く、近縁種のコカナダモと同様に問題となっている。

マツモ
Ceratophyllum demersum

- 分布：世界各地
- 水温：20～28℃
- 光量：20W×2
- 高さ：10～30cm
- 水質：弱酸性～弱アルカリ性
- 育てやすさ：やさしい

日本でも見ることができる、根を持たないポピュラーな浮き草の仲間で、松の葉のような細い葉を密に付けて伸びていく。肥料不足になると黄色に変色して弱ってしまう。主に金魚やメダカの飼育で使用されることが多い。

'ミクロソリウム'・プテロプス
Leptochilus pteropus

分布：東南アジア　高さ：10～40cm
水温：25～28℃　水質：弱酸性～中性
光量：20W×2　育てやすさ：やさしい

英名のインドネシアウォーターファンとしてアクアリウムで使用されてきた、歴史ある水生シダの代表種。丈夫な水草として知られている反面、高水温の環境ではシダ病が発生してしまうこともあるので注意したい。色々なものに活着して楽しめる。

'ミクロソリウム'・セミナロー
Leptochilus pteropus 'Semi Narrow'

分布：東南アジア　高さ：10～30cm
水温：25～28℃　水質：弱酸性～中性
光量：20W×2　育てやすさ：やさしい

東南アジアで発見されアクアリウムの世界に導入された、プテロプス種のタイプバリエーションのひとつ。葉幅が狭い葉姿が特徴的で、海外の水草ファームからポットに入って輸入される。

'ミクロソリウム'・本ナロー
Leptochilus pteropus 'Real Narrow'

分布：東南アジア　高さ：10～15cm
水温：25～28℃　水質：弱酸性～中性
光量：20W×2　飼育難易度：ふつう

とても細長い葉が特徴の'ミクロソリウム'。かなり個性的な水草だが、流木などに活着させてレイアウトで使用すると存在感を発揮してくれる。シダ病には注意して、水温が28℃以上にならないように気をつけることが大切。

'ミクロソリウム'・ウィンデロフ
Leptochilus pteropus 'Windelov'

分布：突然変異　高さ：15～40cm
水温：25～28℃　水質：弱酸性～中性
光量：20W×2　育てやすさ：ふつう

デンマークのトロピカ社がリリースする、葉先が顕著に細かく分かれた、いわゆる獅子葉のプテロプス。突然変異株を固定した変わった草姿の品種で、作出者のトロピカ社社長ウィンデロフ氏の名が付いている。

'ミクロソリウム'・トロピカ
Leptochilus pteropus 'Tropica'

分布：突然変異　高さ：15～40cm
水温：25～28℃　水質：弱酸性～中性
光量：20W×2　育てやすさ：ふつう

本種もデンマークのトロピカ社がリリースする、プテロプスの突然変異個体を固定した品種。葉がギザギザとした鋸葉の品種だが、水中化すると特徴が薄くなってしまう傾向がある。育生にオリジナルのプテロプスと同様で問題ない。

ボルビティス・ヘウデロッティ
Bolbitis heudelotii

分布：西アフリカ　高さ：10～30cm
水温：25℃　水質：弱酸性
光量：20W×2　育てやすさ：やさしい

セロファンのような葉が美しい、西アフリカ原産の水生シダ。水上型は明るい緑色で、水中型になると透明感のある濃い緑色になる。匍匐茎から着生する根が出るので、流木や石に活着させて使用することが多い。産地によってバリエーションも見られる。

ボルビディス・ギニアナロー
Bolbitis heudelotii var.

分布：西アフリカ
水温：25～28℃
光量：20W×2
高さ：10～20cm
水質：弱酸性
育てやすさ：やさしい

　西アフリカのギニアで発見れた、前種のボルビディス・ヘウデロッティのタイプバリエーションのひとつ。細身の草姿で、それほど大きく成長しない。流木や石にラインで活着させさせ、比較的小型の水槽でも楽しめる。

バナナプラント
Nymphoides aquatica

分布：フロリダ
水温：20～28℃
光量：20W×2
高さ：10～40cm
水質：弱酸性～中性
育てやすさ：ふつう

　殖芽と呼ばれる独特の芽が、バナナの房に似ていることからこの名がある個性的な水草。殖芽は砂に埋めずに砂の上に置くようにするとよいが、水槽内では浮き葉が多く出てしまうので、適度にトリミングすることが大切。

パンタナルラビットイヤー
Nymphaea oxypetala

分布：南米
水温：25～28℃
光量：20W×4
高さ：10～30cm
水質：弱酸性～中性
飼育難易度：ふつう

　ウサギの耳のような楕円形の葉からラビットイヤーと呼ばれる、南米産のニムファの仲間。水草レイアウトではセンタープランツとして使用したい。球根から出る地下茎により子株を形成する。育生には高い光量が適している。

タパジョスレッドニムファ
Nymphaea sp.

分布：南米
水温：20～28℃
光量：20W×1
高さ：5～10cm
水質：弱酸性～中性
飼育難易度：ふつう

　赤い発色が美しい南米産のニムファの仲間。弱酸性の水質で二酸化炭素を添加し、育生環境が合うと非常に強い赤を発色する。親株から形成される地下ランナーによって増える。

サンタレン ドワーフニムファ
Nymphaea sp.

分布：南米
水温：25～28℃
光量：20W×4
高さ：5～10cm
水質：弱酸性～中性
飼育難易度：ふつう

　球根、葉ともに非常に小型のスイレンの仲間。小型のレイアウト水槽でも十分に楽しめるので、本種をメインにしたレイアウトをお勧めしたい。球根から発根が多くなることで、子株を多く作る。

タイガーロータス
Nymphaea lotus

分布：西アフリカ
水温：25～28℃
光量：20W×2
高さ：20～50cm
水質：中性
飼育難易度：ふつう

　アフリカを代表する大型のニムファエア。葉全体に入る独特なモザイク柄が特徴で、グリーンタイプとレッドタイプが知られる。産地によるバリエーションもある。基本的に、バルブと呼ばれる球根で輸入される。

タイニムファ
Nymphaea pubescens

分布：タイ
水温：25～28℃
光量：20W×3
高さ：10～30cm
水質：弱酸性～中性
育てやすさ：ふつう

　5cmほどの球根が輸入されるニムファエアの仲間。葉は鏃型で、茶褐色の水中葉をつける。多くの水中葉を形成するが、たまに浮き葉を出してしまうことがあるので、その浮き葉はこまめにトリミングすることが大切。

セイロンヌパール 'グリーン'
Nymphaea nouchali 'Green'

分布：スリランカなど東南アジア
水温：25～28℃
光量：20W×3
高さ：15～30cm
水質：弱酸性～中性
育てやすさ：ふつう

　小さな球根からいくつもの柔らかい水中葉を形成する、美しいニムファエア。グリーンタイプとレッドタイプも見られるが、このグリーンタイプの輸入が少なくレア。レッドタイプより育生が難しくない。

セイロンヌパール'レッド'
Nymphaea nouchali "Red"

分布：スリランカなど東南アジア　高さ：15〜30cm
水温：25〜28℃　水質：弱酸性〜中性
光量：20W×3　育てやすさ：やや難しい

　セイロンヌパールのレッドタイプ。葉の表面には艶があり、大きく育つことで見事な赤を発色してくれる。そのため、グリーン系のレイアウトの中でピンポイントとして使用すると、とても美しい。主に海外の水草ファームからバルブ（球根）輸入される。

コウホネ
Nuphar japonica

分布：日本、朝鮮半島　高さ：20〜30cm
水温：20〜25℃　水質：中性
光量：20W×3　育てやすさ：ふつう

　見た目にもわかる柔らかい葉を展開する、日本に自生する水草。根茎は太く、骨のように見えることから「河骨」の和名を持ち、脇芽を出して増えていく。水上型はビオトープで楽しむこともできる。

ナガバコウホネ
Nuphar japonica

分布：日本、朝鮮半島　高さ：20〜30cm
水温：20〜25℃　水質：中性
光量：20W×3　育てやすさ：ふつう

　コウホネの変異種で、葉幅が極端に狭いのが特徴。コウホネと同種なのだが、この特徴は環境にかかわらず現れる。自生地では流れのある環境を好む。水槽内では葉が長くなるので、高さのある水槽で使用したい。

サイコクヒメコウホネ
Nuphar saikokuensis

分布：日本　高さ：20〜30cm
水温：20〜25℃　水質：中性
光量：20W×3　育てやすさ：ふつう

　ヒメコウホネの中で東海型と呼ばれていた種で、河川やため池などで見ることができる。葉は円形で、葉長7cm程度に成長する。小型の種類なので、小さめの睡蓮鉢でも楽しめる。

水草

ベニコウホネ
Nuphar japonica var. *rubrotincta*

分布：日本
水温：20〜25℃
光量：20W×3
高さ：20〜30cm
水質：中性
育てやすさ：ふつう

　葉は鏃型で、水上葉、水中葉ともに細長く茶褐色に色づく。花も果実が熟す頃に花弁も赤くなる。流通量は比較的少なく、園芸店での販売もある。水槽育生では、高い光量と二酸化炭素の添加が効果的。

ミズオオバコ
Ottelia alismoides

分布：日本、東南アジア
水温：20〜25℃
光量：20W×3
高さ：20〜40cm
水質：中性
育てやすさ：ふつう

　水上葉を形成しない完全沈水水草。日本産ロゼット型水草の王様と呼ばれ、大きな株、大きな葉に成長する。日本の自生地の多くは失われつつあり、絶滅危惧種に指定されている。

マダガスカルレースプラント
Aponogeton madagascariensis 'henkelianus'

分布：マダガスカル
水温：20〜25℃
光量：20W×3
高さ：20〜30cm
水質：中性
育てやすさ：やや難しい

　細かい網の目の葉は世界的に見てもとても珍しく、マダガスカルを代表する水草。広い葉のタイプの他に、細葉のタイプと網の目が荒いタイプが知られている。レイアウトのセンタープランツとしても良いが、単体の育生でも魅力を楽しめる。

クリナム・アクアティカ "ナローリーフ"
Crinum calamistratum

分布：西アフリカ
水温：20〜28℃
光量：20W×2
高さ：20〜70cm
水質：弱酸性〜中性
飼育難易度：やさしい

　水生のヒガンバナの仲間で、球根のある水草。玉ねぎのような球根の中心部から、細かいウェーブが全草に入った細い葉をたなびかせる。クリナムの仲間ではポピュラーな種。レイアウトでは後景、サイドで使用する。

アヌビアス・ナナ
Anubias barteri var.*nana*

分布：西アフリカ	高さ：5～10cm
水温：25～28℃	水質：弱酸性～中性
光量：20W×2	育てやすさ：やさしい

　西アフリカを代表する水生のサトイモ科植物。とても古くからアクアリウムで親しまれている水草で、現在でもその人気の変わらない。流木などに活着させて使用する水草の代表的存在。育成は容易で丈夫でよく増える。

アヌビアス・ナナ'プチ'
Anubias barteri var.*nana* 'Petite'

分布：突然変異	高さ：5cm
水温：25～28℃	水質：弱酸性～中性
光量：20W×2	育てやすさ：やさしい

　水草ファームで矮小化したアヌビアス・ナナが発見され、累代固定された小型の種類。小型レイアウト水槽でも容易に使用でき、レイアウトのピンポイントに着生させて楽しまれている。育生はオリジナル種と同様で容易。

アヌビアス・ナナ'ナローリーフ'
Anubias baruteri var.*nana* 'Narrow-Leaf'

分布：突然変異	高さ：5～10cm
水温：25～28℃	水質：弱酸性～中性
光量：20W×2	育てやすさ：やさしい

　やや細長い葉が特徴の、小型のアヌビアス・ナナのバリエーション。オリジナル種より葉幅が狭いため、全体的に細く見える。突然変異個体を累代固定し、近年ではポピュラーな水草として販売されている。

アヌビアス・ナナ'マーブル'
Anubias barteri var. *nana* 'Marble'

分布：突然変異	高さ：5～10cm
水温：25～28℃	水質：弱酸性～中性
光量：20W×2	育てやすさ：やさしい

　同じ種類でも雰囲気が異なる、斑入りのアヌビアス・ナナのバリエーション。通常、斑入りの植物は弱いものが多いが、強健なアヌビアスということもあり、育てにくさはない。斑の入り方により別の名前で売られている場合もある。

アヌビアス・バルテリー
Anubias barteri

分布：西アフリカ	高さ：15〜30cm
水温：25〜28℃	水質：弱酸性〜中性
光量：20W×2	育てやすさ：やさしい

比較的大型に成長するアヌビアスのひとつで、アフリカ産水草の代表種。大型のレイアウト水槽で、流木や石に活着させて使用するのが勧め。丸い葉が特徴的。ポットで輸入されるので、しっかり下準備して使用したい。

アヌビアス・ギルレッティ
Anubiasu gilletii

分布：西アフリカ	高さ：30〜60cm
水温：25〜28℃	水質：弱酸性〜中性
光量：20W×2	飼育難易度：やさしい

大型になるアヌビアスで、水上葉では葉の基部に「耳」と言われる小葉をつける。耳は水中化するとほぼなくなってしまう。育生は水中よりもテラリウムなど多湿な空気中の方が向いている。

アヌビアス・ヘテロフィラ
Aɩubiasu heterophyra

分布：西アフリカ	高さ：20〜30cm
水温：25〜28℃	水質：弱酸性〜中性
光量：20W×2	育てやすさ：やさしい

長楕円形の葉を持つ中型のアヌビアス。活着力が強いため、流木や石に活着させて使用することが多い。丸い葉の多いアヌビアスの仲間の中では個性的な葉を持っているので、レイアウトにバリエーションをつけられる。

ヘランチウム・テネルム
Helanthium tenellum

分布：南米	高さ：5〜10cm
水温：25〜28℃	水質：弱酸性
光量：20W×2	育てやすさ：やさしい

'エキノドルス・テネルス'と呼ばれる、小型のロゼット型水草。水草レイアウトでは前景に使用され、ランナーによって増える。光量が弱いと緑色で、高光量下では茶褐色になる。

ヘランチウム・ラティフォリウス
Helanthium latifolius

分布：南米	高さ：10〜50cm
水温：25〜28℃	水質：弱酸性〜中性
光量：20W×2	飼育難易度：やさしい

　大型水槽の前景から中景に使用される、中型の'エキノドルス'。ランナーを伸ばして増えていき繁茂する。底床内の肥料分が不足すると、白化現象を起こしてしまうので、固形肥料を使用する。

アマゾンソードプラント
Aquarius grisebachii 'Amazonicus'

分布：南米	高さ：20〜50cm
水温：25〜28℃	水質：弱酸性〜中性
光量：20W×2	育てやすさ：やや難しい

　古くからアクアリウムで知られる'エキノドルス'の代表種。初心者向きの水草として販売されているが、その多くは水上葉で、水中化するには固形肥料の使用がお勧め。水中葉は濃い緑色で、枚数も多い素晴らしいセンタープランツになる。

エキノドルス・'オゼロット'
Echinodorus 'OZEROT'

分布：改良品種	高さ：20〜50cm
水温：25〜28℃	水質：弱酸性〜中性
光量：20W×2	飼育難易度：ふつう

　エキノドルス・スクレッテリィ'レオパード'とバーシーの交配種。比較的大きくなるエキノドルスなので、レイアウトのセンタープランツとして人気が高い。葉の斑や色彩にはバリエーションがあり、光量によっても変化する。

エキノドルス・ホレマニー'グリーン'
Echinodorus uruguayensis var. *minor* 'Green'

分布：南米南部	高さ：20〜60cm
水温：23〜25℃	水質：弱酸性〜中性
光量：20W×3	飼育難易度：ふつう

　透明感のある濃い緑色の葉が特徴の、大型のエキノドルス。ヨーロッパでは古くかレイアウトのセンタープランツとして使用されてきた。自生地の水温はやや低めなので、育生も高水温には注意したい。

水草

'エキノドルス'・ウルグアイエンシス
Aquarius uruguayensis

分布：南米南部　高さ：20〜60cm
水温：23〜25℃　水質：弱酸性〜中性
光量：20W×3　育てやすさ：やさしい

　葉幅は狭いが大型になる、個性的なエキノドルス。水槽内でも60cm以上に成長するので、大型レイアウト水槽の後景に使用するのが適している。前種のエキノドルス・ホレマニーに近縁。

'エキノドルス'・オパクス
Aquarius opacus

分布：南米南部　高さ：10〜20cm
水温：23〜25℃　水質：弱酸性〜中性
光量：20W×3　飼育難易度：ふつう

　とても硬質な葉を持つ、深緑系エキノドルスの代表種。育生には強めの光量と、二酸化炭素の添加が効果的。南米南部の渓流域に自生地するが、輸入されるものには採集地によってバリエーションが見られる。写真は大型になるタイプ。

エキノドルス・ルビン
Echinodorus 'Rubin'

分布：改良品種　高さ：20〜30cm
水温：25〜28℃　水質：弱酸性〜中性
光量：20W×2　育てやすさ：やさしい

　エキノドルス・ホレマニーレッドとバーシーを交配させて作出された品種。海外の水草ファームから、ポットに入った水上葉が数多く輸入される。1株でも見応えがあるので、レイアウトのメインとして使用される。

エキノドルス・バーシー
Echinodorus osiris 'barthii'

分布：南米　高さ：15〜30cm
水温：25〜28℃　水質：弱酸性〜中性
光量：20W×2　育てやすさ：やさしい

　赤みの強い葉を持つエキノドルスの中型種。高光量下では葉柄が短く見応えのあるロゼット型になるが、光量が弱いと葉柄が長く伸びてしまい、葉長が短くなってしまう。入荷は主にヨーロッパの水草ファームから輸入される。

クリプトコリネ・ウェンティー'グリーン'
Cryptocoryne wendtii 'Green'

分布：スリランカ　高さ：10〜20cm
水温：25〜28℃　水質：弱酸性〜中性
光量：20W×2　育てやすさ：ふつう

　アクアリウムの世界で古くから知られる、やわらかい緑色の葉を持つクリプトコリネ。東南アジアの水草ファームからポット入りで輸入され、ショップで安価で購入できる。ランナーによって増えていく。

クリプトコリネ・ウェンティー'トロピカ'
Cryptocoryne wendtii var. 'Tropica'

分布：改良品種　高さ：15〜20cm
水温：25〜28℃　水質：弱酸性〜中性
光量：20W×2　育てやすさ：やさしい

　葉の表面に水上葉、水中葉ともに凹凸が現れるのが特徴のポピュラーなクリプトコリネ。デンマークのトロピカ社によって作出された。それほど高さは出ないので、レイアウトの前景から中景に使用すると良い。

クリプトコリネ・ウェンティー'ロングリーフ'
Cryptocoryne wendtii 'Long-Leaf'

分布：スリランカ　高さ：15〜20cm
水温：25〜28℃　水質：弱酸性〜中性
光量：20W×2　飼育難易度：ふつう

　クリプトコリネ・ウェンティーのロングリーフ。状態良く育生すると、葉柄が赤く発色する。最近では組織培養されたものがショップで販売されている。

クリプトコリネ・ペッチー
Cryptocoryne beckettii 'Petchii'

分布：スリランカ　高さ：5〜10cm
水温：25〜28℃　水質：弱酸性〜中性
光量：20W×2　育てやすさ：ふつう

　育生の容易なクリプトコリネとして知られる、レイアウトの前景に使用される小型種。東南アジアの水草ファームから数多く輸入されて販売されている。細い葉が特徴で、ウェーブが美しい種としても知られている。

クリプトコリネ・ベケッティー
Cryptocoryne beckettii

分布：スリランカ　　高さ：10～15cm
水温：25～28℃　　水質：弱酸性～中性
光量：20W×2　　育てやすさ：ふつう

本種も古くからアクアリウムの世界で知られているクリプトコリネ。グリーンタイプの他に、ベケッティー・ブラウンも知られる。育生環境により葉裏が赤くなることもある。基本的に葉幅の広いタイプだが、環境が合わないと狭くなる傾向がある。

クリプトコリネ・'ネビリー'
Cryptocoryne millisil 'Nevillii'

分布：スリランカ　　高さ：5～10cm
水温：25～28℃　　水質：弱酸性～中性
光量：20W×2　　育てやすさ：ふつう

もっとも小型のクリプトコリネのひとつで、3cmから5cm程度の株がポットで販売されている。小型水槽でも前景で使用できるため、水草レイアウトでも重宝されている。東南アジアの水草ファームから多く輸入される。

クリプトコリネ・'ブラッシー'
Cryptocoryne cordata var. 'blassii'

分布：タイ　　高さ：20～30cm
水温：25～28℃　　水質：弱酸性～中性
光量：20W×2　　育てやすさ：ふつう

大型に成長する、長楕円形の葉を持つクリプトコリネ。ワイルドの採集された草体も輸入され、常に葉裏が赤く発色しているのが特徴。大型のレイアウト水槽でも存在感を出してくれる。

クリプトコリネ・'シアメンシス'
Cryptocoryne cordata var. 'siamensis'

分布：タイ　　高さ：20～40cm
水温：25～28℃　　水質：弱酸性～中性
光量：20W×2　　育てやすさ：ふつう

タイを代表する大型のクリプトコリネ。クリプトコリネ・ブラッシーが葉の表面に凹凸があるのに対して、シアメンシスにはないので区別できる。最低でも20cm以上の株になるので、大型のレイアウト水槽に適している。

クリプトコリネ・ポンテデリフォリア
Cryptocoryne pontederifolia

披針型の葉が特徴の中型のクリプトコリネ。強光などの環境によって、葉が緑色から掠り模様の茶色に変化する。育生が容易なので、クリプトコリネの入門種としてお勧めしたい。

分布：スマトラ、マレーシア
高さ：10～22cm
水温：25～28℃
水質：弱酸性
光量：20W×2
飼育難易度：ふつう

クリプトコリネ・'バランサエ'
Cryptocoryne crispatula var. 'balansae'

分布：タイ、ミャンマー　　高さ：20～50cm
水温：25～28℃　　　　　水質：弱酸性
光量：20W×2　　　　　　飼育難易度：ふつう

タイからミャンマーに自生する、凹凸のある細長い葉が特徴のクリプトコリネ。細身な大型種なので、レイアウトでは後景に使用することが多い。低光量ではグリーンの葉色だが、高光量下では赤みを増す。

クリプトコリネ・ヒュードロイ
Cryptocoryne hudoroi

分布：ボルネオ島　　　　高さ：10～15cm
水温：25～28℃　　　　　水質：弱酸性
光量：20W×3　　　　　　飼育難易度：ふつう

ボルネオ島原産の、ボコボコした葉が特徴の個性的なクリプトコリネ。葉裏が赤くなる美しい種。以前は高価な種であったが、最近では入手もしやすくなった。弱酸性の水質を好むが、育生はそれほど難しくない。

ブセファランドラ
Bucephalandra spp.

　ボルネオ島カリマンタンの渓流域に自生する水生のサトイモ科植物で、水中でも水上でも楽しめるため人気となっている。活着力が強いので、レイアウトに使用する際は石に活着させて育生させるのが一般的。種類数が多く、未記載種のものが多いのも魅力と言える。最近ではヨーロッパなどの水草ファームから、ポット入りや組織培養カップで輸入される。

分布：カリマンタン
高さ：3〜10cm
水温：25〜28℃
水質：弱酸性〜中性
光量：20W×2
育てやすさ：やさしい

ブセファランドラの1種

ブセファランドラ・セイアⅡ

ブセファランドラ・テイア

ムジナモ
Aldrovanda vesiculosa

分布：日本、インド　長さ：10〜15cm
水温：20〜30℃　水質：弱酸性
光量：20W×3　育てやすさ：やや難しい

　1属1種の水面に浮遊する食虫植物。葉に着く感覚毛と二枚貝状の捕虫葉で、水中の微生物を捕食する面白い生態が知られていてる。水槽やビオトープでも育生を楽しめるが、弱酸性の水質をキープすることが大切。

ムジナモレッド
Aldrovanda vesiculosa

分布：オーストラリア　長さ：10〜15cm
水温：20〜30℃　水質：弱酸性
光量：20W×3　育てやすさ：やや難しい

　オーストラリア産のムジナモは真っ赤に発色することが知られている。ただし、太陽光などの光量が強くないと赤の発色は弱くなってしまう。商業的に輸入されることはなく、入手は難しい。

タヌキモアラグアイアグリーン
Utricularia sp.

分布：南米　長さ：20〜40cm
水温：25〜28℃　水質：弱酸性
光量：20W×3　育てやすさ：やや難しい

　南米に自生する大型のタヌキモの仲間。タヌキモの仲間は、ムジナモと同じく、水面に浮遊する食虫植物。繊細な葉が特徴で、広がるように成長する。小さめの捕虫葉を付ける。水面で繁茂するので、適度なトリミングを行うと良い。

タヌキモパンタナルレッド
Utricularia sp.

分布：南米　長さ：15〜30cm
水温：25〜28℃　水質：弱酸性
光量：20W×3　育てやすさ：やや難しい

　タヌキモ・アラグアイアグリーンと同じく、南米に自生するタヌキモの仲間。真っ赤に色づく草体が特徴的で、水面で繁茂する。赤い発色をキープするには強い光が必要。液体肥料も効果的で、栄養分が少ないと萎縮する。

ヤマサキカズラ
Scindapsus sp.

分布：パプアニューギニア　高さ：20〜50cm
水温：20〜25℃　水質：中性
光量：20W×2　育てやすさ：やさしい

　大型に成長する。つる性の水生サトイモ科植物。観葉植物のように水上で育生すると大型化し、水中で育生すると矮小化して10cmに満たない葉になる。国内の水草ファームの物が販売されている。

アマゾンフロッグビット
Limnobium laevigatum

分布：南米　葉長：1〜3cm
水温：20〜28℃　水質：弱酸性〜中性
光量：20W×3　飼育難易度：やさしい

　南米大陸に自生するウキクサの仲間。ハート型の浮葉が特徴的で、適度な大きさなため人気が高い。浮葉から出る根は水質浄化作用が高いことが知られるが、観賞する上ではそこそこ邪魔と言える。ランナーで分岐繁殖する。

フィランサス・フルイタンス
Phyllanthus fluitans

分布：南米　長さ：5〜10cm
水温：25〜28℃　水質：弱酸性〜中性
光量：20W×3　育てやすさ：やさしい

　丸い柔らかい浮葉を持つ浮遊性水生植物。緑色や褐色など様々な色彩が見られるが、環境によって変化するもの。繁殖力が強くすぐに水面を埋め尽くしてしまうので、頻繁に間引きが必要となる。

サンショウモ
Salvinia natans

分布：日本、アジア、ヨーロッパ、アフリカ
長さ：5〜10cm　水温：20〜28℃
水質：中性　光量：20W×3
育てやすさ：やさしい

　日本の湖沼や水田、湿地に自生するウキクサの仲間。山椒の葉に似ていることからこの名がある。シダの仲間で、黒い根のように見えるものは、根ではなく葉の一部。分岐して増えていく。光が弱いと矮小化する。

オオサンショウモ
Salvinia auriculata

分布：南米　　長さ：5～10cm
水温：25～28℃　水質：弱酸性～中性
光量：20W×3　　飼育難易度：やさしい

　大型のサンショウモの仲間で、南米に自生する浮き草。最近では熱帯魚にとどまらず、メダカの飼育にも使用されることが多くなっている。分岐繁殖で増えるが、増えすぎると水槽内に光が行き届かなくなるので間引きが必要。

ホテイアオイ
Eichhornia crassipes

分布：南米　　長さ：10～25cm
水温：20～28℃　水質：弱酸性～中性
光量：20W×3　　飼育難易度：やさしい

　南米原産の大型浮き草。葉の根本の丸い部分はスポンジ状のフロートなので、浮力がとても強い。金魚や鯉の飼育に使用されるのがほとんどで、熱帯魚をメインにしたアクアリウムには使用されることは少ない。

斑入りホテイアオイ
Eichhornia crassipes var.

分布：突然変異　長さ：10～25cm
水温：20～28℃　水質：弱酸性～中性
光量：20W×3　　飼育難易度：やさしい

　ホテイアオイの普通種から出現した白散斑の草体。園芸界で流通していたものがアクアリウムに紹介された。ホテイアオイと同様に、紫色の美しい花を咲かせる。

ヨーロッパマリモ
Aegagropila linnaei

分布：ロシア　　直径：3～8cm
水温：15～25℃　水質：中性
光量：20W×3　　育てやすさ：ふつう

　球体状に成長する珍しいシオグサ科の藻類。ヨーロッパの水草ファームから輸入され、アクアリウムショップで販売されている。小さな瓶などでも楽しめるが、直射日光が当たるとコケまみれになってしまうので注意が必要。

水草

1. 熱帯魚（一般種）の飼育

文／奥津匡倫

誰でも楽しめるのが一般種

　熱帯魚として売られているものの中でも、飼いやすく、入手も簡単なものを総称して一般種などと呼んだりする。一般種以外にも普通種やポピュラー種など様々な呼び方があるが、グッピーやネオンテトラ、エンゼルフィッシュなど名前を聞けば誰でも知っているような種類がそこに含まれる。

　一般種を一般種たらしめている大きな要因が、飼いやすいこと。丈夫で飼育に特別な技術や機材を必要とせず、種類によっては繁殖まで比較的簡単に実現できてしまうものもおり、熱帯魚飼育趣味の楽しさを大いに味あわせてくれる。もちろん、綺麗なことも忘れられない魅力だ。一般種とされるものの多くに、価格が安いものが多いこともあって、中には軽く見る人もいるが、ちゃんと育てれば驚くほど美しい姿を見せてくれる。しかも、専門店などに行かずともホームセンターや近所のペットショップなどでも買うことができる。あらゆる意味で誰にでも勧めることができる魚たちだ。

水槽を用意する

　どんな魚を飼うにしても、最初に必要なのは水槽だ。一般種とされるものの多くは、大きくても10cm前後のものが多いので、それほど大きな水槽がなくても楽しめるのも魅力と言える。近年は30〜40cm程度の小型水槽の人気が高いが、そうした小さな水槽でも楽しめる種類も少なくない。ただ、水槽が大きい（水量が多い）ほど水質悪化のスピードは緩やかになり、管理が楽になるメリットがある。また、魚飼育を始めると、だんだん"あれも欲しい、これも飼いたい"という欲求が大きくなってくるものだ。そうなった時、小型水槽では入れられる数が限られる分、我慢しなくてはならない場面も出てくるかも
しれない。置き場所が許すなら、60cmくらいの水槽から始めてみて欲しい。

最初はセットの機材でも十分

　熱帯魚を飼うには、水槽の他に、フィルター（ろ過装置）、ヒーターなどの保温器具も必要だ。ホームセンターなどに行くと、それらがセットになったものが販売されているので、それを使うのもいいだろう。フィルターには様々なものがあるが、一般種を飼うには特別なものは必要ない。水槽サイズや何をどのくらい飼うかにもよるが、まずは外掛け式やエアーポンプで動かす投げ込み式など、水槽セットに含まれているもので構わない。ただし、水量に対して魚の数が多すぎると、ろ過能力が足りなくなったり、酸欠になったりするので注意したい。

日常管理 餌の与え方と水の管理

　熱帯魚を飼うための日常管理を文字にすると、日々の観察、餌やり、水換え、そのくらいのものだ。やること自体は熱帯魚でも金魚でもメダカでも基本

レインボーフィッシュを中心とした水草水槽。レインボーフィッシュは水草を食害しないので、水草も一緒に楽しめる。ただし、水草と魚との共存はコケが生えやすいなど大変な点も多い。

的には変わらない。それらの作業の中でビギナーの人がやりがちな失敗としては、まずは餌の与え過ぎがある。餌やりは魚飼育でもっとも楽しい作業のひとつだが、食べるだけ与える必要はない。1日1度の給餌で十分。量も数十秒程度で食べきるくらいの量で問題ない。むしろ、多く与え過ぎてしまうと、量が増すフンや残餌などで水が汚れる。水槽内に汚れがたまればコケも生えやすくなるし、魚が病気になったり、調子を崩したりする。さらに、太り過ぎて体型が崩れたり、消化不良で死んでしまうなんてことも起こる。餌を与え過ぎていいことはほとんどない。

そして重要なのが水換えだ。水槽という限られた水量の中で魚が餌を食べ、フンをすれば当然、水は汚れていく。フィルターでゴミを取ったり、有害物質の弱毒化はされるが、それでも水は酸性化していってしまうものだ。スペースの都合上、ろ過のメカニズムについての説明はしないが、酸性化は避けられず、それが過度に進むと魚が調子を崩したり、死んでしまったりする。そうならないために必要なのが水換えなのだ。水槽の大きさや魚の量にもよるが、少なくとも週に1度程度、汚れの状態を見ながら1/3〜半分程度の水換えは行うようにしたい。元気で状態のいい魚なら与えた餌をすぐに食べ尽くしてしまうものだが、いつもより餌食いが良くない、体色の鮮やかさがいつもよりぼんやりしている、みたいなことに気が付いたら、水の換え時かもしれな

い。水換えを面倒臭がるビギナーは多いが、魚を飼う上では避けて通ることのできないことだ。

それからもうひとつ、混泳も失敗が起こりやすい。魚同士の喧嘩や、追い掛け回す、突くなどの攻撃、食べられた、食べてしまった、など。また、動きの速い、遅い、泳ぎ回る魚と底で暮らす魚など生活圏が異なるものなどでは、餌が行き渡らず、餌が食べられないものが出てきてしまうなども起こり得る。例えば、泳ぎ回る魚と底層で暮らすナマズやドジョウなど生活圏の異なる魚同士の混泳水槽では、餌が行き渡らないなどの問題も起こることがあるが、浮く餌と沈む餌を組み合わせて与えるなどの工夫をするようにしたい。

底砂にソイルを用いた水槽。ソイルは水草が育ちやすくなるだけでなく、水質が弱酸性となるため、そういう水質を好む魚を飼うのにも適している。

2. 小型魚の飼育

文/佐々木浩之

小さいからこそ始めやすい

　小型熱帯魚の飼育は大きく分けて2つのスタイルがある。様々な熱帯魚を混泳して楽しむ飼育スタイルと、美しく、そして繁殖を目指して、単独種もしくはペアなどで飼育するスタイルだ。小型魚の飼育は、種類さえ考えれば混泳水槽でも十分に魅力を発揮できる。基本的にはメインとなる魚種を決めるか、比較的温和な魚や遊泳層がバッティングしない水槽を作ると良い。例えば、メインに遊泳性の強い魚を飼育するのであれば、底棲生の魚を合わせてあげたりすると良いだろう。また、ヒレが伸長する魚を育てたい場合は、カラシンの一部のようなヒレを齧ってしまう魚との混泳は避けることが大切。とは言っても特殊な魚を除いて、細かいところを気にしないのであればほとんどの小型魚は混泳できるので、色々な魚を飼育してみてほしい。

状態のいいものを買うことがコツ

　まず、購入時の注意点だが、熱帯魚の多くは遠い外国から時間をかけて輸入され、全く環境の違う国へと運ばれてくる。しかも、多くの流通過程を経ているため、魚の状態は低下していることがほとんどで、輸入直後は本来の姿ではない。そのため、専門店ではしっかりとトリートメントし、状態をある程度回復してから販売しているのだが、この購入時の状態はとても大切で、最初の状態が悪いとその後何をしても上手くいかないことが多い。トリートメントを行っていない個体を安く購入しても死んでしまっては何にもならず、結果的に高くついてしまうことになる。そのため、状態良く魚を飼育したいのであれば、しっかりトリートメントされた魚を専門店で購入することが大切だ。ただし、一見状態よく見える魚でも潜在的に病気を持っていることもあるので、自宅の大切な魚に移ってしまわないように、ひとまず個別に飼育することが病気の予防になる。大抵の魚は一度落ち着いてしまえば飼育は難しくないので、ここからじっくり飼育していくこととなる。

小さいからこその難しさも楽しさ

　ここからは、小型の水槽でペアなどを単独種で飼育する方法を紹介していく。まず、飼育魚に合わせた飼育環境を考える。落ち着いた水槽にするには、魚が入れ替わったりなど、飼育環境をできるだけ変えたくないので、単独種飼育や種類によってはペア飼育が望ましい。そして、飼育魚に適した状態の良い水質をキープしたいので、ろ過能力の高いフィルターを使用して、水質には十分に気を使いたい。例えば、ベタの仲間が数多くいる場所は水たまりのような場所でも常に水が動いていて、水質が良い状態で保たれている。日頃の飼育に言えることは、水流に弱く止水に生息している種でも、状態良く飼育したり繁殖までねらうのであれば、良い水を常にキープするということだ。単独種飼育やペア飼育となると、小型水槽を多く用意して種ごとに飼育することになるので、小型の水槽設備が基本となる。そのた

弱酸性の水質を作り出すため、枯れ葉を投入している。水質調整用の枯れ葉はマジックリーフなどの名称で販売されており、こうした水質を好む魚の飼育ではしばしば用いられる。

め、フィルターも小型のものを用いるのだが、もっとも適しているのがスポンジフィルターだ。定期的な水換えとメンテナンスを行えば濾過能力も高く、安価なので水槽本数が増えてきた時などはとても便利だ。また、最近では外掛けフィルターの品質が良くなって種類も豊富なのでお勧めしたい。コンパクトに設計されているものが多いので、小型水槽でも設置場所を気にせずに使用できる。外掛けフィルターは使用方法も容易でろ過能力も高いので、スポンジフィルターと併用すればかなりの濾過能力が期待できる。ろ材もフィルターに合わせた高品質なものが販売されているので問題なく使用できるだろう。

　飼育環境でもっとも大切なことは水づくりなので、良いフィルターを使用して飼育する魚の最適な水質に近づけることが大切だ。小型美魚の多くは弱酸性の軟水での飼育が適しているが、日本の水道水は水質が良いことが多いので、水道水をある程度回しておけば十分に飼育可能と言える。そこから、好みの水質に調整していくと良い。

　そして、これは意見が分かれるところであるが、弱酸性の軟水などを容易に作り出せることからソイルを使用するか、メンテナンスを優先してベアタンクで飼育するかだ。双方メリットもデメリットもあり、アピストやワイルドベタを飼育する際は、落ち着いた環境をキープしやすくするためにソイルを使用することが多い。ただし、メンテナンスを怠ると目詰まりなどをして急激に水質が悪化することがあるので注意が必要だ。手軽にソイルを使用したいのであれば、水槽の一部分だけ敷いたり、ネットなどに入れてスポンジフィルター回りにセットしても良いだろう。これは好みの問題なので、自分の飼育スタイルに合わせて選びたい。

　また、落ち着いた環境を作るために、飼育魚に合った水草を育成するのもお勧めだ。"ミクロソリウム"などの水草を流木に活着させて使用すると、ソイルの有無に関係なく使用できるし、メンテナンスも容易でとても使いやすい。また、流木の部分もシェルターとなってくれるので、飼育魚を落ち着いて飼育できるだろう。

　そして、飼育するのになくてはならないものが、飼育魚に適した餌だ。餌の種類は、生き餌、人工飼料、冷凍飼料の大きく3つに分けることができる。最近は生き餌が手に入りづらくなっているが、進歩した人工飼料は栄養バランスに優れ、それのみで十分に飼育可能になっているのでとても便利だ。その他にも色揚げ用の人工飼料も多く販売されているので使用してみるもの良いだろう。また、生き餌でも用途に応じて準備することができるブラインシュリンプは使いやすくお勧めだ。ブラインシュリンプの幼生は大抵の魚に適した餌なので、コンスタントに与えたい餌でもある。しかも、色揚げ効果も期待できるので一石二鳥と言える。そして、状態良く飼い込むには餌の与え方も大切。餌が少ないと痩せてしまって、メスが抱卵しないために繁殖は望めない。逆に与えすぎても太ってしまったら綺麗な個体とは呼べない上、生殖能力が低下してしまうこともある。やはり、飼育魚に合わせた適度な餌の量を与えることが大切である。

　最後に、もっとも大切なことは定期的な水換えを行うこと。いくら高性能のフィルターをしていても、最終的な老廃物は除去することはできないので必ず行う。特に、ベアタンクでの飼育は水質が急に悪化することが多いので、週に1〜2回、1/3〜1/2程度は行うようにしたい。水は悪くなってから換えるのではなく、悪くなる前に換えることが大切だ。

　このように状態良く飼育していれば、発色したプロポーションの良い個体に育ってくれるだろう。そして、自然と繁殖行動なども観察できるようになり、その魚のもっとも美しい姿を観ることができるだろう。

体の小さい小型魚は、それだけ飼うなら水槽も大きくなくて構わない。そのため、多数の個体、種類を管理する場合、このように小型水槽を多く並べて、というスタイルに行きつく。

3. 大型魚の飼育

文／奥津匡倫

大きさこそ大型魚の魅力

　観賞魚として流通する魚には実に様々なものがあって、その中には最大2mを超えるようなピラルクーなども含まれる。それらを総称して大型魚と呼ぶが、実際に家庭の水槽で飼う魚としては、30cmを超えるようなものは大きく感じるもの。近年は小型水槽が人気の中心となっていることもあって、人によってはエンゼルフィッシュくらいの大きさでも大型魚と言う人がいるくらいだ。大きさの感じ方は人によってもまちまちだが、感覚的には50cm程度、飼うのに90cm以上の水槽を必要とするもの、といったところだろうか。

　分類群や生息地、生態、最終的な大きさなどがすべて違う大型魚を、一様に論じるのは困難だが、大きいという部分については共通している。数cmの小型魚では味わえない迫力や野性味、力強さなどの魅力は大型魚ならではだ。しかも、売られているのは10cm前後の幼魚が中心。それを大きく育てていく楽しみもあるし、さらには長生きするものも多いので、10年、20年というスパンで長く付き合える。小さいものから育てた個体を長い期間飼い続ければ、愛着も感じられるだろうし、中には飼育者に慣れ、体に触れたりできるものもいることから、よりペット的な付き合いができるのも大型魚の魅力だ。

一番難しいのは水槽の準備!?

　大型魚はタフなものも多い。つまり、飼育自体は比較的容易なものが多いということ。しかし、簡単かと言うとそうでもない。やはりその大きさが問題になるからだ。大型魚を飼うためには、当然、大きな水槽が必要になるが、そこが大型魚を飼う上でもっとも大変で難しい部分ではないかと思う。逆に言えば、それさえクリアできてしまえば、飼育はある程度成功したとも言えるくらいだ。

　大きな水槽、例えば120cm水槽。水槽単体だとものすごく巨大で、それが家の中にあるというのはやはりものすごく邪魔だ。それなのに、魚を入れてみると思いの他狭いことに気付かされる。アロワナや大型ナマズなどこのサイズでは飼い切れない大型魚も少なくないほどだ。だからと言ってさらに大きな水槽を、というのも現実的ではない。これ以上のサイズともなると水槽の入れ替えも簡単ではなく、処分するのだって手間と費用が掛かる。おまけに水槽は大きくなればなるほど、水槽そのものやその周辺機材の値段が高価になっていく。また、もし引っ越しなどをすることになっても、こうした水槽があるとその移動の大変さは並大抵ではない……等々。

　また、120cm水槽でも、水を入れてフィルターなども含めれば500kg近い重量にも達する。もちろん、簡単に動かすことはできないし、場合によっては置き場所の補強も必要になるだろう。そんなものを置くのだから、家族の理解も必要だ。大型魚の飼育で厄介なのは、まさにその部分。水槽を設置し、魚を迎え入れるまでのハードルがとにかく高いのだ。

　もし、大きくなる魚を飼おうと思ったら、まず、自分が飼おうとしている魚がどのくらいの大きさになって、どのくらいの水槽を必要とするのかをしっ

アジアアロワナの混泳水槽。超大型の水槽だからこそできる夢のような贅沢混泳水槽だ。これだけ大きな魚がこの数泳げる水槽が家にあるというだけで、最上の贅沢と言える。

かり調べてもらいたい。そしてその必要となる水槽を自分の家に置けるのかをしっかり確認することも忘れずに。水槽を買っても、家のドアが通れないとか、水槽を置いて水を入れたら床が抜けたとか、笑えないようなこともしばしば起こっているからだ。そうした様々な困難を乗り越えてでも飼いたいという人だけが飼えるのが大型魚なのだ。ショップで売られている幼魚は安いものも多く、大型ナマズの幼魚など、可愛くて衝動買いしそうになるのもわかる。しかし、買える＝飼えるでないことは肝に銘じておくべきだ。くれぐれも安易に手を出すことなく、しっかり覚悟と準備をした上で迎えるようにしてもらいたい。だが、その先にある大型魚との暮らしは間違いなく最高なはずだ。

大型魚を飼う上での注意点

タフで飼育が簡単なはずの大型魚なのに、飼い切ったという話は意外に多くない。失敗してしまう人も少なくないからだが、大型魚飼育でよく聞かれる失敗例としては、混泳、飛び出しが圧倒的に多い。肉食の種類も多い大型魚は、捕食のための体型や生態が大きな魅力となっている反面、混泳のトラブルにもつながりやすい。同居魚同士の喧嘩などで死んでしまった、混泳魚が食べられてしまったという話はよく聞かれる。また、一部のピラニアや淡水エイ、デンキナマズなどの魚種では、飼育者もその扱いによく注意しないと、ケガにつながることもある。

飛び出しは大型魚のみならず、小さな魚でも失敗例としてよく聞かれる話だが、力の強い大型魚では蓋を吹っ飛ばして、突き破って、みたいな場合も多い。しっかり蓋をするだけでは物足りない場合もあるのだ。特に飛び出し事故の多いアロワナやスネークヘッド、ピラルクーなどでは簡単に壊されない蓋を用意するなどの対策も必要だ。

3m級の水槽。こうしたサイズの水槽があれば、大型魚でもかなり多くの種類の飼育が可能になる。しかし、設備自体の費用も高く、置き場所や設置の問題などハードルも高い。

275

4. 水草の育成

文/佐々木浩之

魚と並ぶアクアリウム趣味の主役

　アクアリウムの世界では、熱帯魚と同じように水草も人気の高い主役的存在。とは言ってもその用途は様々で、コミュニティ水槽で適度に水草を植えて熱帯魚の混泳を楽しむ水槽や、小型魚などを繁殖まで狙って飼育する水槽のシェルターや産卵床に使用したりもする。そして、水草と言えば水草を中心にした、水槽をレイアウトして楽しむのがアクアリウムで大きなカテゴリーだ。どのように水草を育成するか、まずは自分の飼育スタイルに合わせてスタートすることが大切だ。

　まず、混泳水槽などの魚を中心にした飼育水槽で水草を育成するのであれば、魚種や飼育環境に合わせて水草をセレクトする。基本的には水質のあったものを選び、その中から丈夫で二酸化炭素を添加しなくても十分に育成が可能なものを購入すると良い。たとえば、小型魚を単独種飼育する水槽であれば、メンテナンスのことを考えて流木や石に活着できる水草を使用すると良いだろう。"ミクロソリウム"の仲間やアヌビアスの仲間などは、光量がそれほど強くなく、水草専用の機材を特別使用しなくても比較的容易に育成が可能だ。また、糸などで巻くだけで容易に流木などに活着できるので、レイアウトはもちろん、ベアタンクなどでの使用に優れている。これらの活着した水草は小型魚などの隠れ家としても優秀だし、水槽内が華やかになるのはもちろん、水換え時などは容易に取り出すことも可能な優れものだ。

　また、混泳水槽であれば、ソイルを使用したりもできるので、選択できる水草も多くなるだろう。ソイルを使用して水草が繁茂した水槽では、今まで思いもしなかった魚種が美しさを発揮してくれることがある。例えば、グローライトテトラなどは、輸入直後や普通に飼育しているだけだと魅力の半分も発揮していないのだが、水草水槽で飼育すると驚くほど美しく成長してくれる。水草が美しい水槽は、水質的にも安定していて熱帯魚飼育にも適していることが多いので、飼育のバロメーターにもなるだろう。ただ単に熱帯魚を混泳するだけではなく、水景的にも美しい混泳水槽を目指していただきたい。

水草を楽しむには

　ここからは水草をメインにした育成方法の話になる。一昔前までは、水草水槽はハードルの高い難しいものと思われてきたが、ソイルという画期的なアイテムが使用できるようになり、水草育成は格段に身近なものになった。肥料分が多いものや、吸着性の高いソイルもあるので、用途に合わせて使用すると良い。水草レイアウト水槽ではほとんどが肥料分が含まれているものを使用するのだが、まれに水に色がついてしまったり、水換えの頻度を上げなければならないデメリットもあるが、それ以上に水草の育ちが良くなるのでメリットも大きい。水草の育ちはやや劣るが、混泳水槽では吸着性のソイルを使用

するものお勧めだ。肥料分をあまり必要としない水草を使用していれば、驚くほど透き通った水を作ることができるので、飼育する魚の観賞性を高めてくれる。どちらもメリット、デメリットがあるので、飼育スタイルに合わせて選択してほしい。ソイルの種類に関しては、購入する際にショップなどで相談してみるといいだろう。また、水草の種類によってはソイルより大磯砂などが向いていることもあるので、図鑑ページでチェックしてから選択することをお勧めする。

そして、近年では照明器具が目覚ましい発展を遂げている。古くは蛍光灯がメインで、その後は高照度、高光量のメタハラ（メタルハライドランプ）が主流となり、水草育成にはなくてはならないものであった。時代の流れで現在ではほぼLEDライトが主流となっていて、比較的安価で購入できるようになったのも水草水槽が身近になった要因とも言える。発売当初は少々使用が難しい面もあったが、メーカーのアップトゥデイトの開発によって、ほとんどの水草に対応できるようになっている。光量の調整はもちろん、波長など様々な調整ができるものも多いので、育成する水草に合わせて使用することが大切だ。

また、種類によってはCO_2や固形肥料、液体肥料などの添加が効果的なので、それらを積極的に使用するのも良いだろう。水草図鑑のページでは、種類ごとに育成方法が記載されているので、それらを参考にして自分のレイアウトスタイルによってセレクトしてほしい。

レイアウト水槽の制作方法

水草レイアウト水槽に限らずだが、まずは設置できる水槽を選び、機材の購入から始まる。近年では小型の水槽がもてはやされているが、水槽は可能な限りサイズを大きくすることをお勧めする。水質は水量が多いほど安定して管理しやすくなる上、ある程度のサイズがないとレイアウトも難しいからだ。簡単そうに見えるかもしれないが、小型水槽は比較的経験がいることを頭に入れてもらいたい。水槽、アングル台、フィルター、照明、ヒーター、底床などを設置したら、まずは使用したい流木や石などを組んでみて、完成した水槽をイメージすることが大切だ。その際、デッサンなどをしてイメージを膨らますのも良い方法だろう。水を入れて落ち着かせるまでのところは他の熱帯魚飼育とさほど変わりはな

い。変わるとすれば、二酸化炭素の添加システムを使用するのであれば、二酸化炭素が曝気しない外部式フィルターを使用することと、水を入れる前に組織培養などの水上葉の水草でレイアウトをする方法もあること。霧吹きなどをして水上葉をレイアウトし、ある程度成長して落ち着いたところで水を入れて水中葉に移行する方法も近年ではポピュラーで、ネイチャーアクアリウム系のレイアウトではよく知られている。

ここでは、一般的なある程度水を回してからレイアウトしていく方法で進めていく。初めて水草を植える人は、水草を底床に浅く植えてしまい、植えてもすぐに水草が抜けてしまう場合が多い。ピンセットでしっかり根や茎をはさんで、底床に深いかなと思うくらい差す事がポイントだ。その際、水草の下準備の段階で、しっかり長さを合わせて水草をカットしたり、有茎草であれば一番根本の部分の葉を半分程度カットして底床に引っ掛かるように準備しておくと失敗が少なくなる。

実際に植える時は、まず流木や石に活着させたものを最初に配置して、その後に後景となる背の高い水草を植え、次に中景、前景と手前に向かって背の高いものから植えてゆくと良いだろう。

水槽完成直後は3〜4日に1度、1/3〜1/5程の水換えを行うとよい。3〜4週間経過したら週に1度1/3程度の水換えが目安となる。CO_2は最初は少量で良いが、しばらくして水草が繁ってきたら添加量は増やすと良い。肥料に関しては、水草用の底床に肥料分が含まれているので入れなくても問題ないが、新芽が白化してきた時は添加をすると効果的。そして、コケが生え始める前にオトシンクルスやヤマトヌマエビなどのコケ取りを入れる。コケが大量に発生してからでは対処が難しくなるので、水槽が落ち着いたら早めに投入する。コケの発生が気になるようであれば、水換えの頻度を上げて対処することが大切だ。水草の成長が良いようであれば、適度にトリミングをしてレイアウトの維持を楽しみたい。

また、冬場はしっかりとヒーターを使用して水温を安定させたい。冬場はヒーターを使用するだけで解決できるのでとても容易で、逆に難しいのが夏場と言える。熱帯魚というと夏のイメージなのかもしれないが、水温の上昇が最も危険な状態で、温度対策は欠かせない。とくに水草は高水温に弱い種類が多いので、必ずエアコンの効いた涼しい場所に設置するか、ファンやクーラーなどを使用して温度対策をしっかり行ってもらいたい。

索 引

ア

アイスポットシクリッド 100
藍底過背金龍（アジアアロワナ） 210
アフロノカラ
　"スーパーオレンジ" 112
アゴヒレ 88
アゴメ 208
アヲリエスピーニョ 158
アークレッドペンシル 63
アーチャーフィッシュ 200
アドニスプレコ 158
アップルヘッドグラスフィッシュ 199
アドニステトラ 70
アノマロクロミス・トーマシィ 114
アパッチジャイアントダブルテール
　ブラカット 130
アピストグラマ・アガシジィ 105
アピストグラマ・アルパファヨ 108
アピストグラマ・イニリダエ 107
アピストグラマ・ヴィエジタ 110
アピストグラマ・エウノートゥス 109
アピストグラマ・エリザベサエ 105
アピストグラマ・エリスルラ 111
アピストグラマ・オルテガイ 111
アピストグラマ・カカトゥオイデス 108
アピストグラマ・グッタータ 109
アピストグラマ・ゲフイラ 105
アピストグラマ・ツクルイ 109
アピストグラマ・
　ディプロタエニア 111
アピストグラマ・
　トリファスキアータ 111
アピストグラマ・ノーベルティ 108
アピストグラマの1種 "ミウア" 106
アピストグラマの1種
　"ロートカイル" 107
アピストグラマ・
　バウキスクアミス 106
アピストグラマ・バンドゥロ 108
アピストグラマ・
　ピアウイエンシス 109
アピストグラマ・ビタエニアータ 106
アピストグラマ・プルクラ 106
アピストグラマ・
　ペドゥンクラータ 110
アピストグラマ・ベリフェラ 107
アピストグラマ・ベルテンシス 107
アピストグラマ・ホイグネイ 110
アピストグラマ・ホングスロイ 111
アピストグラマ・ホングスロイ 110
アピストグラマ・メガプテラ 111
アピストグラマ・メンデジィ 105
アフィオセミオン・オゴエンセ 33
アフィオセミオン・
　ビタエニアータム 32
アフリカンドラゴンフィンテトラ 70
アフリカンスキャット 201
アフリカンナイフ 214
アフリカンパイクカラシン 69
アフリカンランプアイ 35
アプロケイルス・リネアツス 37
アプリコットベタフライバルブ 92
アペニーノーズ 204
アマゾン淡水エイ 220
アメカ・スプレンデンス 31
アメリカンフラッグフィッシュ 38
アーリー 112
アリゲーターガー 219
アルジーイーター 87

アルゼンチンパールフィッシュ 33
アルタムエンゼル 95
アルビノアフリカンランプアイ 35
アルビノイルミネーショングリーン 170
アルビノ過背金龍
　（アジアアロワナ） 211
アルビノカーディナルテトラ 44
アルビノフローライトテトラ 45
アルビノコリドラス 170
アルビノシルバーアロワナ 212
アルビノスマトラ 79
アルビノセネガルス 216
アルビノセイルフィンプレコ 160
アルビノバルーンブリステラ 54
アルビノパレアートゥスロングフィン 189
アルビノブラックネオンテトラ 47
アルビノブリステラ 54
アルビノミニブッシー 166
アルビノモンクホーシャ 55
アルビノレッドフィンバルブ 86
アルビノレモンテトラ 50
アルマゲドンハーフムーン
　（ショーベタ） 117
アルマゲドンプラカット 125
アルマートゥス
　ベーシュカショーロ 66
アレンカー・クリペア
　（ディスカス） 96
アレンカー・クリペアII
　（ディスカス） 96
アロトカ・ドゥゲシィ 31
アロワナテトラ 59
アンゴラバルブ 92
アンモライトモザイク
　（国産グッピー） 12

イ

イエローキャンディーダンボフル
　ムーン（ショーベタ） 123
イエローストライプシクリッド 112
イエローストライプシュリンプ 229
イエロービーコック 112
イエロープリタニクティス 59
イエロープロッサム（シュリンプ） 232
イガカノコガイ） 234
イシマキガイ 233
イミテーターカイザー 161
インディアングラスフィッシュ 199
インドグリーンシュリンプ 230
インドシナレオパードパファー 204
インドスレンダーランプアイ 40
インドメダカ 40
インパイクティス・ケリー 56
インペリアルゼブラプレコ 164
インペリアルタイガープレコ 163
インペリアルラピステトラ 52

ウ

ヴィエジャ・ビファスキアータ 100
ウィーンエメラルド
　（国産グッピー） 16
ウルトラF4（アジアアロワナ） 209
ウルトラF5（アジアアロワナ） 210
ウルトラスカーレットトリム 157

エ

エピプラティス・アニュレイタス 36
エピプラティス・ダゲッティ 37
エレファントノーズ 215
エンゼルフィッシュ 94
エンツイ 91
エンテロミウス・ヤエ 92
エンドラーズライブベアラー 19
エンパンレッド
　（アジアアロワナ） 210

エンペラーテトラ 56

オ

黄変過背金龍
　（アジアアロワナ） 211
オキシドラス 192
オスカー 101
オーストラリア肺魚 216
オスフロネームスグーラミィ 146
オセレイトスネークヘッド 147
オデッサバルブ 80
オトシンクルス 168
オトシンネガルス 168
オニテナガエビ 231
オパールドットマグナム 155
オブサリウス・バケリィ 88
オブリクア 58
オリジアス・ウォウォラエ 39
オリジアス・ソンクラメンシス 40
オリジアス・ニグリマス 41
オリジアス・マタネンシス 41
オールドファッションファンテール
　（国産グッピー） 13
オレンジクラウンテール
　（ショーベタ） 120
オレンジグリッターダニオ 89
オレンジサムライブラカット 126
オレンジダルメシアンフルムーン
　（ショーベタ） 123
オレンジトリム 156
オレンジフィンカイザー 161
オレンジフィンブラックプレコ 161
オレンジフィンレオパードトリム 156
オレンジプラカット 124
オレンジロイヤルプレコ 152
オーロラハーフムーン
　（ショーベタ） 117

カ

カイヤン 192
過背金龍フルゴールド
　（アジアアロワナ） 211
カーディナルダーター 61
カーディナルテトラ 44
カバクチカノコガイ 233
カラーブラックテトラ 60
カラープロキロダス 65
カラーラージグラス 199
ガラ・ルファ 87
カリテトラオドン・
　サリヴァトール 204
ガリバープレコ 158

キ

キクラ・ケルベリー 101
キクラ・テメンシス 101
キッシンググーラミィ 144
キフォティラピア・
　"フロントーサ" 113
キプリノドン・マクラリウス 38
キャッツアイプレコ 164
ギャラクシープラカット 129
ギャラクシーラウンドテール
　（国産グッピー） 16
キャンディーギャラクシー
　ハーフムーン（ショーベタ） 115
キャンディクラウンテール
　（ショーベタ） 121
キャンディーダブルテール
　プラカット 129
キャンディーニモプラカット 128
キャンディーハーフムーン
　（ショーベタ） 119
キャンディーベールテール
　（ショーベタ） 116
キングオブギャラクシー 157
キングコブラ（国産グッピー） 13

キングロイヤルペコルティア 163
キンセンラスボラ 75

ク

クイーンアラベスクプレコ 163
クイーンインペリアルタイガープレコ 164
クラウンテールプラカット 130
クラウンローチ 93
グラスゴビー 202
グラスハチェット 64
グラスバルブ 84
グラスブラッドフィン 57
クリアーオレンジ（ベタ） 131
クリスタルレインボーテトラ 52
クリムゾンレッドペンシル 63
グリーンキッシング 144
グリーンジェットダーター 61
グリーンスネークヘッド 147
グリーンスマトラ 79
グリーンソードテール 28
グリーンディスカス 97
グリーンバルブ 83
グリーンファイヤーテトラ 57
グリーンネオン 43
グリーンネオン（外国産グッピー） 17
グリーンロイヤルプレコ 153
クーリーローチ 93
クレニキクラ・ヴィッタータ 101
クローキンググーラミィ 140
クロコダイルスティングレイ 221
クロコダイルフィッシュ 145
クロスリバーパファー 205
グローライトテトラ 45

ケ

ゲオファーガス・スベニ 102
血紅龍（アジアアロワナ） 210

コ

コイカッパープラカット 128
コイベタハーフムーン
　（ショーベタ） 119
コイベタレッド（プラカット） 128
コイベタレッドアイ
　（プラカット） 128
紅白ソード（ソードテール） 28
紅白ミッキー（プラティ） 24
ゴスリニア 151
コバルトドワーフグーラミィ 141
コバルトブルーヘッケル
　（ディスカス） 98
コーヒービーンテトラ 47
コームスケールレインボー 198
コブラ（外国産グッピー） 18
コペラ・メタエ 63
コーラル（プラティ） 23
ゴリアテタイガーフィッシュ 69
コリドラス・アエネウス 170
コリドラス・アークアトゥス 175
コリドラス・アドルフォイ 174
コリドラス・
　アトロベルソナートゥス 179
コリドラス・アルマートゥス 187
コリドラス・イミテーター 174
コリドラス・ヴァージニアエ 173
コリドラス・エクエス 171
コリドラス・エベリナエ 175
コリドラス・エレガンス 189
コリドラス・オイアポクエンシス 172
コリドラス・オウラスティグマ 178
コリドラス・オステオカルス 187
コリドラス・オルテガイ 186
コリドラス・
　カウディマクラートゥス 177
コリドラス・ギアネンシス 178
コリドラス・ガボレ 178

コリドラス・クリプティクス	174	コリドラス・マクロプテルス	190	シュードムギル・ペルシドゥス	196
コリドラス・ゴッセイ	180	コリドラス・メタエ	172	シュードムギル・メリス	195
コリドラス・コペナメンシス	185	コリドラス・メリニ	172	ジュリドクロミス・オルナトゥス	113
コリドラス・コロッスス	179	コリドラス・ラハティ	171	ジュルア・ロイヤルグリーン	
コリドラス・コンコロール	184	コリドラス・レイノルジィ	185	（ディスカス）	97
コリドラス・サラレンシス	176	コリドラス・レオパルドゥス	169	ジュルパリ	102
コリドラス・ジガートゥス	171	コリドラス・レティクラートゥス	188	昭和プラティ	25
コリドラス・シクリ	179	コリドラス・ロクソゾヌス	173	ショートノーズクラウンテトラ	65
コリドラス・シミリス	178	コリドラス・ロブストゥス	183	ショベルノーズキャット	151
コリドラス・ジュリー	169	コリドラス・ロレトエンシス	186	シルバーアロワナ	212
コリドラス・シュワルツィ	181	コリドラス・"ロングノーズスーパー		シルバーグーラミィ	144
コリドラス・ステルバイ	180	シュワルツィ"	182	シルバーシャーク	86
コリドラス・		コリドラス・ワツマニー	171	シルバーハチェット	64
"スーパーシュワルツィ"	182	ゴールデンアップルスネイル	234	シルバーフライングフォックス	87
コリドラス・スペクタビリス	181	ゴールデンアルジーイーター	87	進入禁止	
コリドラス・セウシィ	181	ゴールデンエンゼル	95	（レッドビーシュリンプ）	224
コリドラス・セミアクィルス		ゴールデングーラミィ	143	進入禁止	
"ブラックバタフライ"	177	ゴールデンコブラ		（レッドビーシュリンプ）	225
コリドラス・セラートゥス	174	（外国産グッピー）	18	進入禁止	
コリドラス・ソダリス	188	ゴールデンセイルフィンモーリー	20	（レッドビーシュリンプ）	224
コリドラス・ソロックス	176	ゴールデンダイヤモンドネオン	43	シンプソニクティス・	
コリドラス・デビッドサンズィ	173	ゴールデンテトラ（H.rodwayi）	45	マグニフィカス	33
コリドラス・デュプリカレウス	174	ゴールデンテトラ		**ス**	
コリドラス・トゥッカーノ	186	（H.armstrongi）	40		
コリドラス・トリリネアートゥス	169	ゴールデンデルモゲニー	200	スカーレットジェム	203
コリドラス・ナルキッスス	176	ゴールデンハニードワーフ		スカーレットトリム	157
コリドラスの1種		グーラミィ	142	スキフィア・ビリネアータ	31
"アンチェスター"	184	ゴールデンバルブ	83	スターライトマツブッシー	165
コリドラスの1種		ゴールデンブルーヘルメット		スチールブルーハーフムーン	
イルミネーショングリーン	170	プラティ	25	（ショーベタ）	117
コリドラスの1種 "エベリナエII"	175	ゴールデンフルレッド		ストライプラファエル	191
コリドラスの1種		（国産グッピー）	15	ストリウンティウス・	
旧アルマートゥス	187	ゴールデンラミーノーズ	46	リネアートゥス	81
コリドラスの1種 "シミリスIV"	178	ゴールデンロイヤルプレコ	152	スネークスキングーラミィ	143
コリドラスの1種 "ショートノーズ		ゴールドエッジマグナム	154	スーパーイエロープラカット	124
スーパービコロール"	173	ゴールドピンク・		スーパーオレンジハーフムーン	
コリドラスの1種 "ショートノーズ		インパイクティスケリー	56	（ショーベタ）	116
ビファスキアートゥス"	183	ゴールドリングダニオ	89	スーパーレッドハーフムーン	
コリドラスの1種 "		コロンビアレッドフィン	52	（ショーベタ）	116
スーパーアークアトゥス"	176	コンゴテトラ	70	スファエリクティス・	
コリドラスの1種 "ゼブリーナ"	185	**サ**		アクロストマ	140
コリドラスの1種 "トレイトリー"	177			スファエリクティス・	
コリドラスの1種		サイアミーズフライングフォックス	87	セラタネンシス	140
"ベネズエラオレンジ"	170	サカサナマズ	193	スファエリクティス・	
コリドラスの1種		サタノペルカ・ダエモン	102	バイランティ	140
"ベネズエラブラック"	170	サタンプレコ	159	スポッテッドガー	218
コリドラスの1種		サンセットタキシードプラティ	24	スポッテッドナイフ	214
"ベルーナルギ"	176	サンセットドワーフグーラミィ	142	スポッテッドバラムンディ	213
コリドラスの1種 "ミラグロ"	178	サンセットミッキーソードテール	27	スマトラ	79
コリドラスの1種		サンセットミッキープラティ	23	スモールスポットポルカ	221
"ロングノーズエベリナエ"	175	サンセットワグプラティ	23	スリースポットグーラミィ	143
コリドラスの1種		サンタマリアブルーグラス		スリーラインペンシル	62
"ロングノーズレックス"	180	（国産グッピー）	13	スレッドフィンパラダイス	200
コリドラス・バーゲシイ	174	サンタマリアモザイク		**セ**	
コリドラス・ハスタートゥス	188	（国産グッピー）	12		
コリドラス・バデリ	184	サンデリア・カベンシス	146	セイルフィンプレコ	159
コリドラス・ハブロースス	187	**シ**		セイルフィンプレコ	
コリドラス・ハラルドシュルツィ	180			（ワイルド個体）	159
コリドラス・パラレルス	183	ジェリービーンテトラ	70	セイルフィンモーリー	19
コリドラス・バルバートゥス	190	シザーステールラスボラ	75	ゼブラオトシン	167
コリドラス・パレアートゥス	189	シノドンティス・		ゼブラキャット	151
コリドラス・パンダ	172	ムルティプンクタートゥス	193	ゼブラシュリンプ	230
コリドラス・パンタナルエンシス	189	シフォフォルス・クレメンシアエ	29	ゼブラダニオ	89
コリドラス・ピグマエウス	188	シフォフォルス・シフィディウム	29	セルリア（ディスカス）	98
コリドラス・ビコロール	183	シフォフォルス・ヘレリー	29	セレベスメダカ	41
コリドラス・ビファスキアートス	182	シフォフォルス・モンテズマエ	29	セレベスレインボー	196
コリドラス		シマカノコガイ	233	**ソ**	
"ファインスポットゴッセイ"	181	ジラルディヌス・メタリクス	30		
コリドラス・フィラメントースス	186	ジャックデンプシー	99	ソリッドレッド（ベタ）	131
コリドラス・フォウレリィ	177	ジャックナイフテトラ	55	ソルソルテトラ	53
コリドラス・フォケリー	182	ジャワメダカ	39	**タ**	
コリドラス・ブンクタートゥス	169	シュードムギル・イワントソフィ	195		
コリドラス・ベサナエ	176	シュードムギル・コンニエ	196	タイガーオトシン	168
コリドラス・ボエセマニー	185	シュードムギル・		タイガーショベル	150
コリドラス・ポリスティクトゥス	172	シアノサリス	195	タイガースティングレイ	221
コリドラス・ボリスティクトゥス	179	シュードムギル・"ティミカ"	195	タイガーフィンサタン	159
コリドラス・ボンディ	184	シュードムギル・パスカイ	195	タイガープラティ	25

タイガープレコ	162		
タイタニックトリム	156		
ダイナソー（シュリンプ）	232		
ダイヤモンドイエローピラニア	67		
ダイヤモンドスマトラ	79		
ダイヤモンドテトラ	55		
ダイヤモンドネオン	43		
ダイヤモンドポルカ	220		
ダイヤモンドレインボー	196		
ダウキンシア・			
タンブラパルニエイ	85		
タエニアカラ・カンディディ	104		
高背金龍（アジアアロワナ）	211		
タキシードメラー（国産グッピー）	16		
ターコイズブルー			
（シャドーシュリンプ）	227		
ダディブルジョリィハチェットバルブ	91		
ダトニオイデス・プルケール	207		
ダトニオ・プラスワン	208		
ダトニオ・ミクロレピス	207		
ダニオ・エリスロミクロン	90		
ダニオ・ジャインティアンエンシス	90		
ダニオネラ・ドラキュラ	90		
タニクティス・タックバエンシス	88		
タニクティス・ミカゲムマエ	88		
ターポン	214		
タライロン	68		
ダルマプレコ	154		
タンガニイカランプアイ	36		
チ			
チェッカーバルブ	81		
チェッカーボードシクリッド	103		
チェリーバルブ	83		
チェリーレッドシュリンプ	228		
チェリーレッドシュリンプ	228		
チャカ・チャカ	191		
チャンナ・オルナティピンニス	148		
チャンナ・バルカ	148		
チャンナ・プルクラ	148		
チョコレートグーラミィ	139		
テ			
ディープメタルレッド			
プラカット	125		
ディープレッドホタル	60		
デスモプンティウス・ゲメルス	82		
デスモプンティウス・フォーシィ	82		
デスモプンティウス・ペンタゾナ	82		
デスモプンティウス・			
ロンボオケラートゥス	82		
テトラオドン・スパッティ	205		
テトラオドン・ムブ	206		
テトラオドン・リネアートゥス	205		
テトラオーロ	51		
デバリオ・アウロプルプレウス	91		
デビルスターブラカット	129		
テフェロイヤルグリーン			
（ディスカス）	97		
デンキナマズ	193		
ト			
ドイツイエロータキシード			
（国産グッピー）	14		
ドイツイエローリボン			
（国産グッピー）	14		
ドイツレオパード（国産グッピー）	13		
トゥッカーノテトラ	48		
トゥーティビューティーシュリンプ	232		
ドゥリリィエンゼル	95		
トーキングキャット	191		
トパーズ（国産グッピー）	15		
ドラド	65		
ドラゴンスタークラウン	155		
ドラゴンハイフィンレオパードトリム	158		

279

トランスルーセントグラスキャット 191
トレープフィンバルブ 84
トロピカルジャイアントガー 219
トロフェウス・ドゥボイシー 113
ドワーフクラブ 231
ドワーフグラミィ 141
ドワーフピーコックガジョン 202
ドワーフフグ 62
ドワーフボティア 93
ドンキーフェイス 215

ナ

ナイルフグ 205
ナノストムス・エスペイ 62
ナノストムス・エリスルルス 62
ナノストムス・ディグラムス 61
ナノストムス・ベックフォルディ 62
ナノストムス・ミニムス 61
南岸アレンカー（イナス産）
　（ディスカス） 96
南米汽水フグ 207

ニ

ニューオパールドットプレコ 154
ニューギニアダトニオ 208
ニューギニアレインボー 196
ニューギャラクシーペコルティア 165
ニューキングロイヤルペコルティア
.... 163
ニューゴールデンネオン 43
ニュータイガープレコ 162
ニューノッドゴールデンネオン 43

ヌ

ヌカエビ 231

ネ

ネオランプロローグス・
　テトラカンサス 113
ネオレビアス・ボウエリー 70
ネオンソードテール 28
ネオンタキシード
　（外国産グッピー） 17
ネオンタキシード（国産グッピー） 14
ネオンテトラ 42
ネオンドワーフグラミー 141
ネオンドワーフレインボー 199
ネオンブルーオリジアス 39
ネットワークタイガープレコ 162

ノ

ノーザンバラムンディ 213
ノソブランキウス・ギュンテリィ 34
ノソブランキウス・コルサウサエ 34
ノソブランキウス・フォーシィ 34
ノソブランキウス・ラコビィ 33
ノソブランキウス・ルブリピニス 34

ハ

バイオレットスネークヘッド 147
バイオレットパープル（ベタ） 132
バイオレットパープルダンボハーフ
　ムーン（ショーベタ） 118
バイオレットパープル
　ダンボプラカット 126
バイカラーダブルテール
　（ショーベタ） 122
バイナップルイエロー（ベタ） 132
バイナップルミッキー（プラティ） 25
ハイナンメダカ 41
ハイフィンバリアタス 21
ハイフィンブラックトップバルブ 84
ハイフェソブリコン・エビカリス 48
ハイフェソブリコン・コペランディ 49
ハイフェソブリコン・プロキオン 48
ハイランドカーブ 30

ハイランドカーブサンマルコス 31
パオ・アベイ 204
パオ・バイレイ 204
パキパンチャックス・
　プライファイリィ 37
バクーペドラ 192
ハセマニア 53
パステル（ベタ） 132
パステルクラウンテール
　（ショーベタ） 121
バタフライバルブ 92
バタフライフィッシュ 214
バタフライプレコ 161
バタフライレインボー 194
バタフライレインボー・
　アルーIV 195
ハチノジフグ 206
バディス・バディス 202
ハナビ 90
ハニードワーフグーラミィ 142
ハーフオレンジレインボー 197
パープルスポッテッドガジョン 202
パープルバタフライ（ベタ） 132
パラドクスフィッシュ 199
パラファニウス・メント 37
バラムンディ（アルビノ） 208
バリアタス 21
バルテアータローチ 93
バルボイデス・グラキリス 92
パールグーラミィ 143
パールダニオ 89
バルーンゴールデンアルジイーター
.... 87
バルーンゴールデンセイルフィン
　モーリー 20
バルーンプラチナセイルフィン
　モーリー 20
バルーンブラックモーリー 21
バルーンペンギンテトラ 58
パロスフロメヌス・アラニィ 138
パロスフロメヌス・
　アンジュンガンエンシス 138
パロスフロメヌス・
　オルナティカウダ 139
パロスフロメヌス・クインデシム 139
パロスフロメヌス・スマトラヌス 138
パロスフロメヌス・ナギィ 138
パロスフロメヌス・パルディコラ 138
パロスフロメヌス・リンケイ 138
パロットシクリッド 100
パロットファイヤー 99
パロトキンクルス・マクリカウダ 167
バンジョーキャット 191
パンダプリステラ 54
バンド1（レッドビーシュリンプ） 222
バンド2（レッドビーシュリンプ） 223
バンド3（レッドビーシュリンプ） 223
バンブルビーフィッシュ 201

ヒ

ピクタス 191
ピグミーグーラミィ 141
ビーシュリンプ 230
ピーチ（プラティ） 24
ピーチタキシード（プラティ） 24
ピーチレモンテトラ 47
ビッグスポットペコルティア 165
ビーナススポット（ディスカス） 98
日の丸（レッドビーシュリンプ） 223
日の丸（レッドビーシュリンプ） 224
日の丸（レッドビーシュリンプ） 224
ピュアレッドプラカット 124
ピラニアナッテリー 67
ピラムターバ 151
ピラヤ 67
ピラルクー 213
ピンクテールカラシン 65

ピンクラムズホーン 234
ピントレッド（ピントシュリンプ） 228
ピントブラック
　（ピントシュリンプ） 228

フ

ファイヤーラスボラ 77
ファイヤーラスボラ・ブルー 77
ファルガテトラ 52
ファロウェラ 167
ファロウェラ・マリアエレナエ 167
ファンシータイガーシュリンプ 229
ファンシートリカラー
　プラカット 127
フィリピンメダカ 41
フォールスバルブ 85
ブテノレビアス・ロンギピンニス 35
フネアマガイ 234
ブラウンディスカス 96
プラチナアリゲーターガー 219
プラチナカーディナルテトラ 44
プラチナグリーンネオン 43
プラチナセイルフィンモーリー 19
プラチナタイガーショベル 150
プラチナトッカーノテトラ 53
プラチナブラックアロワナ 212
プラチナホワイトジャイアント
　ダンボプラカット 130
プラチナホワイト
　ダンボプラカット 125
プラチナホワイトプラカット 125
プラチナレッドテールキャット 150
プラチナロイヤルプレコ 152
ブラックアロワナ 212
ブラックエンゼル 95
ブラックオーキッド
　クラウンテール（ショーベタ） 121
ブラックゴースト 201
ブラックサムライスーパー
　デルタテール（ショーベタ） 116
ブラックシャドーキングコング
　（シャドーシュリンプ） 227
ブラックシャドー日の丸
　（シャドーシュリンプ） 226
ブラックシャドーブルーパンダ
　（シャドーシュリンプ） 227
ブラックシャドーブルーモスラ
　（シャドーシュリンプ） 227
ブラックシャドーパンダ
　（シャドーシュリンプ） 226
ブラックシャドーモスラ
　（シャドーシュリンプ） 226
ブラックダブルテール
　（ショーベタ） 122
ブラックテトラ 60
フラグテールポート
　ホールキャット 190
ブラックネオンテトラ 47
ブラックパラダイスフィッシュ 144
ブラックビー
　（レッドビーシュリンプ） 225
ブラックピラニア 68
ブラックファントム 51
ブラックフェイスジェム 203
ブラックベリーミレウス 66
ブラックモーリー 20
ブラックルビィ 80
フラッシュゴールデンマグナム 155
ブラッディーマリー（シュリンプ） 232
ブラッドレッドペンシル 63
ブラニケプス 150
フラミンゴ（外国産グッピー） 18
フラミンゴシクリッド 100
フラワーホーン 99
プリステラ 54
ブリスルノーズ 166
ブリタニクティス・アクセルロディ 59
ブルー（ベタ） 132

ブルーアイプレコ 153
ブルーアイラスボラ 74
ブルーアカラ 102
ブルークラウンテール
　（ショーベタ） 120
ブルーグラス（国産グッピー） 13
ブルースポットクロコダイル
　フィッシュ 145
ブルータイガー（プラティ） 25
ブルーダイヤモンド（ディスカス） 98
ブルーダイヤモンドラム 104
ブルーダブルテール
　（ショーベタ） 122
ブルッカー 46
ブルーディスカス 96
ブルーテトラ 58
ブルーバタフライ
　ハーフムーン（ショーベタ） 118
ブルーファンシー
　ハーフムーン（ショーベタ） 119
ブルーフィンパナクエ 154
ブルーフィンプレコ 160
フルブラック（国産グッピー） 15
ブルーブラックネオンハーフムーン
　（ショーベタ） 118
ブルーホワイトダブルテール
　（ベタ） 122
ブルーマーブルプラカット 127
ブルーミッキー（プラティ） 24
フルメタルグリーンプラカット 125
フルメタルブループラカット 124
ブルーラムズホーン 234
ブルーレインボー 197
フレイムドットバディス 203
プロカートゥス・シミリス 36
プロキス・スプレンデンス 190
プロトプテルス・アネクテンス 216
プロトプテルス・エチオピクス 215
プロトプテルス・ドロイ 215
ブロンズプファー 206
プンティウス・ビマクラートゥス 83
フンドゥロパンチャックス・
　ガードネリィ 32
フンドゥロパンチャックス・シーリ 32
フンドゥロパンチャックス・
　ショステッディ 32

ヘ

ベーシュカショーロ 66
ベタ・アルビマルギナータ 137
ベタ・イムベリス 133
ベタ・ウベリス 134
ベタ・オケラータ 137
ベタ・クラタイオス 136
ベタ・コッキーナ 134
ベタ・シンプレックス 135
ベタ・スプレンデンス 133
ベタ・スマラグディナ 133
ベタ・タエニアータ 135
ベタ・フォーシィ 136
ベタ・プリグナックス 136
ベタ・ブロウノルム 135
ベタ・ヘンドラー 134
ベタ・マクロストマ 137
ベタ・マハチャイエンシス 133
ベタ・リビダ 134
ベタ・ルティランス 135
ベタ・ルブラ 136
ヘッケルディスカス 98
ヘッドアンドテールライトテトラ 46
ベティア・クミンギィ 80
ベティア・ゲリウス 81
ベティア・ナラヤニ 81
ヘテロティス 213
ベトナムメダカ 41
紅尾金龍（アジアアロワナ） 211
ペパーミントブッシー 165

ペパーミントペコルティア ……… 164
ヘラクレスシクリッド ……… 103
ベルヴィカクロミス・
　タエニアートゥス ……… 114
ベルヴィカクロミス・プルケール ……… 114
ベルーグラステトラ ……… 57
ヘルボーイプラカット ……… 129
ヘルメットソードテール ……… 28
ベレズテトラ ……… 49
ヘロティラピア・
　ブティコフェリイ ……… 114
ベロネソックス ……… 30
ペンギンテトラ ……… 58
ペンシルフィッシュ ……… 61

ホ

ホタルテトラ ……… 60
ポートアカラ ……… 103
ボボンデッタレインボー ……… 196
ボララス・ウロフタルモイデス ……… 74
ボララス・ナエヴス ……… 74
ボララス・ブリジッタエ ……… 73
ボララス・マクラートゥス ……… 73
ボララス・マクラートゥス ……… 73
ボララス・ミクロス ……… 74
ボララス・メラー ……… 73
ホーリー ……… 68
ボリビアンレモンテトラ ……… 50
ポリプテルス・エンドリケリー ……… 217
ポリプテルス・
　オルナティピンニス ……… 217
ポリプテルス・セネガルス ……… 216
ポリプテルス・デルヘッツィ ……… 218
ポリプテルス・ビキール・
　ビキール ……… 217
ポリプテルス・ビキール・ビキール
　（国内ブリード） ……… 217
ポリプテルス・レトロピンニス ……… 218
ポルカドットスティングレイ ……… 220
ボルケーノオトシン ……… 168
ボルネオアカメフグ ……… 204
ポロパンチャックス・
　ルクソフタルムス ……… 35
ホロホロシュリンプ ……… 231
ホワイト（ベタ） ……… 132
ホワイトエッジバレペコルティア … 160
ホワイトクラウンテール
　（ショーベタ） ……… 120
ホワイトグローブ（シュリンプ） … 232
ホワイトタイガープレコ ……… 162
ホワイトダンボハーフムーン
　（ショーベタ） ……… 117
ホワイトテールアカリエスピーニョ
　……… 153
ホワイトトリム ……… 157
ホンコンプレコ ……… 91

マ

マーサハチェット ……… 64
マスタードカッパー
　ダンボプラカット ……… 127
マスタードグリーン・ハーフムーン
　（ショーベタ） ……… 118
マスタードリバンドダンボハーフ
　ムーン（ショーベタ） ……… 119
マスタードリバンド
　ダンボプラカット ……… 127
マックローチレインボー ……… 198
マーブルハチェット ……… 64
マミズフグ ……… 206
マルチカラーハーフムーン
　（ショーベタ） ……… 119
マルチタキシード
　（外国産グッピー） ……… 18
マルプルッタ・クレツェリィ ……… 142
マロ（レッドビーシュリンプ） ……… 224
マンチャデオーロ ……… 221

マンファリ ……… 219

ミ

ミクロクテノポマ・アンソルギー … 145
ミクロクテノポマ・
　ファスキオラートゥム ……… 145
ミクロゲオファーガス・
　アルティスピノーサ ……… 104
ミクロゲオファーガス・
　ラミレジィ ……… 104
ミクロデバリオ・ガティシィ ……… 78
ミクロデバリオ・ナヌス ……… 78
ミクロポエキリア・ブランネリー ……… 19
“ミクロラスボラ” ブルーネオン ……… 78
“ミクロラスボラ” ルベスケンス ……… 78
ミドリフグ ……… 206
ミナミヌマエビ ……… 230
ミゾレヌマエビ ……… 230
ミニブッシー ……… 166

ム

ムスタングトリム ……… 156

メ

メガネフグ ……… 207
メコンメダカ ……… 40
メタリックマスタードスーパーデル
　タテール（ショーベタ） ……… 116
メタルレースコブラウンドテール
　（国産グッピー） ……… 16
メタルレッドF4
　（アジアアロワナ） ……… 210
メタルレッドF4ショートボディ
　（アジアアロワナ） ……… 210
メドゥーサ（国産グッピー） ……… 16
メラノタエニア・オーストラリス … 197
メラノタエニア・カマカ ……… 198
メラノタエニア・ニグランス ……… 198
メラノタエニア・パルバ ……… 197
メリーウィドー ……… 30
メロンバルブ ……… 84

モ

モザイクタキシード
　（国産グッピー） ……… 12
モスコーブルー（国産グッピー） …… 15
モスラ（レッドビーシュリンプ） …… 224
モトロ ……… 220
モンクホーシャ ……… 55

ヤ

ヤマトヌマエビ ……… 230

ラ

ライオンフィッシュ ……… 201
ライヤテールブラックモーリー ……… 21
ライヤレッドソードテール ……… 26
ラインノーズピラニア ……… 67
“ラスボラ・アクセルロッディ”・
　ブルー ……… 90
“ラスボラ・アクセルロッディ”・
　レッド ……… 90
ラスボラ・エインソベニー ……… 76
“ラスボラ” エスペイ ……… 72
ラスボラ・エレガンス ……… 76
ラスボラ・コテラッティ ……… 76
ラスボラ・サラワクエンシス ……… 76
“ラスボラ” ソムフォングシィ ……… 72
ラスボラ・バンカネンシス ……… 75
“ラスボラ” ヘテロモルファ ……… 71
“ラスボラ” ヘテロモルファ・
　ブルー ……… 72
“ラスボラ” ヘンゲリィ ……… 72
ラズリーモザイク ……… 17
ラピステトラ ……… 52
ラビドクロミス・カエルレウス ……… 112

ラベンダーカッパーダンボクラウン
　テール（ショーベタ） ……… 121
ラベンダートリバンドハーフムーン
　（ショーベタ） ……… 118
ラベンダーハーフムーンフェザー
　テール（コノック）（ショーベタ）
　……… 118
ラベンダープラカット ……… 126
ラミノーズテトラ ……… 46
ランプリクティス・タンガニカヌス … 36

リ

リアルレッドアイアルビノドイツ
　イエロー（国産グッピー） ……… 14
リアルレッドアイアルビノブルー
　グラス（国産グッピー） ……… 13
リアルレッドアイアルビノフルレッド
　（国産グッピー） ……… 15
リアルレッドアイアルビノマゼンタ
　（国産グッピー） ……… 16
リコリスグーラミィ ……… 137
リーフフィッシュ ……… 200
リブルス・マグダレナ ……… 38

ル

ルカニア・グッデイ ……… 38
ルビースポットマグナム ……… 155
ルビーラスボラ ……… 91
ルリーシュリンプ ……… 229

レ

レインボースネークヘッド ……… 147
レインボーシャーク ……… 86
レインボーテトラ ……… 56
レインボープラティ ……… 25
レオパードダニオ ……… 89
レタカラ・タイエリィ ……… 103
レッドアイガラシン ……… 70
レッドアイパファー ……… 203
レッドオスカー ……… 101
レッドクラウンテール
　（ショーベタ） ……… 120
レッドグラス（国産グッピー） ……… 12
レッドグーラミィ ……… 142
レッドグリッセルクラウンテール
　（ショーベタ） ……… 121
レッドグリッセルフルムーン
　（ショーベタ） ……… 123
レッドコブラ（外国産グッピー） … 18
レッドコーラルプラティ ……… 23
レッドシャドーキングコング
　（シャドーシュリンプ） ……… 226
レッドシャドーパンダ
　（シャドーシュリンプ） ……… 225
レッドシャドー日の丸
　（シャドーシュリンプ） ……… 226
レッドシャドーモスラ
　（シャドーシュリンプ） ……… 226
レッドジュエルフィッシュ ……… 114
レッドスネークヘッド ……… 148
レッドスポットコペラ ……… 63
レッドソードテール ……… 26
レッドソードテール メス ……… 26
レッドタキシードソードテール ……… 27
レッドタキシードプラティ ……… 23
レッドダブルテール
　（ショーベタ） ……… 122
レッドチェリーラスボラ ……… 77
レッドテトラ ……… 51
レッドテールアカメフグ ……… 203
レッドテールキャット ……… 149
レッドテールタキシード
　（外国産グッピー） ……… 18
レッドテールタキシード
　（国産グッピー） ……… 15
レッドテールヘミオダス ……… 65
レッドテールブラックシャーク ……… 86

レッドトッププラカット ……… 126
レッドドラゴン
　ジャイアントプラカット ……… 130
レッドノーズトーピード ……… 85
レッドバックソードテール ……… 27
レッドバックミッキー（プラティ） … 24
レッドファイアーシュリンプ ……… 229
レッドファントム ……… 51
レッドフィンオレンジ（ベタ） ……… 131
レッドフィンオスフロネームス
　グーラミィ ……… 146
レッドフィンバルブ ……… 86
レッドフィンレッドノーズ ……… 86
レッドフックメティニス ……… 66
レッドプラティ ……… 22
レッドブルペンシル ……… 62
レッドベリーダリオ ……… 203
レッドベレズテトラ ……… 49
レッドミッキーソードテール ……… 26
レッドミッキープラティ ……… 22
レッドモザイク（外国産グッピー） … 17
レッドモザイク（国産グッピー） ……… 11
レッドライントーピード ……… 85
レッドラインラスボラ ……… 75
レッドラムズホーン ……… 234
レッドローズラスボラ ……… 77
レッドワグソードテール ……… 27
レッドワグプラティ ……… 22
レモングラステトラ ……… 59
レモンテトラ ……… 50
レモンフィンプレコ ……… 160

ロ

ロイヤルナイフ ……… 214
ロイヤルブルーディスカス ……… 97
ロイヤルブルーハーフムーン
　（ショーベタ） ……… 116
ロイヤルプレコ ……… 152
ロージィテトラ ……… 48
ロージィバルブ ……… 80
ロゼウステトラ ……… 49
ロックシュリンプ ……… 231
ロートーキス（ディスカス） ……… 98
ロバーティテトラ ……… 48
ロレットテトラ ……… 47
ロングノーズガー ……… 218
ロングノーズクラウンテトラ ……… 69
ロングノーズデンキナマズ ……… 193
ロングフィングラスエンゼル ……… 199
ロングフィンゼブラダニオ ……… 89
ロングフィンパンダ ……… 172
ロングフィンミニブッシー ……… 166

ワ

ワイツマニーテトラ ……… 63
ワンラインペンシル ……… 61

水草索引

ア

アナカリス ……… 253
アヌビアス・ナナ ……… 259
アヌビアス・ナナ “プチ” ……… 259
アヌビアス・ナナ “ナローリーフ” … 259
アヌビアス・ナナ “マーブル” ……… 259
アヌビアス・バルテリー ……… 260
アヌビアス・ギルレッティ ……… 260
アヌビアス・ヘテロフィラ ……… 260
アマゾンソードプラント ……… 261
アマゾンチドメグサ ……… 246
アマゾンフロッグビット ……… 268
アマニア・グラキリス ……… 240
アラグアイア・レッドロタラ ……… 239
アルテルナンテラ・リラキナ ……… 245
アルテルナンテラ・レインキー ……… 244
アンブリア ……… 253

281

イ
イエローアマニア ……240

ウ
ウィーピングモス ……250
ウィローモス ……249
ウォーターウィステリア ……237
ウォーターカーナミン ……245
ウォータースプライト ……247
ウォーターナスタチウム ……246
ウォーターバコパ ……244
ウォーターフェザー ……250

エ
エイクホルニア・アズレア ……243
エイクホルニア・
　ディベルシフォリア ……243
'エキノドルス'・
　ウングアイエンシス ……262
エキノドルス・オゼロット ……261
'エキノドルス'・オパクス ……262
エキノドルス・バーシー ……262
エキノドルス・ホレマニー
　'グリーン' ……261
エキノドルス・ルビン ……262

オ
オオサンショウモ ……269
オランダプラント ……242

カ
カボンバ ……253

キ
キューバパールグラス ……241

ク
クリプトコリネ・ウェンティー
　'グリーン' ……263
クリプトコリネ・ウェンティー
　'トロピカ' ……263
クリプトコリネ・ウェンティー
　'ロングリーフ' ……263
クリプトコリネ・シアメンシス ……264
クリプトコリネ・バランサエ ……265
クリプトコリネ・ヒュードロイ ……265
クリプトコリネ・ブラッシー ……264
クリプトコリネ・ベケッティー ……264
クリプトコリネ・ペッチー ……263
クリプトコリネ・
　ポンテデリフォリア ……265
クリプトコリネ・ネビリー ……264
クリナム・アクアティカ
　"ナローリーフ" ……258
グリーンロタラ ……238
グロッソスティグマ・
　エラチノイデス ……249

コ
コウホネ ……257
コブラグラス ……248

サ
サイコクヒメコウホネ ……257
サウルルス ……246
サンタレンドワーフニムファ ……256
サンショウモ ……268

シ
シペルス・ヘルフェリー ……248
ジャイアントアンブリア ……253
ジャイアント南米ウィローモス ……249

ス
スクリューバリスネリア ……244
スタウロギネsp.ビハール ……237

セ
セイロンヌパール 'グリーン' ……256
セイロンヌパール 'レッド' ……257
セレベスカーペットスター ……251

タ
タイニムファ ……256
タイガーロータス ……256
タパジョスレッドニムファ ……255
タヌキモアラグアイアグリーン ……267
タヌキモパンタナルレッド ……267

ツ
ツーテンプル ……237

テ
テンプルプラント ……237

ト
'トニナ' ……252
トニナ・フルビアティリス ……252

ナ
ナガバオウホネ ……257
南米ウィローモス ……249

ニ
ニューパールグラス ……241

ハ
ハイグロフィラ・
　ゴールドブラウン ……235
ハイグロフィラ・
　ピンナティフィダ ……236
ハイグロフィラ・ポリスペルマ ……236
ハイグロフィラ・ポリスペルマ
　'ブロードリーフ' ……236
ハイグロフィラ・ロザエネルビス ……236
ハイグロフィラ・ロザエネルビス・
　サンセットウェーブ' ……236
バコパ・オーストラリス ……244
バナナプラント ……255
バブルモス ……249
バリスネリア・スピラリス ……243
バリスネリア・ナナ ……243
パールグラス ……241
パンタナルラビットイヤー ……255

ヒ
ピグミーアコルス ……248
ピグミーチェーンサジタリア ……248

フ
フィランサス・フルイタンス ……268
斑入りホテイアオイ ……269
ブセファランドラ ……266
ブセファランドラ・セイアⅡ ……266
ブセファランドラ・ティア ……266
ブセファランドラの1種 ……266
ブリクサショートリーフ ……245
フレイムモス ……249
プレミアムモス ……250

ヘ
ヘアーグラス ……248
ヘテランテラ・ゾステリフォリア ……241
ベトナムスプライト ……247
ベニコウホネ ……258
ヘランチウム・テネルム ……260
ヘランチウム・ラティフォリウス ……261

ホ
ポゴステモン・ヘルフェリー ……242
ホシクサ・ゴイアスステル ……251
ホシクサ・マットグロッソ ……251
ホテイアオイ ……269

ホトニア・パルストリス ……247
ボルビディス・ギニアナロー ……255
ボルビティス・ヘウデロッティ ……254
ホワイトウィステリア ……237
本カーナミン ……245

マ
マダガスカルレースプラント ……258
マツモ ……253

ミ
'ミクロソリウム'・プテロプス ……254
'ミクロソリウム'・セミナロー ……254
'ミクロソリウム'・本ナロー ……254
'ミクロソリウム'・ウィンデロフ ……254
'ミクロソリウム'・トロピカ ……254
ミズオオバコ ……258
ミズスギナ ……239
ミズトラノオ ……242
ミズマツバ ……242
ミニテンプルプラント ……237
ミニマッシュルーム ……248
ミリオフィラム・
　マットグロッセンセ ……252

ム
ムジナモ ……267
ムジナモレッド ……267

モ
モノソレニウム・テネルム ……251

ヤ
ヤマサキカズラ ……268

ヨ
ヨーロッパマリモ ……269

ラ
ラオススプライト ……247
ラージリーフハイグロフィラ ……236

リ
リシア ……250
リスノシッポ ……239

ル
ルドウィジア・インクリナータ ……240
ルドウィジア・レペンス ……240

レ
レッドミリオフィラム ……252
レッドカボンバ ……253

ロ
ロタラ・インディカ ……238
ロタラ・カンボジア ……239
ロタラ・ナンセアン ……239
ロタラ・マクランドラ ……238
ロタラ・マクランドラ
　'ナローリーフ' ……238
ロタラ・メキシカーナ ……239
ロタラ・ロトンディフォリア ……238
ロタラ・ロトンディフォリア・ハラ
　……238
ロベリア・カーディナリス ……246

学名索引

A
Acanthicus adonis ……158
Acanthicus hystrix ……158
Allenbatrachus grunniens ……201
Allotoca dugesii ……31
Ambastaia sidthimunki ……93
Amblydoras hancockii ……191

Ameca splendens ……31
Amphilophus citrinellus ……100
Amphilophus citrinellus
　× Vieja melanurus ……99
Ancistomus snethlageae ……160
Ancistomus sp. ……165
Ancistrus lineolatus ……166
Ancistrus sp. ……165
Ancistrus sp. ……166
Ancistrus sp. var. ……166
Andinoacara pulcher ……102
Anomalochromis thomasi ……114
Aphyocharax rathbuni ……57
Aphyosemion bitaeniatum ……32
Aphyosemion ogoense ……33
Apistogramma agassizii ……105
Apistogramma allpahuayo ……108
Apistogramma bitaeniata ……106
Apistogramma borellii ……111
Apistogramma cacatuoides ……108
Apistogramma diplotaenia ……111
Apistogramma elizabethae ……105
Apistogramma erythrura ……111
Apistogramma eunotus ……109
Apistogramma gephyra ……105
Apistogramma guttata ……109
Apistogramma hoignei ……110
Apistogramma hongsloii ……110
Apistogramma iniridae ……107
Apistogramma megaptera ……111
Apistogramma mendezii ……105
Apistogramma norberti ……108
Apistogramma ortegai ……111
Apistogramma panduro ……108
Apistogramma paucisquamis ……106
Apistogramma pedunculata ……110
Apistogramma pertensis ……107
Apistogramma piauiensis ……109
Apistogramma pulchra ……106
Apistogramma sp. ……106
Apistogramma sp.
　"ROT-KEIL" ……107
Apistogramma trifasciata ……111
Apistogramma tucurui ……109
Apistogramma velifera ……107
Apistogramma viejita ……110
Aplocheilus lineatus ……37
Apteronotus albifrons ……201
Arapaima gigas ……213
Arnoidichthys spilopterus ……70
Astronotus ocellatus ……101
Astronotus ocellatus var. ……101
Atractosteus spatula ……219
Atractosteus spatula var. ……219
Atractosteus tristoechus ……219
Atractosteus tropicus ……219
Atyopsis moluccensis ……231
Aulonocara baensci ……113
Aulonocara baensci var. ……113
Auriglobus modestus ……206
Austrolebias nigripinnis ……33
Axelrodia stigmatias ……60
Axelrodia riesei ……60

B
Badis badis ……202
Badis sp. ……203
Balantiocheilos melanopterus ……86
Barbonymus schwanenfeldii ……86
Barbonymus schwanenfeldii var.
　……86
Barboides gracilis ……92
Barbodes semifasciolatus ……83
Barbodes semifasciolatus var. ……83
Baryancistrus beggini ……154
Baryancistrus chrysolomus ……161
Baryancistrus demantoides ……160

Baryancistrus niveatus ⋯ 161
Baryancistrus xanthellus ⋯ 161
Belonesox belizanus ⋯ 30
Betta albimarginata ⋯ 137
Betta brownorum ⋯ 135
Betta coccina ⋯ 134
Betta foerschi ⋯ 136
Betta hendra ⋯ 134
Betta imbellis ⋯ 133
Betta krataios ⋯ 136
Betta livida ⋯ 134
Betta macrostoma ⋯ 137
Betta mahachaiensis ⋯ 133
Betta ocellata ⋯ 137
Betta pugnax ⋯ 136
Betta rutilans ⋯ 135
Betta simplex ⋯ 135
Betta smaragdina ⋯ 133
Betta splendens ⋯ 133
Betta splendens var. ⋯ 115, 116,
117, 118, 119, 120, 121, 122,
123, 124, 125,126, 127, 128,
129, 130, 131, 132
Betta rubra ⋯ 136
Betta taeniata ⋯ 135
Betta uberis ⋯ 134
Boehlkea fredcochui ⋯ 58
Boraras brigittae ⋯ 73
Brevibora dorsiocellata ⋯ 74
Boraras maculatus ⋯ 73
Boraras maculatus ⋯ 73
Boraras merah ⋯ 73
Boraras micros ⋯ 74
Boraras naevus ⋯ 74
Boraras urophthalmoides ⋯ 74
Brachygobius doriae ⋯ 201
Brachyplatystoma tigrinum ⋯ 151
Brachyplatystoma vailantii ⋯ 151
Brachyplatystoma
platynema ⋯ 151
Brittanichthys axelrodi ⋯ 59
Bryconaethiops microstoma ⋯ 70
Bunocephalus coracoideus ⋯ 191

C

Carnegiella marthae ⋯ 64
Carnegiella myersi ⋯ 64
Carnegiella strigata ⋯ 64
Campylomormyrus spp. ⋯ 215
Caridina dennerli ⋯ 232
Caridina glaubrechti ⋯ 232
Caridina japonica ⋯ 230
Caridina leucosticta ⋯ 230
Caridina sp. ⋯ 230
Caridina sp.cf.spinata ⋯ 232
Caridina spinata ⋯ 232
Caridina wolterekae ⋯ 232
Carinotetraodon borneensis ⋯ 204
Carinotetraodon irrubesco ⋯ 203
Carinotetraodon lorteti ⋯ 203
Carinotetraodon salivator ⋯ 204
Carinotetraodon travancoricus
⋯ 204
Chaca chaca ⋯ 191
Chalceus macrolepidotus ⋯ 65
Channa aurantimaculata ⋯ 147
Channa barca ⋯ 148
Channa bleheri ⋯ 147
Channa micropeltes ⋯ 148
Channa ornatipinnis ⋯ 148
Channa orientalis ⋯ 147
Channa pleurophthalma ⋯ 147
Channa pulchra ⋯ 148
Characidae sp. ⋯ 59
Characidae sp. ⋯ 61
Chitala blanci ⋯ 214
Chitala ornata ⋯ 214

Chromobotia macracanthus ⋯ 93
Cichla kelberi ⋯ 101
Cichla spp. ⋯ 100
Cichla temensis ⋯ 101
Cichlasoma araguaiense ⋯ 103
CichlidaeHybrid ⋯ 99
Clithon corona ⋯ 234
Clithon retropictus ⋯ 233
Colomesus psittacus ⋯ 207
Copella metae ⋯ 63
Copella sp. ⋯ 63
Corydoras aeneus ⋯ 170
Corydoras aeneus var. ⋯ 170
Corydoras adolfoi ⋯ 174
Corydoras arcuatus ⋯ 175
Corydoras armatus ⋯ 187
Corydoras atoropersonatus ⋯ 179
Corydoras baderi ⋯ 184
Corydoras bethanae ⋯ 176
Corydoras bicolor ⋯ 183
Corydoras bifasciatus ⋯ 182
Corydoras boesemani ⋯ 185
Corydoras bondi ⋯ 184
Corydoras burgessi ⋯ 174
Corydoras caudimaculatus ⋯ 177
Corydoras colossus ⋯ 179
Corydoras concolor ⋯ 184
Corydoras coppenamensis ⋯ 185
Corydoras crypticus ⋯ 174
Corydoras davidsandsi ⋯ 173
Corydoras duplicareus ⋯ 174
Corydoras elegans ⋯ 189
Corydoras eques ⋯ 171
Corydoras evelynae ⋯ 175
Corydoras filamentosus ⋯ 186
Corydoras fowleri ⋯ 177
Corydoras gossei ⋯ 180
Corydoras gossei ⋯ 181
Corydoras guapore ⋯ 178
Corydoras guianensis ⋯ 178
Corydoras habrosus ⋯ 187
Corydoras haraldschultzi ⋯ 180
Corydoras hastatus ⋯ 188
Corydoras imitator ⋯ 174
Corydoras leopardus ⋯ 169
Corydoras loretoensis ⋯ 186
Corydoras loxozonus ⋯ 173
Corydoras melini ⋯ 172
Corydoras metae ⋯ 172
Corydoras narcisus ⋯ 176
Corydoras oiapoquensis ⋯ 172
Corydoras ortegai ⋯ 186
Corydoras osteocarus ⋯ 187
Corydoras ourastigma ⋯ 178
Corydoras paleatus ⋯ 189
Corydoras paleatus var. ⋯ 189
Corydoras panda ⋯ 172
Corydoras panda var. ⋯ 172
Corydoras pantanalensis ⋯ 189
Corydoras parallelus ⋯ 183
Corydoras polystictus ⋯ 179
Corydoras potaroensis ⋯ 172
Corydoras pulcher ⋯ 182
Corydoras punctatus ⋯ 169
Corydoras pygmaeus ⋯ 188
Corydoras rabauti ⋯ 171
Corydoras reticulatus ⋯ 188
Corydoras reynoldsi ⋯ 185
Corydoras robustus ⋯ 183
Corydoras sarareensis ⋯ 176
Corydoras schwartzi ⋯ 181
Corydoras schwartzi ⋯ 182
Corydoras serratus ⋯ 174
Corydoras seussi ⋯ 181
Corydoras similis ⋯ 178
Corydoras sodalis ⋯ 188
Corydoras solox ⋯ 176

Corydoras sp. ⋯ 170, 173, 175,
176, 177, 178, 180,
182, 183, 184, 185, 187
Corydoras sp. cf. julii ⋯ 169
Corydoras spectabilis ⋯ 181
Corydoras splendens ⋯ 190
Corydoras sterbai ⋯ 180
Corydoras sychri ⋯ 179
Corydoras trilineatus ⋯ 169
Corydoras tukano ⋯ 186
Corydoras virginiae ⋯ 173
Corydoras weitzmani ⋯ 171
Corydoras zygatus ⋯ 171
Crenicara punctulata ⋯ 103
Crenichichla vittata ⋯ 101
Crossocheilus oblongus ⋯ 87
Crossocheilus reticulatus ⋯ 87
Cyphotilapia gibberosa ⋯ 113
Cyprinodon macularius ⋯ 38

D

Danio albolineatus ⋯ 89
Danio choprae ⋯ 89
Danio erythromicron ⋯ 90
Danio jaintianensis ⋯ 90
Danio margaritatus ⋯ 90
Danio rerio ⋯ 89
Danio rerio var. ⋯ 89
Danio tinwini ⋯ 89
Danionella doracula ⋯ 90
Dario dario ⋯ 203
Dario kajal ⋯ 203
Dario tigris ⋯ 203
Datonioides campbelli ⋯ 208
Datnioides microlepis ⋯ 207
Datnioides microlepis ⋯ 208
Datnioides pulcher ⋯ 207
Dawkinsia chalakkudiensis ⋯ 85
Dawkinsia denisonii ⋯ 85
Dawkinsia tambraparniei ⋯ 85
Devario auropurpureus ⋯ 91
Dekeyseria picta ⋯ 161
Dermogenys pusillus var. ⋯ 200
Desmopuntius foerschi ⋯ 82
Desmopuntius gemellus ⋯ 82
Desmopuntius pentazona ⋯ 82
Desmopuntius rhomboocellatus ⋯ 82
Dianema urostriatum ⋯ 190
Dichotomyctere fluviatilis ⋯ 208
Dichotomyctere nigroviridis ⋯ 208
Dichotomyctere ocellatus ⋯ 208
Dicrossus filamentosus ⋯ 103
Distichodus lusoss ⋯ 69
Distichodus sexfasciatus ⋯ 69

E

Eirmotus isthmus ⋯ 85
Enteromius candens ⋯ 92
Enteromius fasciolatus ⋯ 92
Enteromius hulstaerti ⋯ 92
Enteromius jae ⋯ 92
Epalzeorhynchus bicolor ⋯ 86
Epalzeorhynchos frenatus ⋯ 86
Epiplatys annulatum ⋯ 36
Epiplatys dageti ⋯ 37

F

Farlowella mariaelenae ⋯ 167
Farlowella sp. ⋯ 167
Fundulopanchax gardneri ⋯ 32
Fundulopanchax scheeli ⋯ 32
Fundulopanchax sjoestedti ⋯ 32

G

Gasteropelecus sternicla ⋯ 64
Garra rufa ⋯ 87
Geophagus sveni ⋯ 102

Geosesarma spp. ⋯ 231
Girardinus metallicus ⋯ 30
Glossolepis incisus ⋯ 118
Gnathocharax steindachneri ⋯ 59
Gnathonemus petersii ⋯ 215
Gobiopterus chuno ⋯ 202
Gymnochanda filamentosa ⋯ 199
Gymnocorymbus ternetzi ⋯ 60
Gymnocorymbus ternetzi var. ⋯ 60
Gyrinocheilus aymonieri ⋯ 87

H

Halocaridina rubra ⋯ 231
Haludaria fasciata ⋯ 84
Hasemania nana ⋯ 53
Hemiancistrus sp. ⋯ 160
Hemichromis lifalili ⋯ 114
Hemigrammus armstrongi ⋯ 45
Hemigrammus bleheri ⋯ 46
Hemigrammus bleheri var. ⋯ 46
Hemigrammus erythrozonus ⋯ 45
Hemigrammus erythrozonus
var. ⋯ 45
Hemigrammus ocellifer ⋯ 46
Hemigrammus rodwayi ⋯ 45
Hemigrammus pulcher ⋯ 46
Hemiodus gracilis ⋯ 65
Hepsetus odoe ⋯ 69
Heterotilapia buttikoferi ⋯ 114
Heterotis niloticus ⋯ 213
Helostoma temminckii ⋯ 144
Helostoma temminckii var. ⋯ 144
Hisonotus leucofrenatus ⋯ 168
Hoplarchus psittacus ⋯ 100
Hoplias macrophthalmus ⋯ 68
Hoplias malabaricus ⋯ 68
Hydrocynus goliath ⋯ 69
Hydrolycus armatus ⋯ 66
Hydrolycus scomberoides ⋯ 66
Hypancistrus sp. ⋯ 163, 164
Hypancistrus zebra ⋯ 164
Hyphessobrycon amandae ⋯ 51
Hyphessobrycon bentosi ⋯ 48
Hyphessobrycon copelandi ⋯ 49
Hyphessobrycon columbianus ⋯ 52
Hyphessobrycon cyanotaenia ⋯ 52
Hyphessobrycon elachys ⋯ 51
Hyphessobrycon epicharis ⋯ 48
Hyphessobrycon erythrostigma
⋯ 49
Hyphessobrycon herbertaxelrodi
⋯ 47
Hyphessobrycon herbertaxelrodi
var. ⋯ 47
Hyphessobrycon loretoensis ⋯ 47
Hyphessobrycon megalopterus ⋯ 51
Hyphessobrycon melanostichos ⋯ 52
Hyphessobrycon pinnistriatus ⋯ 50
Hyphessobrycon pulchripinnis ⋯ 50
Hyphessobrycon pulchripinnis
var. ⋯ 50
Hyphessobrycon procyon ⋯ 48
Hyphessobrycon pyrrhonotus ⋯ 49
Hyphessobrycon robustulus ⋯ 53
Hyphessobrycon rosaceus ⋯ 48
Hyphessobrycon roseus ⋯ 49
Hyphessobrycon sp. ⋯ 50
Hyphessobrycon sp. ⋯ 52
Hyphessobrycon sweglesi ⋯ 51
Hyphessobrycon takasei ⋯ 47

I

Indoplanorbis exustus var. ⋯ 234
Indoplanorbis exustus var. ⋯ 234
Indoplanorbis exustus var. ⋯ 234
Indostomus crocodilus ⋯ 199
Inpaichthys kerri ⋯ 56

283

Inpaichthys kerri var. 56
Iriatherina werneri 196

J

Julidochromis ornatus 113
Jordanella floridae 38

K

Kryptopterus bicirrhis 191

L

Labidochromis caeruleus 112
Lacustricola pumilus 36
Ladigesia roloffi 70
Lamprichthys tanganicanus 36
Lates calcarifer 208
Lates japonicus 208
Lepidarchus adonis 70
Lepisosteus oculatus 218
Lepisosteus osseus 218
Leporacanthicus galaxias 155
Leporacanthicus heterodon 157
Leporacanthicus triactis 158
Laetacara thayeri 103
Lithodoras dorsalis 192
Lucania goodei 38
Luciocephalus aura 145
Luciocephalus pulcher 145

M

Macrobrachium rosenbergii 231
Macropodus erythropterus 144
Malapterurus electricus 193
Malapterurus microstoma 193
Malpulutta kretseri 139
Megalancistrus sp. 158
Megalops atlanticus 214
Melanochromis auratus 112
Melanotaenia boesemani 197
Melanotaenia parva 197
Melanotaenia australis 197
Melanotaenia lacustris 197
Melanotaenia arfakensis 198
Melanotaenia nigrans 198
Melanotaenia kamaka 198
Melanotaenia praecox 199
Microdevario gatesi 78
Microdevario kubotai 78
Microdevario nanus 78
Micropoecilia branneri 19
Microctenopoma ansorgii 145
Microctenopoma fasciolatum 145
Microrasbora rubescens 78
Mikrogeophagus altispinosa 104
Mikrogeophagus ramirezi 104
Mikrogeophagus ramirezi var. 104
Moenkhausia costae 55
Moenkhausia pittieri 55
Moenkhausia sanctaefilomenae 55
Moenkhausia sanctaefilomenae var. 55
Mogurnda adspersa 202
Monocirrhus polyacanthus 200
Myleus sp. 66
Myloplus rubripinnis 66
Myxocyprinus asiaticus 91

N

Nannoptopoma sp. 168
Nannostomus beckfordi 62
Nannostomus digrammus 61
Nannostomus eques 61
Nannostomus erythrurus 62
Nannostomus espei 62
Nannostomus marginatus 62

Nannostomus minimus 61
Nannostomus mortenthaleri 63
Nannostomus rubrocaudatus 63
Nannostomus sp. 62
Nannostomus sp. 63
Nannostomus trifasciatus 62
Nannostomus unifasciatus 61
Nematobrycon lacortei 56
Nematobrycon palmeri 56
Neocaridina denticulata 230
Neocaridina davidi var. 228
Neocaridina sp. 222, 223, 224, 225, 226, 227, 229, 230
Neoceratodus forsteri 216
Neochela dadyburjory 91
Neolamprologus tetracanthus 113
Neolebias powelli 70
Nothobranchius foerschi 34
Nothobranchius guentheri 34
Nothobranchius korthausae 34
Nothobranchius rachovii 33
Nothobranchius rubripinnis 34
Neritina pulligera 233

O

Odontocharacidium aphanes 61
Oliotius oligolepis 81
Opsarius bakeri 88
Oreichthys cosuatis 84
Oreichthys crenuchoides 84
Oryzias celebensis 41
Oryzias curvinotus 41
Oryzias javanicus 39
Oryzias luzonensis 41
Oryzias matanensis 41
Oryzias mekongensis 40
Oryzias melastigma 40
Oryzias nigrimas 41
Oryzias pectoralis 41
Oryzias songkhramensis 40
Oryzias sp. 40
Oryzias wolasi 39
Oryzias woworae 39
Otocinclus cocama 167
Otocinclus vittatus 168
Osteoglossum bicirrhosum 212
Osteoglossum bicirrhosum var. 212
Osteoglossum ferreirai 212
Osteoglossum ferreirai var. 212
Osphronemus goramy 146
Osphronemus laticravius 146
Oxydoras niger 192

P

Pachypanchax playfairii 37
Paedocypris progenetica 91
Panaqolus maccus 162
Panaqolus sp. 162
Panaqolus changae 162
Panaqolus albomaculatus 165
Panaque cochliodon 153
Panaque nigrolineatus 152
Panaque sp. 153
Panaque sp. 154
Panaque sp. cf. armbrusteri 152
Panaque titan 153
Pangasianodon hypophthalmus 192
Pangio kuhlii 93
Pantodon buchholzi 214
Pao abei 204
Pao baileyi 204
Pao palembangensis 204
Paracheirodon axelrodi 44
Paracheirodon axelrodi var. 44
Paracheirodon innesi 42

Paracheirodon innesi var. 43
Paracheirodon innesi var. 43
Paracheirodon simulans 43
Paracheirodon simulans var. 43
Parachela oxygastroides 84
Parambassis pulcinella 199
Parancistrus aurantiacus 154
Parambassis ranga 199
Parambassis siamensis var. 199
Paraphanius mento 37
Paratya improvisa 231
Parotocinclus maculicauda 167
Parotocinclus sp. 168
Parosphromenus anjunganensis 138
Parosphromenus allani 138
Parosphromenus linkei 138
Parosphromenus nagyi 138
Parosphromenus ornaticauda 139
Parosphromenus paludicola 138
Parosphromenus quindecim 139
Parosphromenus sumatranus 138
Parosphromenus tweediei 137
Peckoltia compta 163
Peckoltia compta 164
Peckoltia sp. 162
Pelvicachromis taeniatus 114
Pelvicachromis pulcher 114
Pethia conchonius 80
Pethia cumingii 80
Pethia gelius 81
Pethia narayani 81
Pethia nigrofasciata 80
Pethia padamya 80
Phallichthys amates 30
Phractocephalus hemioliopterus 149
Phractcephalus hemioliopterus var. 150
Phenacogrammus interruptus 70
Pimelodus pictus 191
Platydoras costatus 191
Poecilia reticulata var. 11, 12, 13, 14, 15, 16, 17, 18
Poecilia sp. 19
Poecilia sphenops 20
Poecilia sphenops var. 21
Poecilia velifera var. 20
Poecilia velifera 19
Poecilia velifera var. 20
Poecilia velifera var. 19
Poecilocharax weitzmani 63
Polynemus paradiseus 200
Polypterus bichir bichir 217
Polypterus delhezi 218
Polypterus endlicherii 217
Polypterus ornatipinnis 217
Polypterus retropinnis 218
Polypterus senegalus 216
Polypterus senegalus var. 216
Pomacea canaliculata var. 234
Poropanchax luxophthalmus 35
Poropanchax normani 35
Poropanchax normani var. 35
Potamotrygon albimaculata 221
Potamotrygon henlei 221
Potamotrygon histrix 220
Potamotrygon jabuti 221
Potamotrygon leopoldi 220
Potamotrygon motoro 220
Potamotrygon sp. cf. leopoldi 220
Potamotrygon tigrina 221
Prionobrama filigera 57
Pristella maxillaris 54
Pristella maxillaries var. 54
Pristobrycon gibbus 67

Procatopus similis 36
Protocheirodon pi 57
Protopterus aethiopicus 215
Protopterus annectens 216
Protopterus dolloi 215
Pseudacanthicus histrix 158
Pseudacanthicus leopardus 156
Pseudacanthicus pitanga 157
Pseudacanthicus pirarara 157
Pseudacanthicus sp. 157
Pseudacanthicus sp. 156
Pseudacanthicus spinosus 156
Pseudogastromyzon myersi 91
Pseudomugil connieae 196
Pseudomugil cyanodorsalis 195
Pseudomugil furcatus 196
Pseudomugil gertrudae 194
Pseudomugil gertrudae 'AruIV' 195
Pseudomugil ivantsoffi 195
Pseudomugil luminatus 195
Pseudomugil mellis 195
Pseudomugil paskai 195
Pseudomugil pellucidus 196
Pseudoplatystoma fasciatum var. 150
Pseudoplatystoma spp. 150
Pterolebias longipinnis 35
Pterophyllum altum 95
Pterophyllum leopoldi 95
Pterophyllum scalare 94
Pterophyllum scalare var. 95
Pterygoplichthys gibbiceps 159
Pterygoplichthys gibbiceps var. 160
Pterygoplichthys scrophus 159
Pygocentrus nattereri 67
Pygocentrus piraya 67
Puntigrus tetrazona 79
Puntigrus tetrazona var. 79
Puntius bimaculatus 83
Puntius titteya 83

R

Rasbora bankanensis 75
Rasbora borapetensis 75
Rasbora einthovenii 76
Rasbora elegans 76
Rasbora kottelati 76
Rasbora lacrimula 77
Rasbora patrickyapi 77
Rasboroides pallidus 77
Rasbora sarawakensis 76
Rasbora trilineata 75
Rasboroides vaterifloris 77
Rhadinocentrus ornatus 196
Rivulus magdalenae 38
Rocio octofasciata 99

S

Salminus brasiliensis 65
Sandelia capensis 146
Satanoperca daemon 102
Satanoperca leucosticta 102
Sawbwa resplendens 86
Scatophagus tetracanthus 201
Sciaenochromis fryeri 112
Schistura balteata 93
Scleromystax barbatus 190
Scleromystax macropterus 190
Scleropages formosus 209, 210, 211
Scleropages jardinii 213
Scleropages leichardti 213
Scobinancistrus aureatus 154
Scobinancistrus sp. 154
Scobinancistrus sp. 155

Semaprochilodus taeniurus ···· 65
Septaria porcellana ············· 234
Serrasalmus geryi ··············· 67
Serrasalmus rhombeus ··········· 68
Simpsonichthys magnificus ······ 33
Skiffia bilineata ··············· 31
Sorubim lima ··················· 151
Sorubimichthys planiceps ······· 150
Sphaerichthys acrostoma ········ 140
Sphaerichthys osphromenoides
·································· 139
Sphaerichthys selatanensis ······ 140
Sphaerichthys vaillanti ········· 140
Striuntius lineatus ·············· 81
Sundadanio axelrodi ············· 90
Sundadanio rubellus ············· 90
Symphysodon aequifasciatus
······························ 96, 97, 98
Symphysodon discus ············· 98
Symphysodon tarzoo ············· 97
Synodontis multipunctatus ······ 193
Synodontis nigriventoris ········ 193

T

Taeniacara candidi ············· 104
Takifugu ocellatus ············· 207
Tanichthys albonubes ··········· 88
Tanichthys micagemmae ········· 88
Tanichthys thacbaensis ·········· 88
Tateurndina ocellicauda ········ 202
Telmatherina ladigesi ·········· 196
Tetraodon lineatus ············· 205
Tetraodon mbu ················· 206
Tetraodon miurus ·············· 205
Tetraodon pustulatus ··········· 205
Tetraodon suvattii ············· 205
Thayeria boehlkei ··············· 58
Thayeria boehlkei var. ·········· 58
Thayeria obliqua ··············· 58
Toxotes jacularixx ············· 200
Trichogaster chuna ············· 142
Trichogaster chuna var. ········· 142
Trichogaster lalius ············· 141
Trichogaster lalius var. ········· 141
Trichogaster lalius var. ········· 142
Trichogaster labiosa var. ········ 142
Trichogaster microlepis ········· 144
Trichopodus leerii ············· 143
Trichopodus pectoralis ········· 143
Trichopodus trichopterus ······· 143
Trichopodus trichopterus var. ··· 143
Trichopsis pumila ············· 141
Trichopsis vittata ············· 140
Trigonopoma pauciperforatum ·· 75
Trigonostigma espei ············· 72
Trigonostigma hengeli ··········· 72
Trigonostigma heteromorpha ···· 71
Trigonostigma heteromorpha
var. ··························· 72
Trigonostigma somphongsi ······· 72
Trochilocharax ornatus ·········· 57
Tropheus duboisi ··············· 113
Tucanoichthys tucano ··········· 53
Tucanoichthys tucano var. ······· 53

V

Vieja bifasciata ··············· 100
Vittina turrita ················· 233

X

Xenomystus nigri ··············· 214
Xenotoca doadrioi ··············· 31
Xenotoca eiseni ················· 30
Xiphophorus clemenciae ········· 29
Xiphophorus hellerii ············· 29
Xiphophorus hellerii var.
·························· 26, 27, 28

Xiphophorus maculatus
···························· 22, 23, 24, 25
Xiphophorus montezumae ········ 29
Xiphophorus variatus ··········· 21
Xiphophorus variatus var. ······· 21
Xiphophorus xiphidium ·········· 29

水草索引

A

Acorus gramineus 'Pusillus' ····· 248
Aegagropila linnaei ············· 269
Aldrovanda vesiculosa ·········· 267
Aldrovanda vesiculosa ·········· 267
Alternanthera reineckii ········· 244
Alternanthera reineckii 'Lilacina'
·································· 245
Ammannia gracilis ············· 240
Ammannia pedicellata ·········· 240
Anubiasu barteri ··············· 260
Anubias barteri var. nana ······· 259
Anubias barteri var. nana
'Marble' ····················· 259
Anubias baruteri var. nana
'Narrow-Leaf ················· 259
Anubias barteri var. nana
'Petite' ······················· 259
Anubiasu gilletii ··············· 260
Anubiasu heterophyra ·········· 260
Aponogeton madagascariensis
'henkelianus' ················· 258
Aquarius grisebachii
'Amazonicus' ················· 261
Aquarius opacus ··············· 261
Aquarius uruguaiensis ·········· 261

B

Bacopa australis ··············· 244
Bacopa carorliniana ··········· 243
Bolbitis heudelotii ············· 254
Bolbitis heudelotii var. ········· 255
Bucephalandra spp. ············ 266
Blyxa japonica ················· 245

C

Cabomba caroliniana ··········· 253
Cabomba furcata ··············· 253
Cardamine lyrata ·············· 245
Ceratophyllum demersum ······· 253
Ceratopteris cornuta ··········· 247
Ceratopteris oblongiloba
'Laos' ························ 247
Ceratopteris oblongiloba
'Vietnam' ···················· 247
Crinum calamistratum ········· 258
Cuphea anagalloidea ··········· 239
Clinopodium brownei ··········· 245
Cyperus helferi ················ 248
Cryptocoryne beckettii ········· 264
Cryptocoryne cordata var.
'blassii' ······················ 264
Cryptocoryne cordata var.
'siamensis' ··················· 264
Cryptocoryne crispatula var.
'balansae' ···················· 265
Cryptocoryne hudoroi ·········· 265
Cryptocoryne willisii 'Nevillii'
·································· 264
Cryptocoryne beckettii 'Petchii'
·································· 263
Cryptocoryne ponterifolia ······ 265
Cryptocoryne wendtii 'Green'
·································· 263
Cryptocoryne wendtii
'Long-Leaf ···················· 263

Cryptocoryne wendtii
var. 'Tropica' ················· 263

E

Echinodorus 'OZEROT' ········· 261
Echinodorus 'Rubin' ············ 262
Echinodorus uruguaiensis var.
minor 'Green' ················ 261
Egeria densa ·················· 253
Eichhornia azurea ············· 243
Eichhornia crassipes ··········· 269
Eichhornia crassipes var. ······· 269
Eichhornia diversifolia ········· 243
Eleocharis acicularis ··········· 248
Eriocaulon sp. ················· 251

F

Fissidens fontanus ············· 250

G

Glossostigma elatinoides ········ 249

H

Helanthium latifolius ··········· 261
Helanthium tenellum ··········· 260
Hemianthus callitrichoides ······ 241
Heteranthera zosterifolia ······· 241
Hottonia palustris ············· 247
Hydrocotyle leucocephala ······· 246
Hydrocotyle verticillata ········· 248
Hygrophila corymbosa ·········· 237
Hygrophila corymbosa
'Angustifolia' ················· 237
Hygrophila corymbosa 'Compact'
·································· 237
Hygrophila corymbosa
'Stricta' ······················ 236
Hygrophila difformis ··········· 237
Hygrophila difformis var. ······· 237
Hygrophila polysperma ········· 236
Hygrophila polysperma
'Broad-Leaf ··················· 236
Hygrophila polysperma var. ····· 235
Hygrophila polysperma
'Rosanervis' ·················· 236
Hygrophila polysperma
'Rosanervis Sunsetwave' ······· 236
Hygrophila pinnatifida ········· 236

L

Leptochilus pteropus ··········· 254
Leptochilus pteropus
'Semi Narrow' ················ 254
Leptochilus pteropus
'Real Narrow' ················ 254
Leptochilus pteropus
'Windelov' ···················· 254
Leptochilus pteropus
'Tropica' ····················· 254
Leptodictyum riparium ········· 249
Lilaeopsis novae-zelandiae ······ 248
Limnobium laevigatum ········· 268
Limnophila aquatica ··········· 253
Limnophila sessiliflora ········· 253
Linopodium brownei ··········· 245
Lobelia cardinalis ············· 246
Ludwigia incrinata ············ 240
Ludwigia repens ··············· 240

M

Micranthemum glomeratum ···· 241
Micranthemum sp. ············· 241
Monosolenium tenerum ········· 251
Myriophyllum matogrossense ··· 252
Myriophyllum tuberculatum ···· 252

N

Neobeckia aquatica ············· 246
Nuphar japonica ··············· 257
Nuphar japonica var. rubrotincta
·································· 258
Nuphar saikokuensis ··········· 257
Nymphaea nouchali 'Green' ····· 256
Nymphaea nouchali "Red" ······ 257
Nymphaea oxypetala ··········· 255
Nymphaea lotus ··············· 256
Nymphaea pubescens ··········· 256
Nymphaea sp. ················· 256
Nymphaea sp. ················· 255
Nymphoides aquatica ·········· 255

O

Ottelia alismoides ············· 258

P

Phyllanthus fluitans ··········· 268
Pogostemon helferi ············· 242
Pogostemon stellata ············ 242
Pogostemon stellatus ··········· 242
Pogostemon yatabeanus ········ 242

R

Riccia fluitans ················· 250
Riccardia chamedryfolia ········ 250
Rotala hippuris ················ 239
Rotala macrandra ············· 238
Rotala macrandra 'Narrow-Leaf
·································· 238
Rotala rotundifolia ············ 238
Rotala rotundifolia 'Green' ····· 238
Rotala rotundifolia 'H ra' ······ 238
Rotala rotundifolia 'Indica' ····· 238
Rotala sp. ····················· 239
Rotala sp. 'Nanjean' ··········· 239
Rotala wallichii ··············· 239

S

Sagittaria subulata 'Pusilla' ···· 248
Salvinia auriculata ············ 269
Salvinia natans ················ 268
Saururus cernuus ·············· 246
Scindapsus sp. ················· 268
Staurogyne sp. "Bihār" ········· 237
Syngonanthus macrocaulon ····· 252

T

Taxiphyllum barbieri ··········· 249
Taxiphyllum sp. ················ 249
Tonina fluviatilis ·············· 252

U

Utricularia sp. ················· 267

V

Vallisneria asiatica var.biwaensis
·································· 244
Vallisneria nana ··············· 243
Vallisneria spiralis ············· 243
Vesicularia dubyana ··········· 249
Vesicularia ferriei ············· 250

著者一覧

■撮影、執筆

佐々木 浩之

1973年埼玉県生まれ。水辺の生物を中心に撮影を行うフリーの動物写真家。中でも観賞魚を実際に飼育し、状態良く仕上げた動きのある写真に定評がある。幼少より水辺の生物に興味を持ち、10歳で熱帯魚の飼育を始める。日本各地の湧水地や東南アジアなどの現地で実際に採集、撮影を行い、それら実践に基づいた飼育情報や生態写真を雑誌等で発表している。他にもフィッシング雑誌などでブラックバスなどの水中写真も発表している。最近では全国の山に入り、苔の撮影がライフワーク。主な著書に、『はじめてのアクアリウム』（コスミック出版）、『ベタの飼い方＆原色図鑑』（電波社）、『メダカの飼い方＆原色図鑑』（コスミック出版）、『苔ボトル』（電波社）、『カブトムシ・クワガタ飼い方＆原色図鑑』（コスミック出版）、『部屋で楽しむテラリウム』（緑書房）、『レッドビーシュリンプ』（誠文堂新光社）、『金魚飼育ノート』（誠文堂新光社）、『ウーパールーパー・ビギナーズシリーズ』（誠文堂新光社）などがある。

■編集、執筆

奥津 匡倫

1973年東京都生まれ。大型魚を中心とした観賞魚、水族館、自動車関連を中心とした執筆、情報提供等を行うフリーランスのライター。観賞魚については、取材するだけでなく、実際に自身で飼育し、40年に及ぶ経験に基づいた飼育情報などを専門誌などに寄稿している。水族館巡りをライフワークにしており、日本全国の施設はもちろん、海外施設へも取材の足を伸ばしており、TV、ラジオなど各種メディアに情報提供等を行っている。雑誌、書籍、webなど、幅広い寄稿実績がある。

■執筆

泉山弘樹 (Cakumi)

1978年東京都生まれ。東京都渋谷区笹塚でアクアリウムショップCakumiを主催。熱帯魚全般、植物などにも精通するが、中でもメダカの仲間のスペシャリスト。特に卵胎生メダカや胎生メダカを繁殖、累代飼育に定評がある。ただ飼育するだけではなく、魚を大切にした累代維持する飼育を呼びかけている。主な著書に、『はじめての小型水槽』（ブライト出版）などがある。

小林圭介 (小林昆虫)

1979年東京都生まれ。若くから熱帯魚の採集と飼育をライフワークにし、熱帯魚輸入会社、熱帯魚ショップ店長を経て現在は小林昆虫を主催し、サテライトショップBELEMをオープン。南米や東南アジアに珍種を求めて数多く渡航し、アクアライフ誌などで紹介している。特にコリドラスの知識が豊富で、日本に初めて紹介した種も多い。主な著書に、『コリドラス大図鑑』（エムピージェー）などがある。

越智隼人 (Aqua grass)

1985年埼玉県生まれ。有名ショップやメーカー勤務ののち、現在は埼玉県川口市でアクアリウムショップAqua grassを主催。流行りにとらわれない正統派のレイアウトに定評がある。水草レイアウトはもちろん、水草自体にも精通していてネイチャーアクアリウムレイアウターからの信頼も厚い。

あとがき

　現在、輸入されている熱帯魚は数、種類ともに膨大で、本書に掲載した魚やエビ、水草を見てもわかる通り、その多様性には驚くばかりです。日々、新たな品種が作出され、研究成果も発表されています。ヒフェソブリコン属などの南米産小型カラシン、コリドラス属の多くの種類で分類が見直されたという論文が発表されました。それに伴い、多くの種類で属名が変更になっているのですが、観賞魚図鑑という本書の性質上、よく知られたこれまでの名称（流通名）での紹介としています。論文の発表が本書校了間際であったこともありますが、いずれも人気が高いグループであり、現状、なじみのない新属名での掲載では、調べたい種類が調べにくいなどの混乱が生じる可能性等も考慮したためです。

　本書の制作にあたり、協力いただいた企業、店舗、個人の皆様、サポートと先導役をしていただいた誠文堂新光社の黒田麻紀氏、面倒を引き受けていただいたデザイナーの岸博久氏にこの場を借りて御礼申し上げます。そして何より、この本を手に取ってくださった読者の皆様にも御礼申し上げます。この本が皆様の熱帯魚趣味を楽しむ要素やきっかけのひとつになってくれると幸いです。

執筆陣を代表して　奥津匡倫

取材協力一覧

GEX、水作、スペクトラム ブランズ ジャパン、JUN、AIネット、Zicra、ジャパンペットコミュニケーションズ、神畑養魚株式会社、株式会社 リオ、丸湖商事、ピクタ、東山動物園 世界のメダカ館、下関市立しものせき水族館 海響館、Aqua grass、Breath、Feed On、Aquarium Shop BEONA、ベタショップ フォーチュン、AQUASHOP つきみ堂、名東水園Remix、ペットショップJET、あくあしょっぷ石と泉、グリーンアクアリウム マルヤマ、グッピー工房アトリエG、グッピー310、チャーム、アクアセノーテ、マーメイド、永代熱帯魚、アクアショップかのう、BIG IN、アクアアートリーフ、キングコング、マーベラス、龍魚世界ポンティアナ、AQUAstyleTiM's、Aqua Progress、パラダイス、まっかちん、アクアテーラーズ、アクア エフ、トールマン、Cakumi、アクアランド熱帯系、アクアショップしなの、梅ベタ、ラフレシア、ワールドリバース、ペットフィッシュ、うなとろふぁ～む、オアシス、アクアフォーチュン、アクアショップArito、アクアステージ518、ヒロセペット、小林昆虫、BELEM、Will、うぱるぱ屋、ツーウェイ、ブラゼール水生生物研究所

山崎浩二、Jirasak Kaewchim、東山泰之、泉山雪絵、渡辺寛、小林亮太、木滑幸一郎、勝哲哉、肥田長泰、土屋大輔、土屋俊朗、川村良、石垣陽介、石津裕基、二神俊哉、高井誠

STAFF

カバー・本文デザイン　岸博久（メルシング）
編集協力　奥津匡倫
校正　株式会社文字工房燦光

ディスカバリー　生き物・再発見
熱帯魚・水草大図鑑
定番種から新種まで

2024 年 10 月 17 日　発　行　　　　　　　　　　　NDC666.9

著　　　者　佐々木浩之　奥津匡倫　小林圭介　泉山弘樹　越智隼人
発　行　者　小川雄一
発　行　所　株式会社 誠文堂新光社
　　　　　　〒113-0033 東京都文京区本郷 3-3-11
　　　　　　https://www.seibundo-shinkosha.net/
印刷・製本　TOPPAN クロレ 株式会社

©Hiroyuki Sasaki, Masamichi Okutsu, Keisuke Kobayashi,
　Hiroki Izumiyama, Hayato Ochi. 2024　　　　　　　Printed in Japan

本書掲載記事の無断転用を禁じます。

落丁本・乱丁本の場合はお取り替えいたします。

本書の内容に関するお問い合わせは、小社ホームページのお問い合わせフォームを
ご利用ください。

本書に掲載された記事の著作権は著者に帰属します。これらを無断で使用し、展示・
販売・レンタル・講習会等を行うことを禁じます。

JCOPY <（一社）出版者著作権管理機構　委託出版物>
本書を無断で複製複写（コピー）することは、著作権法上での例外を除き、禁じら
れています。本書をコピーされる場合は、そのつど事前に、（一社）出版者著作権
管理機構（電話 03-5244-5088 ／ FAX 03-5244-5089 ／ e-mail：info@jcopy.or.jp）の
許諾を得てください。

ISBN978-4-416-52425-1